高等职业教育通识类课程新形态教材

信息技术基础（微课版）

主　编　赵艳莉　喻　林

副主编　陈　思　朱剑涛

U0344716

中国水利水电出版社
www.waterpub.com.cn
·北京·

内 容 提 要

本书按照《高等职业教育专科信息技术课程标准》（2021 年版）的课程要求，依据职业教育的特点，采用项目引领、任务驱动的模式进行编写。每个单元均由项目描述、项目分析、相关知识、项目实现、单元小结、课外自测、扩展阅读等模块组成。相关知识部分以"必需、够用"为原则，力求降低理论难度；扩展阅读部分则对想进一步学习的读者进行理论知识的延伸和提升。本书加大了技能操作强度，在练中学，在学中总结、提升，直至灵活掌握信息处理技术。

本书由 5 个单元 22 个项目组成，主要内容包括信息技术一般知识、信息检索技术、信息素养与社会责任、新一代信息技术、Windows 7 操作系统、Word 文档处理、Excel 电子表格处理、PowerPoint 演示文稿制作等。

本书可作为全国高等职业院校"信息技术基础"课程的教学用书，也可作为信息技术和计算机爱好者的自学参考书和课外读物。

本书配有电子课件，读者可以从中国水利水电出版社网站（www.waterpub.com.cn）或万水书苑网站（www.wsbookshow.com）免费下载。

图书在版编目（C I P）数据

信息技术基础 : 微课版 / 赵艳莉, 喻林主编. --
北京 : 中国水利水电出版社, 2021.8
高等职业教育通识类课程新形态教材
ISBN 978-7-5170-9792-1

Ⅰ. ①信… Ⅱ. ①赵… ②喻… Ⅲ. ①电子计算机－
高等职业教育－教材 Ⅳ. ①TP3

中国版本图书馆CIP数据核字(2021)第148144号

策划编辑：石永峰　　责任编辑：高　辉　　加工编辑：周益丹　　封面设计：梁　燕

书　　名	高等职业教育通识类课程新形态教材 信息技术基础（微课版） XINXI JISHU JICHU（WEIKE BAN）
作　　者	主　编　赵艳莉　喻　林 副主编　陈　思　朱剑涛
出版发行	中国水利水电出版社 （北京市海淀区玉渊潭南路 1 号 D 座　100038） 网址：www.waterpub.com.cn E-mail: mchannel@263.net（万水） 　　　　 sales@waterpub.com.cn 电话：（010）68367658（营销中心）、82562819（万水）
经　　售	全国各地新华书店和相关出版物销售网点
排　　版	北京万水电子信息有限公司
印　　刷	三河市铭浩彩色印装有限公司
规　　格	184mm×260mm　16 开本　17 印张　382 千字
版　　次	2021 年 8 月第 1 版　2021 年 8 月第 1 次印刷
印　　数	0001—4000 册
定　　价	49.00 元

前　言

　　智能终端设备的普及与网络技术的广泛应用是信息化时代的重要特征。网络使人们进入信息社会。人们通过网络搜索需要的信息，利用网络休闲、游戏，借助网络学习、购物和交流，随时随地发送微博、微信，分享信息等。信息技术的发展已经极大地改变了人类的思维和生存方式。

　　生活在信息化时代的人们更需要具有良好的信息素养、信息意识、信息技能及信息道德。根据高等职业教育教学改革要求，"信息技术基础"课程要大力推进以信息处理能力培养为主线的课程改革，就是要以培养学生的信息素养为核心，以培养学生信息处理能力为主线。通过该课程的学习，让学生学会用"数据"说话，基于"事实"做出决策，逐步形成利用计算机工具分析解决实际问题的能力。

　　通过技术技能的培养，逐步形成信息思维习惯，使学生熟练、正确、有效地使用计算进行信息采集、信息整理、信息加工，并基于信息处理结果能够进行辅助决策。使学生掌握规范的编辑排版技能，以文档、电子表格、演示文稿及网页的形式进行信息展示，达到信息交流的目的。同时着重培养学生的信息素养，养成良好的信息道德，使学生了解信息技术对环境、社会及全球的影响。理解并自觉遵守信息领域的基本行为规范，认知自身的社会责任。

　　本书由 5 个单元 22 个项目组成。单元 1 介绍了信息技术的一般知识、信息检索技术、信息素养与社会责任及新一代信息技术；单元 2 介绍了 Windows 7 操作系统，包括使用计算机和管理计算机的基本技能，以及五笔字型输入法；单元 3 介绍了 Word 2016 文档处理；单元 4 介绍了 Excel 2016 电子表格处理；单元 5 介绍了 PowerPoint 2016 演示文稿制作。

　　本书的参考教学时数为 64 学时，各单元的教学课时分配如下表所示。

章节	教学内容	课时分配	
		讲授	实践训练
单元 1	零距离领略信息技术	4	4
单元 2	使用和管理计算机	4	4
单元 3	Word 2016 文档处理	8	8
单元 4	Excel 2016 电子表格处理	10	10
单元 5	PowerPoint 2016 演示文稿制作	6	6
课时总计		32	32

　　为方便教学，本书提供教学资源包，请登录 www.wsbookshow.com 后免费下载；同时本书提供微课资源，用户可扫描书中二维码获取并进行观看。

本书由赵艳莉、喻林任主编，陈思、朱剑涛任副主编。具体编写分工如下：单元 1 由赵艳莉编写，单元 2 由邹溢编写，单元 3 由郑雅文编写，单元 4 由张岚岚编写，单元 5 由范亚飞编写。赵艳莉对本书进行了框架设计、全文统稿和整理。

由于编者水平有限，书中难免存在疏漏和不足之处，恳请广大读者批评指正。

编　者
2021 年 5 月

目　录

零距离领略信息技术

　　智能终端设备的普及与网络的广泛应用是信息化时代的重要特征。网络使人们进入信息社会。人们通过网络搜索需要的信息，利用网络休闲、游戏，借助网络学习、购物和交流，随时随地发送微博、微信，分享信息等。信息技术的发展已经极大地改变了人类的思维和生存方式。那么，什么是信息？什么是信息技术？人们如何使用好信息？本单元将通过介绍信息技术的相关知识，信息检索的方法，以及新一代信息技术，使大家对信息技术有一个初步的认识。

- 项目 1　了解信息技术的一般知识
- 项目 2　掌握信息检索技术
- 项目 3　了解信息素养与社会责任
- 项目 4　认识新一代信息技术

项目 1　了解信息技术的一般知识

项目描述

信息社会是一个知识和信息爆炸式发展的社会。面对海量信息，如何从中提取有用的信息，分析其规律，发现新知识，将其作为决策的依据？这就要用到信息技术。本项目将主要介绍信息、信息处理及信息技术的相关知识以及信息安全方面的基础知识。

项目分析

通过对信息定义和基本特征的介绍，了解信息处理的分类和信息技术的发展阶段及发展趋势，从而对信息技术有一个初步的认识，为后面进一步的学习打下良好的基础。

相关知识

1. 信息

所谓信息，是反映一切事物属性以及动态的消息、情报、指令、数据和信号中所包含的实际的内容。

一般来说，信息是由信息源（如自然界、人类社会等）发出的被使用者接收和理解的各种信号。信息是客观世界各种事物变化和特征的反映。是物质世界中事物的存在方式或运动状态，以及对这种方式或状态的直接或间接表述。譬如，教室的下课铃响了，传达给师生的信息是下课了，可以休息一小会儿。窗外的一声鸣笛，传达给人们的信息是有一辆汽车在行驶，提醒路人注意避让。

信息本身不是实体，只是消息、情报、指令、数据和信号中所包含的内容，必须依靠某种媒介进行传递。信息载体是在信息传播中携带信息的媒介，是信息赖以附载的物质基础，也就是用于记录、传输、积累和保存信息的实体。信息载体包括以能源和介质为特征，运用声波、光波、电波传递信息的无形载体和以实物形态记录为特征，运用纸张、胶卷、胶片、磁带、磁盘传递和储存信息的有形载体。

信息广泛存在于自然界、生物界和人类社会。

信息按产生的客体的性质可以分为以下几种。

（1）自然信息。譬如，瞬时发生的声、光、热、电等。

（2）生物信息。譬如，遗传信息、生物体内的信息交流、动物种群内的信息交流。

（3）社会信息。譬如，科技信息、经济信息、政治信息、军事信息、文化信息等。

信息以所依附的载体为依据，可分为以下几种。

（1）文献信息。以文字、图形、符号、音频、视频等方式记录在各种文献中的信息。

（2）口头信息。人们通过口头语言形式传递的信息。

（3）电子信息。指以电信号形式存在的信息。譬如存储在计算机中的数据。电子信息在信息的存储、传输、加工和应用方面具有独特优势，代表着信息技术的主流。

（4）生物信息。指生物体所承载的信息，譬如基因组信息等。

一般地，信息具有以下主要特征。

（1）普遍性。信息是不以人的意志为转移的客观存在。信息是无处不在、无时不有的，只要有事物的地方就必然有信息。

（2）共享性。信息可以被多个信息接收者接收并且被多次使用。一般情况下，信息共享不会造成信息的丢失，也不会改变信息的内容，即信息可以无损使用并公平分享。

（3）载体依附性。信息不能独立存在，需要依附于一定的载体，同一个信息可以依附于不同的载体。载体依附性使信息具有可存储、可传递、可转换的特点。通过对信息媒体的传播，可以实现信息在空间上的传递，通过对信息媒体的存储，可以实现信息在时间上的传递。

（4）可传递性。信息可借助一定的载体进行传递，使人们感知并接收。信息的传递过程包括信源、信道、信宿三个因素。

（5）价值性。信息是有价值的，因此人们常说物质、能量和信息是人类生存和社会发展的三大基本资源。信息只有被人们利用才能体现出价值。而有些信息的价值可能尚未被发现。

（6）价值相对性。信息作为一种资源具有相应的使用价值，但信息价值的大小取决于接收者的需求，既同一条信息对于不同的人有不同的价值。

（7）时效性。信息往往反映的只是事物某一特定时刻的状态。这种状态会随着时间的推移而变化。例如天气预报、会议通知、交通信息等变化很快，其时效性比较短。而一些科学原理、定理、定义的时效性比较长。

（8）真伪性。信息有真伪之分，反映现实世界事物的客观程度是信息的准确性。

（9）可处理性。杂乱无章的信息经过人的分析和处理可以产生新的信息，从而使其增值。

2. 信息技术

（1）信息技术的含义。信息技术是指用于管理和处理信息所采用的各种技术的总称。

信息技术主要应用计算机科学和通信技术来设计、开发、安装和实施信息系统及应用软件，即信息和通信技术，主要包括微电子技术、传感技术、计算机技术和通信技术。这里，传感技术、计算机技术和通信技术被称为信息技术的三大支柱。

从仿生学观点来看，如果把计算机看成是处理和识别信息的"大脑"，把通信系统看成是传递信息的"神经系统"，那么传感器就是"感觉器官"。可以这么说，传感技术用来解决信息获取的问题，通信技术用来解决信息传递的问题，计算机技术则用来解决信息的存储、加工、处理的问题。

由于传感技术、通信技术都需要计算机技术的支持，因此，计算机技术是现代信息技术的核心和支柱。

（2）信息技术的发展。以每一次信息技术革命为标志，可将信息技术的发展划分为以下 5 个阶段。

- 第一次信息技术革命是语言的使用。距今 35000～50000 年语言的使用是人类从猿进化到人的重要标志。
- 第二次信息技术革命是文字的创造。文字大约出现在公元前 3500 年，文字的创造使文明得以传承，使信息第一次打破时间与空间的限制。
- 第三次信息技术革命是印刷术的发明。大约在公元 1040 年的北宋时期，毕昇发明了活字印刷术，使得中国文明传到海外。
- 第四次信息技术革命是电报、电话、广播和电视的发明和普及。19 世纪中叶以后，随着电报、电话的发明和电磁波的发现，人类通信领域产生了根本性的变革，实现了以金属导线上的电脉冲来传递信息以及通过电磁波来进行无线通讯的目的。
- 第五是信息技术革命是计算机技术和通信技术出现。20 世纪 60 年代，电子计算机的普及与应用及计算机和现代通信技术的有机结合使信息技术得以飞速发展。

未来信息技术的发展趋势体现在：

- 多元化。信息技术多元化就是信息技术的开发和使用的多样化，包括计算机技术、通信技术、传感技术、控制技术和一些软件的使用和应用技术。
- 网络化。信息技术网络化是指利用通信技术和计算机技术，把分布在不同地点的计算机及各类电子终端设备互联起来，以达到所有用户共享软件、硬件和数据资源的目的。
- 智能化。信息技术智能化指由现代通信技术与信息技术、计算机网络技术、行业技术、智能控制技术汇集而成的针对某一个方面的应用，譬如智能家居系统和智慧校园。
- 多媒体化。多媒体技术是利用计算机处理文字、声音、图像、视频等信息所使用的技术，譬如语音输入、数字电影、网络视频会议等。
- 虚拟化。虚拟现实是一种可以创建和体验虚拟世界的计算机仿真系统。它利用计算机生成一种模拟环境，是一种多源信息融合的、交互式的三维动态视景和实体行为的系统仿真。可使用户沉浸到该环境中。

3. 信息安全

信息安全是为数据处理系统建立和采取的技术和管理的安全保护，保护计算机硬件、软件数据不因偶然或者恶意的原因而遭到破坏、更改和泄露，如图 1-1 所示。

随着信息技术的飞速发展，信息安全问题越来越受关注。

信息安全技术主要包括以下几点：

（1）密码技术。密码技术主要包括密码算法和密码协议的设计与分析技术，是指在获得一些技术或资源的条件下破解密码算法或密码协议的技术。密码分析可被密码设计者用于提高密码算法和协议的安全性，也可被恶意的攻击者利用。

图 1-1　信息安全

（2）标识与认证技术。在信息系统中出现的主体包括人、进程和系统等实体。从信息安全的角度看。需要对实体进行标识和身份鉴别，这类技术称为标识与认证技术，如口令技术、公钥认证技术、在线认证服务技术等。

（3）授权与访问控制技术。在信息系统中，可授权的权限包括读／写文件、运行程序和访问网络等，实施和管理这些权限的技术称为授权技术。

（4）网络与系统攻击技术。网络与系统攻击技术指攻击者利用信息系统弱点破坏或非授权地侵入网络和系统的技术，如口令攻击、拒绝服务攻击等。

（5）网络与系统安全防护与应急响应技术。

（6）安全审计与责任认定技术。

（7）主机系统安全技术。操作系统需要保护所管理的软硬件、操作和资源等安全，数据库需要保护业务操作、数据存储等的安全，这些安全技术称为主机系统安全技术。

（8）网络系统安全技术。在基于网络的分布式系统或应用中，信息需要在网络中传输，用户需要利用网络登录并执行操作，因此需要相应的信息安全措施，这些安全技术称为网络系统安全技术。

（9）恶意代码检测与防范技术。

（10）信息安全评测技术。信息安全评测是指对信息安全产品或信息系统的安全性等进行验证、测试、评价和定级，以规范它们的安全特性。

（11）安全管理技术。包括安全管理制度的制定、物理安全管理、系统与网络安全管理、信息安全等级保护及信息资产的风险管理等。

项目实现

本项目将介绍信息处理的过程和案例。

1. 信息处理

随着信息技术的不断发展，利用智能终端设备快速地接收、存储、加工、传递各种信息，

具有速度快、精度高、容量大的特点，可以轻松进行海量信息处理，将人类从繁重的脑力劳动中解放出来。

信息处理是指用计算机等智能终端设备对信息进行收集、加工、存储和传递等工作。其目的是为有各种需求的人们提供有价值的信息作为管理和决策的依据。譬如，人口普查资料的统计、股市行情的实时管理、企业财务管理、市场信息分析、个人理财记录等。

人们在信息处理的过程中，总要对收集到的原始信息进行加工，使之转变成为可利用的有效信息。一般来说，信息处理包括信息获取、信息加工、辅助决策、交流与展示四个基本过程。如图 1-2 所示。

图 1-2　信息处理基本过程

（1）信息获取。信息获取是指根据特定目的和要求将分散、蕴含在不同时空域的相关信息获取和积累起来的过程。它包括对信息的采集和处理。

（2）信息加工。信息加工是指通过判别、筛选、分类、排序、分析和再造等一系列操作，使收集到的信息能够满足用户需要的过程。

信息加工的目的在于发掘信息的价值，方便用户的使用。只有在对信息进行适当处理的基础上才能产生新的，用于指导决策的有效信息或知识。信息加工是信息利用的基础，也是信息成为有用资源的重要条件。

信息加工的重要性主要有以下表现：首先，在大量的原始信息中，不可避免地存在着一些假的信息，只有认真地筛选和判别，才能避免真假混乱。其次，最初收集的信息是一种初始的、凌乱的、孤立的信息，只有对这些信息进行分类和排序才能有效利用。最后，信息经过加工后可以创造出新的信息，从而具有更高的使用价值。

（3）辅助决策。辅助决策是指将加工好的信息为决策者检索、处理，确定问题，选择资料，挑选和评价方案等提供辅助参考。辅助决策对于决策人来说，确实具有非同寻常的作用，但毕竟不能完全代替人的功能。

（4）交流与展示。将加工好的信息与他人分享、交流并展示在平台上共其他人参考、借鉴和使用。

2. 信息处理案列

下面以一个实际案例来介绍信息处理的过程。

信息技术系要开设一门选修课。现要根据多数学生的要求，在"人工智能概论""创意网站设计""Python 机器学习"这三门课程中，确定一门将要开设的课程，如何选择？操作步骤如下。

（1）信息获取。采用问卷调查方法进行，向信息技术系的学生发放问卷，公布可选课程，并收集学生的选择信息，如图 1-3 所示。

图 1-3 调查问卷

（2）信息加工。对回收上来的 156 份调查问卷进行统计、排序等信息处理，处理后的结果如表 1-1 所示。

表 1-1 选修课调查问卷统计排序信息结果

序号	选修课程名称	人数	百分比
1	人工智能概论	38	24.35%
2	创意网站设计	31	19.87%
3	Python 机器学习	87	55.76%

（3）辅助决策。从这次调查问卷的信息结果可以看到，多数学生希望学习的选修课程是 Python 机器学习，占总选课人数的 55.76%。其次是人工智能概论，占选课人数的 24.35%。因此，信息技术系根据多数学生的意见，决定选修课开设 Python 机器学习这门课程。

（4）交流与展示。将信息加工的结果作为这次决定开设选修课程的依据，并将其制作成条形图向同学们展示，如图 1-4 所示。以这种直观的形式向同学们说明开设选修课的理由，达到与学生交流与沟通的目的。

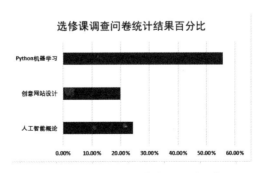

图 1-4 选修课调查问卷信息统计结果条形图

项目 2 掌握信息检索技术

项目描述

在当今的信息化社会中，我们经常在智能终端设备上进行信息浏览、在线学习、资源共享、影视娱乐等日常网络应用。面对浩如烟海的互联网资源，信息从何而来？如何获取信息？如何从获取的信息中提取出有效信息非常重要，为此我们需要学习信息检索技术。

项目分析

信息的来源有直接和间接途径，了解信息获取的过程，并掌握获取信息的工具、原则和方法及检索技术是我们快速得到有效信息的重要手段。

相关知识

1. 信息来源

（1）信息来源的途径。

- 直接获取信息。直接获取信息主要是通过人的感官与事物接触，使事物的面貌和特征在人们的大脑中留下印象，这是人们认识事物的重要渠道之一。譬如，实践活动，包括参加社会生产劳动实践和参与各种科学实验等。参观活动，包括观察自然界和社会的各种现象。

- 间接获取信息。间接获取信息是用科学的分析研究方法，鉴别和挖掘出隐藏在表象背后的信息。譬如，通过人与人之间的沟通，查阅书刊资料、影视资料、电子读物等获取的信息。

（2）信息来源的多样性。

- 文献型信息源。文献是记录知识的载体。其优点是全面、系统、可靠、清晰、明确。缺点是编辑、印刷、发行等花费较多时间，信息比较滞后。譬如报纸、期刊、公文、报表、图书和辞典等。

- 口头型信息源。即从某个人口中获取的信息，其优点是灵活方便。缺点是信息带有个人主观成分。譬如来自同学、父母、老师和朋友的口头信息。

- 电子型信息源。即从电子设备上看到的信息，其优点是更新快、范围广、易复制，而且生动直观。缺点是需要一定的设备。譬如广播、电视、手机、互联网等。

● 实物型信息源。即在现场通过某个事件获取的信息，其优点是直观、真实。缺点是信息零散、表面，往往稍纵即逝。譬如运动会、人才招聘会、各类公共场所、事件发生现场等。

2. 信息获取

（1）信息获取的过程。信息获取的过程是指首先从实际问题出发，分析问题中所包含的信息，然后确定解决问题所需要的信息，最后确定这些信息的来源，并选择适当的方法来获取信息，将这些信息存储下来。

● 定位信息需求。定位信息需求即理清需要什么信息，具体从时间范围、地域范围和内容范围三个方面考虑。概括说就是要获取什么时间什么地点的什么信息。

● 选择信息来源。要确定哪里有所需要的信息，哪里方便寻找所需要的信息，不同的信息来源需要相互结合，相互补充，共同发展。信息来源非常丰富且各具优点，如何选择合适的来源就显得非常重要了。首先可根据需求并结合实际情况排除一些不合适的信息来源，再从最方便、性价比最好的信息来源开始尝试。如未达到目的，则需要再做选择。

● 确定信息获取方法。信息来源的多样性同样也决定了信息获取方法的多样性。常用的方法有现场观察法、问卷调查法、访谈法、检索法、阅读法、视听法等。

● 保存信息。常用以下两种方法保存信息。一是整理信息、分类保存。二是输入计算机保存。将信息以文字、图片、声音、视频、动画的形式保存在计算机中。

● 评价信息。评价信息是指以先前所确定的信息需求为依据，对获取的信息进行评价。这是获取有效信息的一个非常重要的步骤，它直接影响信息获取的效益。事实上，在获取信息的过程中就一直在评价及挑选信息。即评价贯穿整个信息的获取过程，如不符合需要就做调整。

● 反馈信息。信息获取是一个循环往复的过程，当反馈信息后，又可根据新产生的信息需求重新定位信息。由于事物是发展的，因此信息需求也是不断变化的，导致人们对信息的获取是没有止境的。

（2）信息获取的工具。获取信息的工具主要有以下几种。

● 扫描仪：可扫描图片，还可以扫描印刷体文字，并能借助文字识别软件自动识别文字。

● 照相机：可采集图像信息，部分数码相机还兼备摄像功能。

● 录音设备：可采集音频信息。

● 摄像机：可采集视频信息。

● 计算机：通过多种软件工具，可把来自磁盘、网络的多种类型的信息采集到计算机中。

 项目实现

本项目将介绍信息检索的方法和案例。

1. 网络信息资源检索

（1）搜索引擎。搜索引擎是指根据一定的策略运用特定的计算机程序从互联网上搜索信息。在对信息进行组织和处理后，为用户提供检索服务，将用户检索的相关信息展示给用户的系统。

搜索引擎包括全文搜索引擎、目录索引、元搜索引擎、垂直搜索引擎、集合式搜索引擎、门户搜索引擎、免费链接列表等。

1）全文搜索引擎。全文搜索引擎是使用最多的一种搜索引擎。国外代表有 Google 搜索，国内则有著名的百度搜索、搜狗搜索等。它们从互联网上提取各个网站的信息，建立起数据库，检索与用户查询条件相匹配的记录，并按一定的排列顺序返回结果。

根据搜索结果来源的不同，全文搜索引擎可分为两类，一类拥有自己的检索程序，俗称"蜘蛛"程序或"机器人"程序，它能自建网页数据库，搜索结果直接从自身的数据库中调用，譬如 Google 和百度搜索。另一类则是租用其他搜索引擎的数据库，并按自定的格式排列搜索结果，譬如 Lycos 搜索引擎。

2）目录索引。目录索引即分类检索，是互联网上最早提供 WWW 资源查询服务的，主要通过搜索和整理互联网的资源，根据搜索到的网页内容，将其网址分配到相关分类主题的不同层次的目录之下，形成像图书馆目录一样的树形结构分类索引。目录索引无需输入任何文字，只要根据网站提供的主题分类目录，层层点击进入，便可查到所需的网络信息资源。譬如新浪和搜狐等。

3）元搜索引擎。元搜索引擎又称多搜索引擎，它通过一个统一的用户界面帮助用户在多个搜索引擎中选择和利用合适的搜索引擎来实现检索操作。譬如比比猫搜索引擎和搜星搜索引擎。

4）垂直搜索引擎。垂直搜索引擎是针对某一个行业的专业搜索引擎，是搜索引擎的细分和延伸，是对网页库中的某类专门的信息进行一次整合，定向分字段抽取出需要的数据进行处理后，再以某种形式返回给用户，其特点是专、精、深且具有行业色彩。

5）集合式搜索引擎。集合式搜索引擎类似于元搜索引擎。区别在于它并非同时调用多个搜索引擎进行搜索，而是由用户从提供的若干搜索引擎中选择，搜索用户需要的内容。其特点是可以综合众多搜索引擎的特点，对比搜索，更能准确地找到目标内容。

（2）搜索引擎的使用技巧。

1）提炼搜索关键词。学会从复杂的搜索意图中提炼出最具代表性和指示性的关键词，能有效提高信息查询效率，也是使用搜索的基础。

2）细化搜索条件。搜索条件越具体，搜索引擎返回的结果就越精确，有时多输入一两个关键词效果就完全不同。

3）用好逻辑符号。搜索引擎基本都支持 and、or、not 等逻辑运算符查询。不同的搜

索引擎使用的搜索逻辑运算符不完全相同，如百度搜索中的空格和逻辑与的作用相同。

and 代表逻辑与，如用 and 连接检索词 a 和 b，表示让搜索引擎同时检索包含检索词 a 和 b 的信息集合。

or 代表逻辑或，如用 or 连接检索词 a 和 b，表示让搜索引擎检索含有检索词 a、b 之一，或同时包括检索词 a 和 b 的信息。

not 代表逻辑非，如用 not 连接检索词 a 和 b，表示让搜索引擎检索含有检索词 a 而不含检索词 b 的信息。

2. 信息检索实例

百度是国内常用搜索引擎之一。在百度的搜索框中输入文本关键字，很快就可以得到相关的信息。然而，如果不知道关键字或者关键字是一副图像，该如何搜索呢？尽管不知道它的名称，同样可以利用图像进行识别搜索。只要搜索到它的名称，就可以运用搜索技巧搜索到它的生长习性、历史文化等相关信息。

在百度上进行如图 1-5 所示图像的搜索（百度识图），操作步骤如下。

图 1-5　风景照片

（1）打开搜索引擎。打开百度网站，单击搜索框右侧的照相机图标◎，如图 1-6 所示，打开如图 1-7 所示上传照片的界面。

图 1-6　单击照相机图标

图 1-7　上传照片界面

（2）上传照片。单击"选择文件"按钮，上传图片"风景照片.jpg"文件，进入"百度识图搜索结果"页面，如图1-8所示。搜索结果显示这张图片中的风景可能是"垂柳"。

图1-8　百度识图搜索结果

识别图片的另一种方法是将图片文件直接拖动到百度识图界面的"拖拽图片到这里"区域中进行识别。

在百度上分别进行多关键字、精准匹配、排除关键字的搜索，操作步骤如下。

（1）多关键字搜索。打开百度网站，在搜索框中输入关键词"垂柳"，搜索结果约有100 000 000个，排在前面的基本上都是关于垂柳的树苗基地或销售信息。

增加关键词，在搜索框中输入关键词"垂柳精神"，搜索结果缩小为约有32 200 000个，提高了搜索精准度。

将关键词之间用一个空格和一个and（或者加号+）隔开，在搜索框中输入关键词"垂柳 and 精神"，搜索结果进一步缩小为约有185 000个，缩小了范围，进一步提高了搜索精准度。

（2）精准匹配搜索。打开百度网站，在搜索框中输入关键词"扬州瘦西湖垂柳"的相关信息，不加双引号时，搜索引擎可能将关键字拆分成"扬州""瘦西湖""垂柳"或"瘦西湖垂柳"等词语进行搜索，包含其中一个或多个关键字都作为搜索结果，约有359 000个。

在关键词上加上英文双引号，则"扬州瘦西湖垂柳"不会被拆分，因此精准匹配关键字，搜索结果减少至2个。

（3）排除关键字搜索。与增加关键字相反，在搜索中想要排除某些字眼，则用not（或者减号-）。垂柳袅袅，满湖飞燕趁杨花。历史上留下了许多咏赞垂柳的诗句，尤其在唐、宋时期的诗词最多。在搜索框中输入关键词"垂柳诗词 - 唐代"或者"垂柳诗词 not 唐代"的相关信息，则会将含有唐代的信息排除掉，约有19 000 000个或者23 600 000个。

在百度上搜索指定格式的文档，操作步骤如下。

（1）搜索有关"垂柳精神"的Word文档。打开百度网站，在搜索框中输入关键词"垂柳精神 filetype:docx"的相关信息，搜索结果全是有关"垂柳精神"的Word文档。

（2）将docx修改为pdf、txt、xlsx、pptx则可以搜索到相应格式的文档。

在智能手机端搜索图片，即手机识图。操作步骤如下。

（1）在智能手机上安装"百度"APP并打开，如图1-9所示。

图 1-9　手机端百度

（2）将图片文件"风景照片 .jpg"上传至手机上，点击搜索框右侧的照相机图标，在下一个界面中点击屏幕右下角的"相册"按钮，在相册中找到该照片进行识别，如图 1-10 所示，结果如图 1-11 所示。

图 1-10　选择图片

图 1-11　搜索结果

项目3　　了解信息素养与社会责任

项目描述

信息素养是什么？面对网络上纷繁复杂、五花八门的信息，我们怎样做才是担起社会责任？

项目分析

首先掌握信息素养的相关知识，学会对信息价值的判断，以及加强信息素养能力的培养，承担起信息社会的责任。

相关知识

1. 信息价值的判断

（1）信息的准确性。信息的准确性指信息涉及的是客观存在的，构成信息的各个要素都接近真实状况，没有人为的偏差。

（2）信息的客观性。信息的客观性指信息所揭示的是事物的本来面目，不带偏见。

（3）信息的权威性。信息的权威性指信息具有令人信服的力量和威望。

（4）信息的时效性。信息的时效性指信息在某段时间或某一时期是有效的。

（5）信息的适用性。信息的适用性指信息对于问题的解决是有用的以及作用大小适当。

2. 信息素养

信息素养的本质是全球信息化需要人们具备的一种基本能力。它包括文化素养、信息意识和信息技能三个层面。能够判断什么时候需要信息，并且懂得如何去获取信息，如何去评价和有效利用所需的信息。

概括起来，信息素养具有捕捉信息的敏锐性；筛选信息的果断性；评估信息的准确性；交流信息的自如性和应用信息的独创性等四个特征。

信息素养包括关于信息和信息技术的基本知识和基本技能，运用信息技术进行学习、合作、交流和解决问题的能力，以及信息的意识和社会伦理道德问题。

信息素养包含以下内容：

● 热爱生活，有获取新信息的意愿，能够主动地从生活实践中不断地查找、探究新信息。

● 具有基本的科学和文化常识，能够较为自如地对获得的信息进行辨别和分析，正确地加以评估。

- 可灵活地支配信息，较好地掌握选择信息、拒绝信息的技能。
- 能够有效地利用信息，表达个人的思想和观念，并乐意与他人分享不同的见解或资讯。
- 无论面对何种情境，能够充满自信地运用各类信息解决问题，有较强的创新意识和进取精神。

 **项目实现**

本项目将介绍信息素养能力及信息社会的责任。

1. 信息意识与情感

随着高科技的发展，信息技术正朝向成为大众的伙伴发展，信息技术操作也越来越简单，为人们提供各种及时可靠的信息便利。现代人的信息素养的高低，首先取决于其信息意识和情感。

信息意识与情感主要包括：

- 积极面对信息技术的挑战，不畏惧信息技术；
- 以积极地态度学习操作各种信息工具；
- 了解信息源并经常使用信息工具；
- 能迅速而敏锐地捕捉各种信息，并乐于把信息技术作为基本的工作手段；
- 相信信息技术的价值与作用，了解信息技术的局限及负面效应，从而正确对待各种信息；
- 认同与遵守信息交往中的各种道德规范和约定。

2. 信息素养能力

生活在信息社会，个人要提高生活质量，追求幸福，公民要承担社会责任，企业要发展壮大，城市和国家要提高国际竞争能力，都需要培养和提高信息素养能力。

信息素养能力具有自我定向的特性，具有信息素养能力的人通常能按照特定的需求，寻求知识、寻找事实，评价和分析问题，产生自己的意见和建议，在经历成功寻求知识的激动和喜悦中，也为自己准备和积累了终身学习的能力和经验。而且在寻求知识的过程中经常与他人交流自己的思想，加深对知识的理解，激发创造，并能在一个更大的空间和社会团体中重新定位自己，找到人生新的价值。信息素养是自我学习、终身学习的必备能力，也是创造学习型社会的重要条件。

信息素养能力包括：

（1）运用信息工具能力。能熟练使用各种信息工具，特别是网络传播工具。

（2）获取信息能力。能根据自己的学习目标有效地收集各种学习资料与信息，能熟练地运用阅读、访问、讨论、参观、实验、检索等获取信息的方法。

（3）处理信息能力。能对收集的信息进行归纳、分类、存储记忆、鉴别、遴选、分析综合、抽象概括和表达等。

（4）生成信息能力。在信息收集的基础上，能准确地概述、综合、履行和表达所需要的信息，使之简洁明了，通俗流畅并且富有个性特色。

（5）创造信息能力。在多种收集信息的交互作用的基础上，迸发创造思维的火花，产生新信息的生长点，从而创造新信息，达到收集信息的终极目的。

（6）发挥信息的效益能力。善于运用接受的信息解决问题，让信息发挥最大的社会和经济效益。

（7）信息协作能力。使信息和信息工具作为跨越时空的、"零距离"的交往和合作中介，使之成为延伸自己的高效手段，同外界建立多种和谐的合作关系。

（8）信息免疫能力。浩瀚的信息资源往往良莠不齐，需要有正确的人生观、价值观、甄别能力以及自控、自律和自我调节能力，能自觉抵御和消除垃圾信息及有害信息的干扰和侵蚀，并且完善合乎时代的信息伦理素养。

3. 信息社会责任

信息社会责任，是指信息社会中的个体在文化修养、道德规范和行为自律等方面应尽的责任。

信息社会重塑了人们沟通交流的时间观念和空间观念，不断改变着人们的思维与交往模式。一方面，伴随着越来越多的智能设备通过互联网连接在一起，物物之间、系统之间、行业之间甚至地域之间的界限越来越模糊，牵一发而动全身的可能性越来越大。另一方面，人与人之间的面对面交流显得越来越不重要，看上去社会关系趋于松散，但是每个社会成员对社会的"影响力"却与过去有着本质的不同，需要明确其身上的"信息社会责任"。

（1）遵守信息相关法律，维持信息社会秩序。法律是最重要的行为规范系统，信息法凭借国家强制力，对信息行为起强制性调控作用，进而维持信息社会秩序，具体包括规范信息行为、保护信息权利、调整信息关系、稳定信息秩序。

（2）尊重信息相关道德伦理，恪守信息社会行为规范。随着信息技术的不断发展，现实世界与虚拟世界交融并存的新时代逐渐成型。信息法律是信息活动中外在的强制性调控，而信息伦理道德规范则是内在的自觉调控方式，每一个社会成员都要遵守法律，恪守信息伦理道德规范。

（3）杜绝对国家、社会和他人的直接或间接危害。互联网将世界紧密联系在一起，削弱了地域的差别，全球经济一体化也浮出水面。同时，智能终端的普及使时间和空间没有了阻隔，每个社会成员都可以使用不同的社交APP用匿名的方式表达自己的思想和主张，导致受众认识混乱。当面对未知、疑惑或者两难局面的时候，"扬善避恶"是最基本的出发点，其中的"避恶"更为重要。每个信息社会成员都要从自身做起，和在真实世界一样，做事前审慎思考，杜绝造成对国家、社会和他人的直接或间接危害。

（4）关注信息技术革命带来的环境变化与人文挑战。随着现代科技的发展，信息技术革命所带来的环境变化与人文挑战已悄然发生，人们所关注的道德对象逐渐演化为人与自然、人与操作对象、人与他人、人与社会以及人与自我等各种复杂的关系。急剧的社会变迁不可避免地会带来一些观念上的碰撞与文化上的冲突。如何在变革中保留文化传承，并持续发扬光大，进而维护人、信息、社会和自然的和谐，是每个信息社会成员需要去思考的问题。

项目 4　认识新一代信息技术

项目描述

伴随全球新一轮科技革命和产业变革持续深入，国际产业格局在加速重组。新一代信息技术是全球研发投入最集中、创新最活跃、应用最广泛、辐射带动作用最大的领域，是全球技术创新竞争高地，是引领新一轮产业变革的主导力量。大数据、云计算、物联网、区块链、人工智能以及多媒体技术、信息安全技术、5G 技术等新一代信息技术的发展，正加速推进全球产业分工深化和经济结构调整，重塑全球经济竞争格局。那么，如何认识这些新一代信息技术并掌握好、运用好，让互联网更好地为人类造福？

项目分析

通过对新一代信息技术的相关介绍，使大家对新一代信息技术有一个全面的了解，并熟知它们的特点、发展趋势，以及在不同领域中的应用。

相关知识

1. 新一代信息技术

新一代信息技术是以大数据、云计算、物联网、人工智能为代表的新兴技术，既是信息技术的纵向升级，也是信息技术的横向渗透融合。

新一代的信息技术是当今世界创新最活跃、渗透性最强、影响力最广泛的领域。新一代的信息技术正在引发新一轮全球范围内科技革命，正以前所未有的速度转化为现实生产力，引领当今世界科技、经济、政治、文化日新月异，改变着人们的学习、生活和工作方式。

2. 大数据

大数据，指无法在一定时间范围内用常规软件工具进行捕捉、管理和处理的数据集合，是需要新处理模式才能具有更强的决策力、洞察发现力和流程优化能力的海量、高增长率和多样化的信息资产。

大数据时代的到来，需要人类在思维方式上有所转变，才能紧跟时代的发展。首先，要分析与某事物相关的所有数据，而不是依靠分析少量的数据样本；其次，人们要乐于接受数据的纷繁复杂，而不再追求数据的精确性；最后，人们的思想发生转变，不再探求难以捉摸的因果关系，转而关注事物的相关关系，如图 1-12 所示。

图 1-12　大数据

随着云时代的来临，大数据也得到越来越多的关注。本质上，云计算与大数据的关系是动与静的关系。云计算强调的是计算，是动的概念；而数据则是计算的对象，是静的概念。如果结合实际应用来看，云计算强调的是计算能力，或者看重的是存储能力；大数据需要拥有处理大量数据的能力，这是强大的计算能力。如果数据是财富，那么大数据就是宝藏，而云计算就是挖掘和利用宝藏的利器。

在技术上，大数据与云计算的关系就像一枚硬币的正反面一样密不可分。大数据无法用单台的计算机进行处理，必须采用分布式架构。它的特色在于对海量数据进行分布式数据挖掘，但大数据必须依托云计算的分布式处理、分布式数据库和云存储、虚拟化技术。

大数据具有以下 5V 特征：

（1）Volume（大量）。从 TB 级别跃升到 PB 级别。

（2）Velocity（高速）。与传统数据挖掘不同，大数据对时效性要求非常高。

（3）Variety（多样）。数据类型繁多，譬如网络日志、视频、图片、地理位置信息等。

（4）Value（低价值密度）。大量的数据中，有价值的数据非常少。以视频为例，连续不间断监控过程中，可能有用的数据仅仅才一两秒。

（5）Veracity（真实性）。数据内容是与真实世界中的发生息息相关的，研究大数据就是从庞大的网络数据中提取出能够解释和预测现实事件的过程。

大数据技术的战略意义不在于掌握庞大的数据信息，而在于对这些含有意义的数据进行专业化处理。换而言之，如果把大数据比作一种产业，那么这种产业实现盈利的关键在于提高对数据的"加工能力"，通过"加工"实现数据的"增值"。

数据显示，当前我国数据总量正在以年均 50% 的速度增长，预计到 2025 年将占全球27%，是名副其实的数据资源大国，这为大数据产业发展提供了坚实的基础。图 1-13 为2016 年至 2021 年我国大数据产业发展规模及增长率。

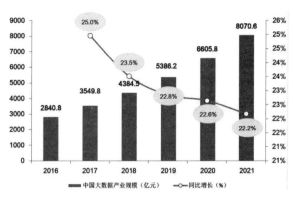

图 1-13　中国经济网大数据统计

目前大数据主要应用在以下行业：

（1）教育行业。大数据在教育行业的应用，主要指在线决策、学习分析、数据挖掘三大要素，其主要作用是进行预测分析、行为分析、学业分析等应用和研究。教育行业的大数据主要指学生学习过程和教师讲授过程中所产生的数据，通过对这些数据的分析，能够为学校、教师的教学提供参考以及进行及时有效的教学评价，发现学生学习过程中存在的潜在问题。

（2）医疗卫生。医院的电子病历就是典型的大数据。以一个小规模城市的医疗系统为例，每天门诊量和住院病人人数可达到数万人以上，每人每次的病历、检验数据可达到几个 GB，因此，每天的数据都在几个 TB 甚至是数十个 TB 以上。医院中数据更新速度快，电子病历的数据类型包括文本、图像、图形和视频等。电子病历中隐藏着极其有价值的信息。通过大数据分析可以挖掘出这些信息以使医生进一步分析患者的病因，采取最有效的治疗方案。

（3）能源行业。能源大数据目前主要应用于石油和天然气全产业链、智能电网以及风电行业。随着能源行业科技化和信息化程度的加深，以及各种监测设备和智能传感器的普及，大量包括石油、煤炭、太阳能、风能等的数据信息得以产生并被存储下来，这就为构建实时、准确、高效的综合能源管理系统提供了数据源，可以让能源大数据发挥作用。另外，能源行业基础设施的建设和运营涉及大量工程和多个环节的海量信息，而大数据技术能够对海量信息进行分析，帮助提高能源设施利用效率，降低经济和环境成本。最终在实时监控能源动态的基础上，利用大数据预测模型，可以解决能源消费不合理的问题，促进传统能源管理模式变革，合理配置能源，提升能源预测能力等，将会为社会带来更多的价值。

（4）零售业。对于数据的使用，许多实体零售商同样表示非常重视。譬如，一个较早的案例是沃尔玛啤酒和尿布的数据关系。原来，美国的妇女在家照顾孩子，所以她们会嘱咐丈夫在下班回家的路上为孩子买尿布，而丈夫在买尿布的同时又会顺手购买自己爱喝的啤酒。当商家了解到啤酒和尿布销量这种正相关关系并进一步分析时，发现了这样的购买情境，于是将这两种属于不同门类的商品摆在一起。这个发现为商家带来了新的销售组合。由此可见，零售策略设计是零售业"大数据"价值最大的地方，也是"大数据"可以直接为其提供支持的业务。再看一个近年的案例是网易云的年度歌曲清单，该清单就是使用大数据来收集用户的收听数据。每个用户听到最多的歌曲、发送的评论、收听时间、收听习惯等都将显示在一个专属的歌曲清单中。它非常清楚地列出每个用户的收听喜好并分析用户的心情、个性等，制定一个大概的标签，增加更多的个人情感内容，并让用户体验定制化服务。播放列表细致周到、印象深刻，并被进一步转发和共享以实现散布和刷新屏幕的最终效果。其中，大数据起着基础但非常重要的技术作用。正是由于大数据，网易云与用户形成了深度的创意互动，并实时生成独家歌曲列表。借助情感视角及走心的内容所引起的情感和共鸣，与每个用户建立情感联系，从而增强用户对网易云音乐的信任和依赖性。在大数据的影响下，实现诸如年度个人播放列表之类的交互形式，并为每个用户定制个性化服务，达到精细化营销的目的。

（5）体育运动。如今大多数顶尖的体育赛事都采用了大数据分析技术。譬如，用于网球比赛的 IBM SlamTracker 工具，通过视频分析跟踪网球落点或者网球比赛中每个球员的表现，许多优秀的运动队也在训练之外跟踪运动员的营养和睡眠情况。NFL（美国职业橄榄球大联盟）开发了专门的应用平台，帮助所有球队根据球场上的草地状况、天气状况、以及学习期间球员的个人表现做出最佳决策，以减少对球员不必要的伤害。智能瑜伽垫，将传感器嵌入在瑜伽垫中，实现对使用者的姿势进行反馈，为使用者的练习打分，甚至指导使用者在家如何练习。

3. 云计算

云计算是继个人计算机变革和互联网变革之后的第三次 IT 浪潮，也是我国战略性新兴产业的重要组成部分。通过整合网络计算、存储、软件内容等资源，云计算可以实现随时获取、按需使用、随时扩展、按使用付费等功能。

那么，什么是云计算？云计算是一种按使用量付费的模式，这种模式提供可用的、便捷的、按需的网络访问，进入可配置的计算资源共享池（资源包括网络、服务器、存储、应用软件、服务），这些资源能够被快速提供，只需投入很少的管理工作，或与服务供应商进行很少的交互。如图 1-14 所示。

图 1-14　云计算

云是网络、互联网的一种比喻说法。云计算可以让用户体验每秒 10 万亿次的运算能力，拥有这么强大的计算能力可以模拟核爆炸，预测气候变化和市场发展趋势。用户通过计算机、笔记本、手机等方式接入数据中心，按自己的需求进行运算。

云计算是分布式计算、并行计算、效用计算、网络存储、虚拟化、负载均衡、热备份冗余等传统计算机技术和网络技术发展融合的产物。云计算将计算分布在大量的分布式计算机上，而非本地计算机或远程服务器中，企业数据中心的运行将与互联网更相似。这使得企业能够将资源切换到需要的应用上，根据需求访问计算机和存储系统。

目前，云计算主要有以下 4 种类型：

（1）公有云。由云服务供应商将应用程序、资源、存储和其他服务提供给用户，这些服务多半都是免费的，也有部分按需按使用量来付费，这种模式只能使用互联网来访问和使用。同时，这种模式在私人信息和数据保护方面也比较有保证。这种部署模型通常都可以提供可扩展的云服务并能高效设置。

（2）私有云。是为一个客户单独使用而构建的，可提供对数据、安全性和服务质量的最有效控制。私有云可以部署在企业数据中心的防火墙内，也可以将它们部署在一个安全的主机托管场所。这种模式所要面临的是纠正、检查等安全问题，需企业自己负责。此外，整套系统也需要企业自己出钱购买、建设和管理。这种云计算模式可产生正面效益，从模式的名称也可看出，它可以为所有者提供具备充分优势和功能的服务。

（3）社区云。是指在一定的地域范围内，由云计算服务提供商统一提供计算资源、网络资源、软件和服务能力所形成的云计算形式。社区云是由多个目标相似的公司之间共同组建而成，共享一套基础设施，所产生的成本由他们共同承担，因此，所能实现的成本节约效果并不大。社区云的成员都可以登入云中获取信息和使用应用程序。

（4）混合云。是两种或两种以上的云计算模式的混合体，如公有云和私有云混合，它们相互独立，但在云的内部又相互结合，可以发挥出所混合的多种云计算模型各自的优势。

在以上不同云计算中，公有云在前期的应用部署、成本投入、技术成熟程度、资源利用率及环保节能等方面更具优势；私有云在服务质量、可控性、安全性及兼容性等方面的优势较明显；而混合云则兼有几者的优点。

云计算具有以下特点：

（1）超大规模。"云"具有相当的规模，Google 云计算已经拥有 100 多万台服务器，Amazon、IBM、微软、Yahoo 等"云"均拥有几十万台服务器。"云"能赋予用户前所未有的计算能力。

（2）虚拟化。云计算支持用户在任意位置，使用各种终端获取应用服务。所请求的资源来自"云"，而不是固定的有形实体。应用在"云"中某处运行，但实际上用户无需了解应用运行的具体位置。只需要一台笔记本电脑或者一部手机，就可以通过网络服务来获取需要的一切服务。

（3）高可靠性。"云"使用了数据多副本容错、计算节点同构可互换等措施来保障服务的高可靠性，使用云计算比使用本地计算机可靠。

（4）通用性。云计算不针对特定的应用，在"云"的支撑下可以构造出千变万化的应用，同一个"云"可以同时支持不同的应用运行。

（5）高可扩展性。"云"的规模可以动态伸缩，满足应用和用户规模增长的需要。

（6）按需服务。"云"是一个庞大的资源池，用户按需购买，按使用量计费。

（7）低成本。"云"具有特殊容错措施，使得采用节点来构成云变得极其廉价；"云"的自动化集中式管理减轻了企业对数据中心管理的成本；"云"的通用性使资源的利用率比传统系统大幅提升。因此，用户可以充分享受"云"的低成本优势，通常是只要花费几千人民币、几天时间就能完成以前需要数万人民币、数月时间才能完成的任务。

（8）潜在危险。云计算除了提供计算服务外，还提供了存储服务。目前云计算服务垄断在私人企业中，而它们仅能提供商业信用。由于在信息社会中，"信息"是至关重要的。对于政府机构、商业机构均持有敏感数据，在选择云计算服务时应保持足够的警惕。一旦商业用户大规模使用私人机构提供的云计算服务，无论其技术优势有多强，都不可避免地让这些私人机构以"数据（信息）"的重要性来挟制社会。另一方面，云计算中的数据对于数据所有者以外的其他云计算用户是保密的，但是对于提供云计算的商业机构而言则是毫无秘密可言。所有这些潜在的危险，是商业机构和政府机构在选择云计算服务特别是国外机构提供的云计算服务时不得不考虑的一个重要的前提。

目前，市场上能提供"云服务器"产品的厂商虽然很多，但真正安全、稳定、可靠的云服务器还是出自专业品牌，譬如阿里云、华为云等。目前，国内主流的云服务商有阿里云、腾讯云、百度云、京东云、华为云、盛大云、金山云、美团云等。

那么，云计算主要的应用有以下几个方面：

（1）云存储。云存储是在云计算基础上延伸和发展而来，是指通过集群应用、网格技术或分布式文件系统等功能，将网络中大量各种不同类型的存储设备通过应用软件集合起来协同工作，共同对外提供数据存储和业务访问功能的一个系统。当云计算系统运算和处理的核心是大量数据的存储和管理时，云计算系统中就需要配置大量的存储设备，那么云计算系统就转变成为一个云存储系统，所以云存储是一个以数据存储和管理为核心的云计算系统。譬如，网络云盘就是一种云存储应用程序。

（2）云游戏。云游戏是以云计算为基础的游戏方式，在云游戏的运行模式下，所有游戏都在服务器端运行，并将渲染完毕后的游戏画面压缩后通过网络传送给用户。在客户端，用户的游戏设备不需要任何高端处理器和显卡，只需要具备基本的视频解压能力就可以。

（3）云教育。云教育打破了传统的教育信息化边界，推出了全新的教育信息化概念，集教学、管理、学习、娱乐、分享、互动交流于一体。让教育部门、学校、教师、学生、家长及其他教育工作者可以在同一个平台上，根据权限去完成不同的工作。

云教育包括教育培训管理信息系统、远程教育培训系统和培训机构网站。在这个覆盖世界的教育平台上，共享教育资源，分享教育成果，加强教育中的教育者和受教育者的互动。

（4）云安全。云安全通过网状的大量客户端对网络中软件行为的异常监测，获取互联网中木马、恶意程序的最新信息，推送到服务器端进行自动分析和处理，再把病毒和木马的解决方案分发到每一个客户端。目前，国内主流的杀毒软件服务提供商，如 360、金山等公司都向其用户提供云安全服务。

（5）云会议。云会议是基于云计算技术的一种高效、便捷、低成本的会议形式。使用者只需要通过互联网界面，进行简单易用的操作，便可快速高效地与全球各地的团队及客户同步分享语音、数据文件及视频等信息，而会议中数据的传输、处理等复杂技术由云会议服务商帮助使用者进行操作。

（6）云社交。云社交是一种由物联网、云计算和移动互联网交互应用的虚拟社交应用模式，以建立"资源分享关系图谱"为目的，进而开展网络社交。云社交的主要特征是把大量的社会资源统一整合和评测，构成一个资源有效池，向用户按需提供服务。参与分享的用户越多，能够创造的利用价值就越大。

4．物联网

物联网是指通过射频识别装置、红外感应器、全球定位系统、激光扫描器等信息传感设备，按约定的协议，把任何物品与互联网相连接，进行信息交换和通信，以实现对物品的智能化识别、定位、跟踪、监控和管理的一种网络。

物联网是新一代信息技术的重要组成部分，也是信息化社会的重要发展阶段。其英文名称是 Internet of Things（IoT），顾名思义，物联网就是物与物相连的互联网，这有两层含义：其一，物联网的核心和基础仍然是互联网，是在互联网基础上的延伸和扩展的网络；其二，其用户端延伸和扩展到了任何物品与物品之间，进行信息交换和通信，也就是"物物相息"，如图 1-15 所示。

图 1-15 物联网

物联网具有以下特征：

（1）全面感知。利用 RFID、传感器、二维码等随时随地获取和采集物体信息。

（2）可靠传递。通过无线网络与互联网的融合，将物体的信息实时、准确地传递给用户。

（3）智能处理。利用云计算、数据挖掘以及模糊识别等人工智能技术，对海量数据和信息进行分析和处理，对物体实施智能的控制。

　　因此，物联网的本质主要体现在以下三个方面：一是互联网特征，即对需要连网的事物一定要能够实现互联互通的互联网络；二是识别与通信特征，即纳入物联网的"物"一定要具备自动识别和物物通信（M2M）的功能；三是智能化特征，即网络系统应具有自动化、自我反馈与智能控制的特点。

　　物联网将现实世界数字化，其应用具有广阔的市场和应用前景。目前，物联网技术主要应用在以下十大领域：

　　（1）智慧物流。智慧物流是指以物联网、大数据、人工智能等信息技术为支撑，在物流的运输、仓储、配送等各个环节实现系统感知、全面分析及处理等功能。通过在物流商品中植入传感芯片，供应链上的购买、生产制造、包装/装卸、堆栈、运输、配送/分销、出售、服务每一环节都能无误地被感知和掌握。

　　（2）智能交通。智能交通物联网技术可以自动检测并报告公路、桥梁的运行情况，还可以避免超载的车辆经过桥梁，也能够根据光线强度对路灯进行自动开关控制。

　　（3）智能安防。安全是人们永远的需求。传统安防对人的依赖较大，而智能安防能够通过设备实现智能判断。一个完整的智能安防系统主要包括三部分：门禁、报警和监控，行业中主要以视频监控为主。

　　（4）智慧能源环保。智慧能源环保属于智慧城市的一个部分，其物联网技术主要应用在水能、电能、燃气等能源以及井盖、垃圾桶等环保装置上。如使用智慧井盖可以检测水位及其状态，使用智能水电表可实现远程抄表等。

　　（5）智能医疗。在智能医疗领域，新技术的应用必须以人为中心。而物联网技术是数据获取的主要途径，能有效地帮助医院实现对人和对物的智能化管理。对人的智能化管理是指通过传感器对病人的生理状态（如心跳频率、体力消耗、血压高低等）进行监测，主要通过医疗可穿戴设备，将获取的数据记录到电子健康文件中，方便个人或医生查阅。对物的智能化管理主要是通过 RFID 技术对医疗器械进行追踪。

　　（6）智慧建筑。通过感应技术，建筑物内照明灯能自动调节光亮度，实现节能环保，建筑物的运作状况也能通过物联网及时发送给管理者。根据亿欧智库调查了解到，目前智慧建筑主要体现在用电照明、消防监测、智慧电梯、楼宇监测以及运用于古建筑领域的白蚁监测。

　　（7）智能制造。智能制造范围很广，涉及很多行业。制造领域是物联网的一个重要应用领域，主要体现在数字化以及智能化的工厂改造上，包括工厂机械设备监控和工厂的环境监控。通过在设备上加装相应的传感器，使设备厂商可以远程随时随地了解产品的使用状况，完成产品生命周期内信息的收集，指导产品设计和售后服务；而厂房的环境主要是采集温湿度、烟感等信息。

　　（8）智能家居。人们可以通过物联网在办公室操作家里的电器，在下班回家的途中，家里的饭菜已经煮熟，洗澡水已经烧好，家庭设施能够自动报修。

　　（9）智能零售。智能零售是将传统的售货机和便利店进行数字化升级、改造，打造无人零售模式。通过数据分析，并充分运用门店内的客流和活动，为用户提供更好的服务，给商家提供更高的经营效益。

（10）智慧农业。智慧农业是指将物联网、大数据、人工智能等现代信息技术与农业进行深度融合，实现农业生产全过程的信息感知、精准管理和智能控制的一种全新的农业生产方式，可实现农业可视化诊断、远程控制以及灾害预警等功能。

5. 区块链

区块链是一种由多方共同维护，使用密码学保证传输和访问安全，能实现数据一致存储，难以篡改，防止抵赖的记账技术，也称分布式账本技术。区块链具有去中心透明性、可溯源性、不可篡改性三个特性，如图 1-16 所示。

图 1-16　区块链

区块链具有以下特点。

（1）从复式记账演进到分布式记账。区块链打破原有复式记账，变成全网共享分布式账本，参与记账各方之间通过同步协调机制，保证数据防篡改和一致性，规避复杂的多方对账过程。

（2）从"增删改查"变为仅"增查"两个操作。对于全网账本而言，区块链技术相当于放弃删除和修改两个选项，只留下增加和查询两个操作，通过区块和链表"块链式"结构，加上相应时间戳进行凭证固化，形成环环相扣、难以篡改的可信数据集合。

（3）单方维护变成多方维护。区块链引入分布式账本是一种多方共同维护，不存在单点故障的分布式信息系统。数据写入和同步不局限在一个主体范围之内，需通过多方验证数据形成共识，再决定哪些数据可写入。

（4）从外挂合约发展为内置合约。智能合约的出现基于事先约定规则，通过代码运行，独立执行协同写入，通过算法代码形成一种将信息流和资金流整合一起的"内置合约"。

区块链应用可促进数据共享，优化业务流程，降低运营成本，提升协同效率，建设可信体系。区块链在教育、就业、养老、精准脱贫、医疗健康、商品防伪、食品安全、公益、社会救助等民生领域，可提供更加智能、更加便捷、更加优质的公共服务。区块链底层技术服务和新型智能城市建设相结合，应用在信息基础设施、智慧交通、能源电力等领域，可提升城市管理的智能化、精准化水平。区块链技术可促进城市间在信息、资金、人才、诚信等方面更大规模的互联互通，保障生产要素在区域内有序高效地流动。

6. 人工智能

人工智能（AI）是研究、开发用于模拟、延伸和扩展人的智能的理论、方法、技术及应用系统的一门新的技术科学。人工智能是计算机科学的一个分支，它企图了解智能的实质，并生产出一种新的能以人类智能相似的方式做出反应的智能机器，该领域的研究包括机器人、语言识别、图像识别、自然语言处理和专家系统等。人工智能从诞生以来，理论和技术日益成熟，应用领域也不断扩大，可以设想，未来人工智能带来的科技产品，将会是人类智慧的"容器"，如图1-17所示。

图 1-17　人工智能

人工智能是对人的意识、思维的信息过程的模拟。人工智能不是人的智能，但能像人那样思考，也可能超过人的智能。

人工智能是一门极富挑战性的学科，从事这项工作的人必须懂得计算机、心理学和哲学等相关知识。人工智能涵盖范围广泛，由不同的领域组成，如机器学习、计算机视觉等，总地说来，人工智能研究的一个主要目标是使机器能够胜任一些通常需要人类智能才能完成的复杂工作。但不同的时代、不同的人对这种"复杂工作"的理解是不同的。

人工智能是研究使用计算机来模拟人的某些思维过程和智能行为（如学习、推理、思考、规划等）的学科，主要包括用计算机实现智能的原理、制造类似于人脑智能的计算机，使计算机能实现更高层次的应用。人工智能将涉及计算机科学、心理学、哲学和语言学等学科。可以说几乎涉及自然科学和社会科学的所有学科，其范围已远远超出了计算机科学的范畴，人工智能与思维科学的关系是实践和理论的关系，人工智能是处于思维科学的技术应用层次，是它的一个应用分支。从思维观点看，人工智能不仅限于逻辑思维，要考虑形象思维、灵感思维才能促进人工智能的突破性的发展，数学常被认为是多种学科的基础，数学也进入语言、思维领域，人工智能学科也必须借用数学工具，数学不仅在标准逻辑、模糊数学等范围发挥作用，数学进入人工智能学科，它们将互相促进而更快地发展。

项目实现

本项目将介绍信息技术的一些相关技术的应用。

1. 多媒体技术

多媒体技术是利用计算机对文本、图形、图像、声音、动画、视频等多种信息综合处理、建立逻辑关系和人机交互作用的技术，如图1-18所示。

图 1-18　多媒体技术

　　真正的多媒体技术所涉及的对象是计算机技术的产物，而其他的单纯事物，如电影、电视、音响等，均不属于多媒体技术的范畴。

　　在计算机行业里，媒体有两种含义：其一是指传播信息的载体，如语言、文字、图像、视频、音频等；其二是指存储信息的载体，如 ROM、RAM、磁盘、光盘等，主要的载体有 CD-ROM、VCD、网页等。

　　多媒体技术中的媒体主要是指前者，就是利用计算机把文字、图形、影像、动画、声音及视频等媒体信息都数字化，并将其整合在一定的交互式界面上，使计算机具有交互展示不同媒体形态的能力。它极大地改变了人们获取信息的传统方法，符合人们在信息时代的阅读方式。多媒体技术的发展改变了计算机的使用领域，使计算机由办公室、实验室中的专用品变成了信息社会的普通工具，广泛应用于工业生产管理、学校教育、公共信息咨询、商业广告、军事指挥与训练，甚至家庭生活与娱乐等领域，如图 1-19 所示为多媒体教学。

图 1-19　多媒体教学

2．5G技术

人们常说"4G改变生活，5G改变社会"，随着5G技术的到来，我们的社会、经济、工作、生活将发生翻天覆的变化。

何谓5G技术？5G技术即第五代移动通信技术（5th-Generation，5G），它是最新一代蜂窝移动通信技术，也是2G、3G和4G系统之后的延伸。5G的性能目标是高数据速率，减少延迟，节省能源，降低成本，提高系统容量和大规模设备连接。

5G技术是一种蜂窝移动通信技术，它把运营商的服务区域划分成若干个"蜂窝"，通过蜂窝里的天线和自动收发器把已经数字化了的信号传给手机。用户如果游走在蜂窝的边缘，还可以与下一个蜂窝自动无缝衔接。这就是我们使用手机流量的基本原理。但5G技术已经不是那个想象中专门服务于手机的流量，因为5G技术的传输速度可以达到每秒10GB，是4G技术的100倍，如果5G技术全面铺开，那么"万物互联"将很容易实现，日常生活中的闹钟、垃圾桶、床、车都会成为网络的一部分，在云计算的指挥下，提醒你起床跑步、背单词、垃圾分类……未来一切皆可无线连接，如图1-20所示。

图 1-20　万物互联

5G技术的主要特点表现在：

（1）数据传输速率最高可达10Gb/s，比4G技术快100倍。

（2）网络延迟低于1ms，具有更快的响应时间。

2019年是5G技术的商用元年，我们的生活迈入5G时代。

（1）早期的全息投影录像将成为现实，完全通过无线网络传输。

（2）5G将为人工智能、无人驾驶、云技术等一系列高端信息技术铺路，让人类迎来许久未见的技术大爆发。

（3）在线就是现代工作环境的基础，一个不在线的人/企业就是在工作中不存在的人/企业。大数据和云计算将会在5G的支撑下覆盖到每一个职员，把人、财、物、事等全面连接，实现真正的协同。

（4）视频电话会议进化成全息投影会议，由于5G的延迟极小，全息投影的会议体验和面对面的会议几乎没有区别。

（5）扩大了远程协作的可能性，人们坐在家里，戴上头显，登录虚拟办公室，在虚幻又真实的空间里上班。

（6）利用传输速度和云端，可以远程绘图、编程、剪片子，边画线稿边上色的协同方式即将实现。

（7）高级的办公人工智能变成现实，由 5G 技术支持的云端的计算传输能力能让 AI 助理能力得到很大提升，能多线程处理各项工作。

（8）机器人手术很有可能给专业外科医生为世界各地有需要的人实施手术带来很大希望。

（9）依托传输速率更高、时延更低的 5G 网络，车联网技术得到进一步发展，预计将在 2025 年实现自动驾驶汽车的量产。

科技改变生活，创新创造未来！

单元小结

本单元共完成 4 个项目，学完后应该有以下收获。

- 了解信息技术的相关概念。
- 了解信息技术的发展及趋势。
- 了解信息获取的方法及途径。
- 熟悉信息检索的技巧。
- 了解信息素养的培养。
- 掌握信息处理的过程。
- 了解信息社会的责任担当。
- 掌握了新一代信息技术的发展及应用领域。

课外自测

一、选择题

1．雅虎、谷歌和百度作为全球最有影响力的三大互联网搜索引擎，其中百度搜索引擎属于_____。

　　A．元搜索　　　　B．垂直搜索　　　　C．全文搜索　　　　D．目录搜索

2．在超市购物时，收银员用条码扫描仪扫一下商品后，计算机上就会显示出价格。"扫"商品过程属于_____。

　　A．加工信息　　　B．发布信息　　　　C．获取信息　　　　D．交流信息诶！

3．根据学习小组的安排，小刘要到森林公园收集野生动物的生存状况资料，并制作一份演示文稿。他应该选择_____信息工具最恰当。

　　A．数码相机、扫描仪　　　　　　　B．数码相机、数码摄像机

　　C．普通相机、视频采集卡　　　　　D．普通相机、扫描仪

4．下列属于信息的是 _____。

    A．报纸   B．电视机   C．天气预报   D．移动硬盘

5．李明收到同学发来"今天学校放假"的信息，没有到学校上课。结果被视为旷课。这件事主要体现的信息特征是 _____。

    A．价值性   B．真伪性   C．时效性   D．共享性

6．信息的 _____ 体现在信息满足人们需要的程度。

    A．价值性   B．可再生性   C．可压缩性   D．真伪性

7．"一传十，十传百"体现了信息的 _____。

    A．真伪性   B．传递性   C．实效性   D．可处理性

8．智能手机越来越人性化，当设定自动调整屏幕亮度后，若环境光线产生变化，屏幕的亮度也会随之产生变化。这里采用的技术是 _____。

    A．微电子技术   B．信息技术   C．通信技术   D．传感技术

9．3D 模拟仿真飞行器体现了信息技术 _____ 的发展趋势。

    A．多元化   B．网络化   C．智能化   D．虚拟化

10．新一代信息技术不包括 _____。

    A．云计算   B．物联网   C．APP 应用   D．人工智能

二、思考题

1．简述区块链的概念和特点。

2．练习输入指法，请在本地计算机上安装好"金山打字通"程序，按照正确的指法要求练习键盘，盲打英文、数字及符号，要求输入速度每分钟不低于 50 个字符。

扩展阅读

1．熊辉，赖家材．党员干部新一代信息技术．北京：人民出版社，2020．

2．[美] Peter Morville．万物互联．黄运涛，译．北京：电子工业出版社，2018．

单元 2

使用和管理计算机

操作系统是一种特殊的用于控制计算机的程序。它是计算机底层的系统软件，负责管理、调度、指挥计算机的软硬件资源使其协调工作。没有它，任何计算机都无法正常运行。操作系统能够在用户和计算机硬件之间架起一座桥梁，一方面为用户提供友好的操作界面，另一方面管理各类复杂的硬件设备，使之能够有序、协调地完成用户提交的作业任务。操作系统向下管理计算机硬件资源，向上提供友好的用户接口，使用户更方便地使用和管理计算机。譬如，一个用户（也可以是程序）将一个文件存盘，操作系统就会开始以下工作：管理磁盘空间的分配，将要保存的信息由内存写到磁盘等。当用户要运行一个程序时，操作系统必须先将程序载入内存，当程序执行时，操作系统会让程序使用 CPU。

Windows 7 是由微软公司为个人计算机（PC）开发的基于可视化窗口的多任务操作系统。该系统旨在让人们的计算机操作更加简单和快捷，为人们提供高效易行的工作环境。Windows 7 系统具有界面美观、系统性能稳定、更快速流畅的特点，在视觉效果、窗口管理、任务栏管理、文件管理和快速访问应用程序方面具有强大的能力。

- 项目 1 使用计算机
- 项目 2 管理计算机
- 项目 3 使用五笔字型输入法

项目 1　　使用计算机

项目描述

　　小李在入学时拥有一台属于自己的计算机，但是对所装的 Windows 7 操作系统并不熟悉。为了能更快地熟练使用计算机，小李通过上网查找资料来学习 Windows 7 的新特性和功能，以便更好地管理自己的文件系统，高效地使用计算机上的各种资源，进行更好的人机交互。

项目分析

　　在安装完 Windows 7 系统之后，了解 Windows 7 的桌面，熟悉 Windows 7 的工作环境和基本操作，通过个性化桌面设置、对任务栏和"开始"菜单的使用、对鼠标和键盘的操作能够快速控制和掌握属于自己的计算机。

相关知识

1. Windows 7 简介

　　（1）Windows 7 的特点及功能。Windows 7 除了具有图形用户界面操作系统的多任务、即插即用、多账户等特点外，比以往版本有更友好的窗口设计、更方便快捷的操作环境。Windows 7 在提高用户的个性化、计算机的安全性、视听娱乐的优化、设置家庭及办公网络方面都有很大改进，这些技术让计算机的运行更加有效和可靠。

　　（2）Windows 7 的运行环境。Windows 7 操作系统的最低硬件配置指标如下：

- 中央处理器：1.6GHz 及以上，推荐 2.0GHz 及以上。
- 内存：256MB 及以上，推荐 1GB 以上，旗舰版在开机时内存占用就达到 800MB，想正常并流畅地运行它，建议安装 2GB 以上内存。
- 硬盘：12GB 以上可用空间。
- 显卡：集成显卡 64MB 以上。

以上配置只是运行 Windows 7 操作系统的最低指标，更高的指标可以明显提高运行性能。

2. 系统的启动和退出

　　（1）启动 Windows 7 系统。

　　1）打开显示器和主机电源，按下计算机上的"开机键"，等待屏幕出现自启动内容表示开机成功。

2）稍后会看到"欢迎"屏幕出现，此时屏幕上会显示用户建立的账户，单击用户图标进入系统，若有密码则输入密码后单击"登录"按钮进入 Windows 7 操作系统界面，如图 2-1 所示。

（2）退出 Windows 7 系统。单击"开始"按钮，在弹出的菜单中选择"关机"命令；或者按 Alt+F4 组合键，选择"关机"选项，单击"确定"按钮，如图 2-2 所示。

图 2-1　Windows 7 系统界面

图 2-2　选择"关机"选项

专家点睛

Windows 7 操作系统为用户提供了 3 种方式来关闭计算机：

- 关机：保存用户更改的所有设置，并将当前内存中的信息保存到硬盘中，然后关闭计算机电源。
- 待机：将当前处于运行状态的数据保存在内存中，只对内存供电，下次唤醒时文档和应用程序还像离开时那样打开着，使用户能够快速开始工作。但是，如果待机过程中发生意外断电，所有未保存的工作将全部丢失。
- 重新启动：保存用户更改的 Windows 设置，并将当前内存中的信息保存在硬盘中，关闭计算机后重新启动。

3. Windows 7 桌面

启动后的 Windows 7 工作界面即桌面如图 2-3 所示。

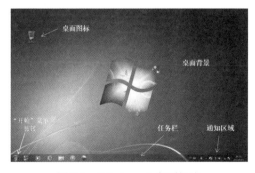

图 2-3　Windows 7 桌面组成

Windows 7 桌面主要由任务栏、通知区域、"开始"菜单按钮、桌面背景、桌面图标组成，其中用户可以根据自己的喜好对桌面背景进行更改，也可以根据需要添加或删除桌面图标。

桌面图标是代表文件、文件夹、程序和其他项目的小图片，例如"计算机"图标 、"用户文件夹"图标 、"控制面板"图标 、"回收站"图标 等。

（1）向桌面上添加快捷方式。找到要为其创建快捷方式的项目并右击，在弹出的快捷菜单中选择"发送到"→"桌面快捷方式"选项，在桌面上便添加了该项目的快捷方式，如图 2-4 所示。

图 2-4　添加快捷方式

（2）添加或删除常用的桌面图标。常用的桌面图标包括计算机、个人文件夹、回收站、网络。添加或删除常用桌面图标的操作步骤如下：

1）右击桌面上的空白区域，在弹出的快捷菜单中选择"个性化"命令，打开"个性化"窗口。

2）在左侧窗格中选择"更改桌面图标"选项，弹出"桌面图标设置"对话框，如图 2-5 所示。

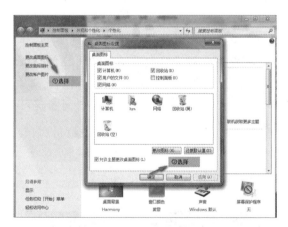

图 2-5　更改桌面图标

3）勾选想要添加到桌面的图标的复选框，或取消选中想要从桌面上删除的图标的复选框，然后单击"确定"按钮。

（3）调整桌面图标大小。桌面图标大小可以通过使用不同的视图来调整，操作步骤如下：

1）右击桌面空白区域，在弹出的快捷菜单中选择"查看"选项。

2）在级联菜单中选择"大图标""中等图标"或"小图标"等命令来调整不同视图。

"开始"菜单按钮位于桌面的左下角，单击该按钮会弹出"开始"菜单，用户可以启动各种程序，打开文件夹或文档，或者进行"关机""锁定""睡眠"等操作。

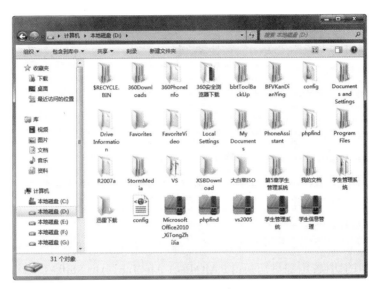

　　任务栏位于桌面的底部。从左至右依次为"开始"菜单按钮、快速启动按钮组、应用程序按钮组和通知区域。

4. 窗口的组成

　　Windows 7 每启动一个程序都会生成一个 Windows 程序窗口，如图 2-6 所示，同时在任务栏上产生一个按钮，程序、窗口和任务栏按钮基本上是一一对应的。Windows 启动几个程序，桌面上就产生几个窗口，任务栏上也就增加几个按钮。

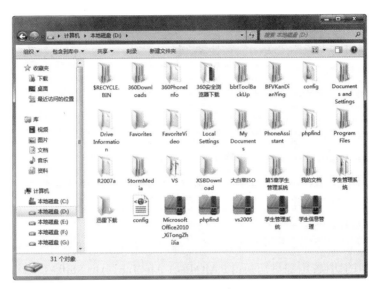

图 2-6　Windows 窗口

　　Windows 窗口包括标题栏、菜单栏、命令按钮、工作区、状态栏等。

　　（1）标题栏：顶边下面紧挨着的就是标题栏。标题栏的最左边是控制菜单图标，最右边是窗口控制按钮。

　　（2）滚动条：当工作区中的内容不能在窗口中全部显示时，工作区会出现水平滚动条或垂直滚动条或者二者皆有。可以拖动滚动条或者单击滚动条两端的滚动箭头来显示所有内容，也可以使用鼠标上的滚轮。

　　（3）边框和角：决定窗口大小的四条边，可以用鼠标指针拖动这些边框和角以更改窗口的大小。

　　（4）"最大化""最小化""还原/关闭"按钮：位于窗口的顶部，通过最右侧的 3 个按钮可以进行最小化、最大化、关闭窗口操作。

　　（5）地址栏：显示了当前窗口所处的目录位置，即人们常说的"文件路径"，单击三角按钮可以展开所要访问窗口的文件夹，单击层名称按钮可以选择所要访问的窗口。

　　（6）菜单栏：存放了当前窗口中的许多操作选项。一般菜单栏里包含了多个菜单项，分别单击其菜单项也可弹出下级菜单，从中选择操作命令。

　　（7）工作区：它是窗口最主要也是最大的区域，用于显示对象和操作结果。

　　（8）导航窗格：位于窗口的左侧，是 Windows 系统提供的资源管理工具，我们可以用它查看计算机中的所有资源。它由两部分组成，位于上方的是收藏夹链接，其下是树状目录列表，单击折叠三角图标可折叠、隐藏文件夹，使我们能更清楚、更直观地认识计算机的文件和文件夹。另外，在"资源管理器"中还可以对文件进行各种操作，如复制、移动等。

5. 窗口的操作

（1）打开窗口。双击要打开的程序图标；或者右击程序图标，在弹出的快捷菜单中选择"打开"命令。

（2）关闭窗口。

可以用以下 4 种方法来关闭窗口：

- 单击窗口右上角的"关闭"按钮。
- 按 Alt+F4 组合键。
- 在标题栏上右击，在弹出的快捷菜单中选择"关闭"命令。
- 在任务栏上展开要关闭的窗口列表，在其中单击右侧的"关闭"按钮██。

（3）调整窗口大小。要改变窗口的尺寸，则需要将鼠标移到窗口的边框或角上，当鼠标变成双箭头时按住鼠标左键进行拖拽，窗口大小即被改变。

（4）移动窗口。当窗口的大小没有被设为最大化或最小化时，可以将鼠标放在标题栏处，然后单击鼠标左键并按住不放，拖动鼠标即可将窗口在桌面上移动。

（5）切换窗口。

打开"计算机""我的文档""回收站"窗口，用鼠标切换：单击窗口的组成部分，进行这 3 个窗口的切换；用键盘切换：按 Alt+Esc、Alt+Tab、Alt+Shift+Tab 组合键切换窗口。

项目实现

本项目将通过定制个性化桌面、设置任务栏和"开始"菜单、使用鼠标和键盘来完成对计算机的基本操作。

1. 定制个性化桌面

定制个性化桌面

计算机显示器的分辨率是其性能的重要指标，它代表整个区域内包含的像素数目，分辨率越高，像素数量就越多，可视面积就越大，显示效果就越好。

设置显示器的分辨率为"推荐分辨率"，操作步骤如下：

（1）右击桌面空白处，在弹出的快捷菜单中选择"屏幕分辨率"命令，打开"屏幕分辨率"窗口，如图 2-7 所示。

（2）单击"分辨率"下拉列表框，选择带有"（推荐）"字样的分辨率。

（3）单击"确定"按钮关闭窗口；单击"应用"按钮不关闭窗口，完成操作。在这中间，会出现"是否要保留这些显示设置"的提示信息，如图 2-8 所示。单击"保留更改"按钮可确定新的分辨率。如果不想保留新设置的分辨率，单击"还原"按钮可恢复到设置前的分辨率。

图 2-7　"屏幕分辨率"窗口

图 2-8　"显示设置"对话框

桌面背景指的是桌面启动后默认显示的背景图片。在 Windows 7 中，用户可以将其更改为指定的静态图片或者指定为多张轮换的动态图片。

设置桌面背景为幻灯片放映的动态图片，操作步骤如下：

（1）右击桌面空白处，在弹出的快捷菜单中选择"个性化"命令打开"个性化"窗口，如图 2-9 所示。

图 2-9　"个性化"窗口

（2）单击"桌面背景"选项打开"桌面背景"窗口，此时可以选择 Windows 自带图片，也可用"浏览"按钮选择其他图片。选择"场景"中的 6 幅图片，设置图片位置为"填充"，更改图片时间间隔为"10 秒"，勾选"无序播放"复选框，如图 2-10 所示。

图 2-10　"桌面背景"窗口

（3）单击"保存修改"按钮，设置完成。

更改屏幕保护为"三维文字"，更改电源设置，操作步骤如下：

（1）在"个性化"窗口中单击"屏幕保护程序"选项，弹出"屏幕保护程序设置"对话框，如图 2-11 所示。

（2）在"屏幕保护程序"下拉列表框中选择"三维文字"，单击"应用"按钮，屏幕保护程序更改完毕。

（3）在"屏幕保护程序设置"对话框中，单击下方的"更改电源设置"链接打开"编辑计划设置"窗口，设置"关闭显示器"或"使计算机进入睡眠状态"的时间，如图 2-12 所示。

图 2-11　"屏幕保护程序设置"对话框

图 2-12　设置电源

（4）单击"保存修改"按钮，完成对关闭显示器和进入计算机休眠状态的时间设置。

专家点晴

以上操作也可以通过以下方法完成：单击"开始"菜单按钮进入"控制面板"窗口，单击"硬件和声音"选项后进入设置界面，在"电源选项"中进行设置。

更改系统桌面图标，操作步骤如下：

（1）在"个性化"窗口中单击"更改桌面图标"选项，弹出"桌面图标设置"对话框，如图 2-13 所示。

（2）单击"更改图标"按钮，弹出"更改图标"对话框，选择需要的图标，如图 2-14 所示。

图 2-13　"桌面图标设置"对话框

图 2-14　"更改图标"对话框

（3）单击"确定"按钮，图标更改完成。桌面主题是关于桌面的综合设置。在 Windows 7 系统中，一个主题包含桌面背景、窗口颜色、声音及屏幕保护程序等。用户可以选择某一主题，一次性设置该主题所涵盖的系统设置，也可以在选择主题之后对主题内包含的这 4 个方面单独进行设置。

更改桌面主题，操作步骤如下：

（1）右击桌面空白处，在弹出的快捷菜单中选择"个性化"命令打开"个性化"窗口，选择指定的主题，如图 2-15 所示。

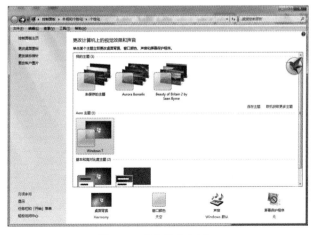

图 2-15　"个性化"窗口

（2）从窗口可以看到，中间靠右的矩形区域从上到下分为三部分：我的主题、Aero主题、基本和高对比度主题，其中突出显示的主题为目前系统所应用的主题。

（3）如果想在选定主题后对某方面（如桌面背景）进行更改，可以单击窗口下方的选项来进行进一步设置。

另外一种设置主题的方法：单击"开始"菜单按钮进入"控制面板"窗口，单击"外观和个性化"区域内的"更改主题"选项。

2. 任务栏及"开始"菜单

任务栏包含"开始"菜单按钮、快速启动按钮组、应用程序按钮组和通知区域，默认情况下任务栏以"条形栏"的形式出现在桌面底部，如图 2-16 所示。

任务栏及"开始"菜单

图 2-16　任务栏

可通过单击任务栏中的按钮在运行的程序间切换，也可以隐藏任务栏，将其移至桌面的两侧或顶端。

- 快速启动按钮组：单击该工具组中的图标均可以快速启动相应的应用程序。如单击"显示桌面"图标，即可把所有窗口都最小化，再单击一次还原窗口。
- 应用程序按钮组：该工具组中存放了当前所有打开窗口的最小化图标，正在被操作的窗口的图标呈凹下状态。可以通过单击各图标实现各窗口的切换。
- 语言按钮组：该工具组显示了当前使用的输入法。
- 通知区域：显示一些应用程序的状态，例如本地连接、杀毒软件、QQ 软件等启动后，即可把程序图标放入通知区域。

调整任务栏的大小，操作步骤如下：

（1）将鼠标放在任务栏空白处并右击，在弹出的快捷菜单中选择"属性"命令，弹出"任务栏和「开始」菜单属性"对话框，如图 2-17 所示。

图 2-17　"任务栏和「开始」菜单属性"对话框

（2）取消勾选"锁定任务栏"复选框，单击"确定"按钮；或者在任务栏空白处右击，取消勾选"锁定任务栏"命令。

（3）把鼠标放在任务栏的边框上，向上或向下拖动鼠标调整任务栏大小，如图 2-18 所示。

图 2-18　调整后的任务栏

移动任务栏的位置为右侧显示并自动隐藏，操作步骤如下：

（1）在"任务栏和「开始」菜单属性"对话框中，在"屏幕上的任务栏位置"下拉列表框中选择"右侧"，取消勾选"自动隐藏任务栏"复选框，如图 2-19 所示。

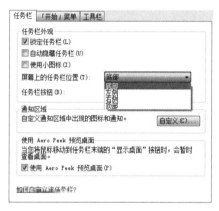

图 2-19　"任务栏"选项卡

（2）单击"确定"按钮，将任务栏移至屏幕右侧。

专家点睛

任务栏位置的调整也可以通过以下方法：将鼠标放在任务栏的空白处，按住鼠标左键不放拖动任务栏向屏幕的四周移动，移到位置后释放鼠标。

隐藏或显示通知区域的图标，操作步骤如下：

（1）在"任务栏和「开始」菜单属性"对话框的"任务栏"选项卡中，单击"自定义"按钮，取消勾选"自动隐藏任务栏"复选框，单击"确定"按钮。

（2）在弹出的对话框中设置"操作中心"和"电源"为"隐藏图标和通知"，设置"网络"和"音量"为"显示图标和通知"，设置"360 安全卫士安全防护中心模块"为"仅显示通知"，如图 2-20 所示，单击"确定"按钮。

专家点睛

显示图标和通知：在任务栏中一直显示。

隐藏图标和通知：在任务栏中一直隐藏。

仅显示通知：有系统通知或消息才在任务栏中显示。

图 2-20　通知区域设置

3. "开始"菜单的组成

"开始"菜单主要集中了用户可能用到的各种操作，如程序的快捷方式、常用的文件等，使用时只需单击即可，如图 2-21 所示。

"所有程序"中列出了一些当前用户经常使用的程序。单击"所有程序"命令，将显示比较全面的可执行程序列表，单击某个程序名就会启动该程序。

"开始"菜单的组成

设置"开始"菜单，操作步骤如下：

（1）将"计算器"程序图标附到"开始"菜单中。打开"开始"菜单，右击"计算器"程序图标，在弹出的快捷菜单中选择"附到「开始」菜单"命令，如图 2-22 所示；或者直接将"计算器"程序图标拖到"开始"菜单的左上角来锁定程序。

图 2-21　"开始"菜单

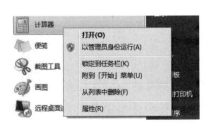

图 2-22　"开始"菜单的右键快捷菜单

（2）删除程序图标。单击"开始"菜单按钮，右击需要删除的程序图标，在弹出的快捷菜单中选择"从列表中删除"命令，如图2-22所示。

👨 **专家点睛**

从"开始"菜单中删除的程序图标仅只是将图标删除，不会将该程序从"所有程序"列表中删除或卸载此程序。

（3）清除最近打开的文件和程序。右击"开始"菜单按钮，在弹出的快捷菜单中选择"属性"命令，弹出"任务栏和「开始」菜单属性"对话框，单击"「开始」菜单"选项卡，在"隐私"区域取消选中"存储并显示最近在「开始」菜单和任务栏中打开的项目"复选框，如图2-23所示。

👨 **专家点睛**

随着时间的推移，"开始"菜单中的程序列表也会发生变化。出现这种情况有以下两个原因：

● 安装新程序时，新程序会添加到"所有程序"列表中。

● "开始"菜单会检测最近常用的程序，并将其置于左边窗格中以便快速访问。

（4）在自定义"开始"菜单中不显示控制面板。在"开始"菜单按钮上单击即可打开"开始"菜单（可使用组合键Ctrl+Esc和Windows徽标键）。右击"开始"菜单按钮，在弹出的快捷菜单中选择"属性"命令，弹出"任务栏和「开始」菜单属性"对话框，如图2-24所示。在"「开始」菜单"选项卡下，单击"自定义"按钮，弹出"自定义「开始」菜单"对话框，如图2-25所示。在"控制面板"下选择"不显示此项目"单选框，单击"确定"按钮。

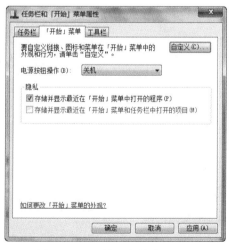

图2-23 "开始"菜单隐私设置

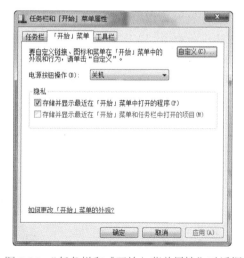

图2-24 "任务栏和「开始」菜单属性"对话框

4. 使用鼠标

鼠标和键盘是操作计算机的必要工具之一，只有学会了使用鼠标和键盘，才能更好地利用计算机为我们今后的学习和生活服务。

（1）鼠标的组成和功能。鼠标主要包括三部分：滚轮、左键、右键，如图 2-26 所示。

图 2-25 "自定义「开始」菜单"对话框

图 2-26 鼠标

左键单击：按一下鼠标左键立即释放，一般说到"单击鼠标"就是指单击鼠标左键。

右键单击：按一下鼠标右键立即释放，又称右击。

左键双击：快速地连续两次单击鼠标左键，又称双击。

指向：移动鼠标指针到屏幕的一个特定位置或特定对象。

拖拽：选定拖拽对象，按住鼠标左键不放，移动鼠标指针到目的地松开左键。

单击或双击左键一般用于选定、拖动、执行，右击用于弹出快捷菜单。

滚轮的主要作用是在浏览网页或文本时拨动滚轮向前或向后进行浏览，也可以实现让屏幕自动滚动、快速取得最佳视图等功能。

（2）正确握鼠标的姿势。使用鼠标时，应把右手食指和中指分别轻放在左键和右键上，大拇指放在鼠标左侧，无名指和小指放在鼠标右侧，手掌自然地放在鼠标上，当我们移动右手时鼠标指针也随之移动，如图 2-27 所示。对于滚轮，在使用时用食指轻轻按住并向前向后滚动。

图 2-27 使用鼠标的姿势

📖 练习

用鼠标进行如下操作：①左键单击"我的电脑"；②左键双击"回收站"；③右键单击桌面空白处；④左键按住"回收站"图标不放并拖动；⑤用鼠标将桌面图标摆成"中"字，读者试着操作一下，看看有什么反应。

5. 使用键盘

（1）键盘简介。键盘是计算机重要的输入设备之一，包括主键盘区、功能键区、编辑键区、辅助键区和状态指示灯，如图 2-28 所示。

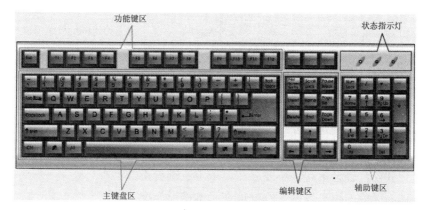

图 2-28 键盘区位

主键盘区除包含 26 个英文字母、10 个数字符号、各种标点符号、数学符号、特殊符号等字符键外，还有若干基本的功能控制键。

功能键区包含 F1 ～ F12 功能键，主要用于扩展键盘的输入控制功能，各个功能键的作用在不同的软件中通常有不同的定义。

编辑键区也称光标控制键区，主要用于控制或移动光标。

辅助键区也称数字键区，主要用于数字符号的快速输入。在数字键盘中，各个数字符号键的分布紧凑、合理，适于单手操作，在录入内容为纯数字符号的文本时，使用数字键盘将比使用主键盘更方便，更有利于提高输入速度。

键盘状态指示灯用来指示各区域的工作状态。

键盘上还包括以下常用功能键以及一些常用的组合键，见表 2-1：

- 退格键（Backspace）：删除当前光标前面的字符。
- 删除键（Delete）：删除当前光标后面的字符。
- 大写键（CapsLock）：大写字母锁定键。
- 上挡键（Shift）：输入双字符键上面的符号。
- 控制键（Ctrl）：辅助功能。

表 2-1 常用组合键

组合键	功能	组合键	功能
Alt+Tab	在打开的各个窗口之间进行切换	Ctrl+Alt+Delete	强制关闭程序，结束任务
Ctrl+A	全部选取	Ctrl+X	剪切
Ctrl+C	复制	Ctrl+V	粘贴
Ctrl+Z	撤消	Ctrl+Esc	打开"开始"菜单

续表

组合键	功能	组合键	功能
Shift+Delete	直接删除，不放入回收站	Delete	删除，放入回收站
Ctrl+ 空格	启动和关闭中文输入法	Ctrl+Shift	在各种输入法之间进行切换
Alt	激活菜单栏	Alt+F4	关闭应用程序窗口

（2）键盘姿势。开始打字之前一定要端正坐姿，如果坐姿不正确，不但会影响打字速度的提高，而且还会很容易疲劳、出错。

正确的坐姿应该是：

● 身子坐正，双脚平放在地上。

● 肩部放松，上臂自然下垂。

● 手腕放松，轻轻抬起，不要靠在桌子上或键盘上。

● 身体与键盘的距离以两手刚好放在基本键上为准。

（3）键盘指法。键盘指法是指如何运用十个手指进行击键的方法，规定每个手指的分工，充分调动十个手指的作用并实现盲打，从而提高打字的速度。

输入时左右手的八个手指（除大拇指外）从左到右分别自然平放到图 2-29 中的八个键位上。

图 2-29　键盘区位

🔊 专家点睛

键盘上的 A、S、D、F、J、K、L、;八个键称为基本键，在打字时双手要放在这八个键上，如图 2-30 所示。

正确的击键姿势：

● 端坐在椅子上，腰身挺直，全身保持自然放松状态。

● 视线基本上与屏幕上沿保持在同一水平线。

● 两肘下垂轻轻地贴在腋下，手掌与键盘保持平行，手指稍微弯曲，大拇指轻放在空格键上，其余手指轻放在基本键位上。

● 击键要有节奏，力度适中，击完非基本键后手指应立即回到基本键上。

● 空格键用大拇指侧击，右手小指击回车键。

（4）如何成为打字高手。每个手指除了击指定的基本键外，还分工击其他的字键，称为它的范围键，如图2-30所示。

图2-30 手指分工

🔊 **专家点睛**

指法练习技巧：左右手指放在基本键上；击完他键迅速返回原位；食指击键注意键位角度；小指击键力量保持均匀；数字键采用跳跃式击键。

初学打字，掌握适当的练习方法，对于提高自己的打字速度，成为一名速记高手是非常必要的。切记 一定把手指按照分工放在正确的键位上，有意识地慢慢记忆键盘字符的位置，体会不同键位上字键被敲击时手指的感觉，逐步养成不看键盘输入的习惯。

指法的训练可以采取两个步骤来实施：第一步，采用一般的指法训练软件（金山打字通或快打一族）练习盲打，使盲打字母的击键频率达到每分钟300键；第二步，进行看打或听打（录音）练习，要求击键准确，击键频率在每分钟350键左右。

进行打字练习时必须集中精力，充分做到手、脑、眼协调一致，尽量避免边看原稿边看键盘，这样容易分散记忆力，初级阶段的练习即使速度很慢，也一定要保证输入的准确。

📖 **练习**

和同学进行300字的打字比赛，看谁打字快。

项目2 管理计算机

**项目描述**

计算机里的文件杂乱无章会大大降低使用计算机的工作效率。本项目主要介绍如何

管理计算机中的资源，包括对文件及文件夹的管理、控制面板的设置，以及如何使用库和收藏夹来管理计算机中的文件，以便更好地利用计算机来帮助我们进行学习、工作和生活。

 项目分析

首先通过 Windows 7 资源管理器对文件及文件夹进行管理，包括文件及文件夹的建立、复制、移动等操作；其次是控制面板的设置，包括显示属性、键盘和鼠标属性、日期和时间属性、输入法以及网络属性等系统环境的配置，最好是利用库和收藏夹来快速进行计算机文件的管理。

 相关知识

1. 文件、文件夹

（1）文件和文件夹的定义。文件是存储在磁盘上的一组相关信息。在计算机中，一篇文档、一幅图画、一段声音等都是以文件的形式存储在计算机的磁盘中。

文件夹是存放文件的场所，用于存储文件或低一层文件夹。文件夹可以存放文件、应用程序或者其他文件夹。为了便于管理大量的文件，Windows 系统使用文件夹组织和管理文件，如图 2-31 所示。

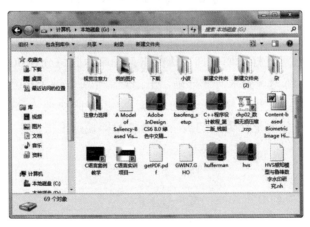

图 2-31　文件和文件夹

专家点睛

人们将计算机所接收的文档、声音、图形图像、视频等信息以文件的形式保存在存储器里，以文件夹的形式对其进行分类存放和管理。

（2）文件或文件夹操作。我们在利用计算机来整理文件的过程中，主要涉及的操作有文件或文件夹的新建、重命名、移动、复制、删除等。

1）创建新文件或文件夹。

方法 1：可以在程序窗口的"文件"菜单中选择"新建"命令，在弹出的菜单中选择要新建的文件或文件夹。

方法 2：在程序窗口工作区域的空白处右击，在弹出的快捷菜单中选择"新建"命令，在出现的级联菜单中选择要新建的文件或文件夹。

专家点睛

新建的文件夹不占用内存空间。

2）文件或文件夹的重命名。用户可以根据需要更改已经命名的文件或文件夹的名称。更改文件或文件夹名称的方法有以下 3 种：

- 用鼠标不连续地双击某个文件或文件夹，即用鼠标单击选定该文件或文件夹后再单击该文件或文件夹的名称，即可进行更改。
- 选中文件或文件夹并右击，在弹出的快捷菜单中选择"重命名"命令，如图 2-32 所示。
- 选中文件或文件夹，然后按功能键 F2 更改名称。

图 2-32　右键快捷菜单

专家点睛

在更改文件或文件夹名称时要注意：在相同目录下不能有相同名称的文件或文件夹，因此在更改名称时要注意不能与同一文件夹中的文件或文件夹名称相同。文件的名称包含两部分：一部分是文件的名称，一部分是文件的扩展名。在更改文件的名称时只是更改文件的名称部分，扩展名部分则要保留，不能把扩展名也更改或删除，否则会导致文件不可用。

3）文件或文件夹的选择。

- 选择连续的文件或文件夹。单击要选择的第一个文件或文件夹,然后按住 Shift 键,再单击要选择的最后一个文件或文件夹，则以所选第一个文件开始到最后一个文件结束范围内的所有连续文件或文件夹均被选定。

- 选择不连续的文件或文件夹。首先单击要选择的第一个文件或文件夹，然后按住 Ctrl 键，再单击要选定的其他文件或文件夹，则被单击的所有文件或文件夹均被选定。

4）复制文件或文件夹。

方法1：选择要复制的文件或文件夹并右击，在弹出的快捷菜单中选择"复制"命令（Ctrl+C），到目标位置的空白区域右击，在弹出的快捷菜单中选择"粘贴"命令（Ctrl+V），如图 2-33 所示。

方法2：打开源文件夹或盘符（即复制前文件所在的磁盘），选定要复制的文件或文件夹，按住 Ctrl 键的同时把所选内容拖动到目标文件夹（即复制后文件所在的文件夹）。

5）移动文件或文件夹。

方法1：选择要移动的文件或文件夹，在图标上按住鼠标左键并拖动到目标位置。

方法2：选择要移动的文件或文件夹并右击，在弹出的快捷菜单中选择"剪切"命令（Ctrl+X），到目标位置空白处右击，在弹出的快捷菜单中选择"粘贴"命令（Ctrl+V）。

图 2-33　文件和文件夹的复制、粘贴

6）文件或文件夹的删除。

- 逻辑删除。逻辑删除文件夹或文件的方法如下：

第一步：选定要删除的文件或文件夹。

第二步：单击"编辑"菜单中的"删除"命令或工具栏中的"删除"按钮，也可以按 Delete 键。

第三步：在弹出的对话框中单击"是"按钮。

- 彻底删除。彻底删除文件或文件夹的方法如下：

第一步：选定要删除的文件或文件夹。

第二步：按下 Shift 键的同时单击"编辑"菜单中的"删除"命令或工具栏中的"删除"按钮，也可以按 Shift+Delete 组合键。

第三步：在弹出的对话框中单击"是"按钮。

7）恢复文件或文件夹。

双击"回收站"图标打开"回收站"窗口，选定文件或文件夹，再单击"文件"菜单中的"还原"命令。

（3）查看和设置文件或文件夹属性。每一个文件和文件夹都有一定的属性信息，并且对于不同的文件类型，其"属性"对话框中的信息也各不相同，如文件夹的类型、文件路径、占用的磁盘空间、修改时间和创建时间等。在 Windows 7 中，一般一个文件或文件夹都包含只读、隐藏、存档几个属性，如图 2-34 所示的是文件的属性对话框。

在"属性"栏中，选择不同的选项可以更改文件的属性。

● 只读：文件或文件夹只可以阅读，不可以编辑或删除。

● 隐藏：指定文件或文件夹隐藏或显示。

（4）文件夹选项设置。在 Windows 7 中，可以使用多种方式查看窗口中的文件列表，其中利用"文件夹选项"对话框来设置文件夹是常用的方式，如图 2-35 所示。

图 2-34 文件的属性对话框

图 2-35 "文件夹选项"对话框

在"文件夹选项"对话框中有 3 个选项卡，即"常规""查看""搜索"，下面主要介绍"常规"和"查看"选项卡。

1）"常规"选项卡。

● "浏览文件夹"选项组：用于指定所打开的每一个文件夹是使用同一窗口还是分别使用不同窗口。

● "打开项目的方式"选项组：用于选择以何种方式打开窗口或桌面上的选项，即可以选择是单击打开项目还是双击打开项目。

● "导航窗格"选项组：用于在窗格中使用树状结构显示打开的文件和文件夹。

单击"还原为默认值"按钮便可以使设置返回到系统默认的方式。

2）"查看"选项卡。该选项卡控制计算机上所有文件夹窗口中文件夹和文件的显示方式。它主要包含"文件夹视图"和"高级设置"两部分，如图 2-36 所示。

图 2-36 "查看"选项卡

● "文件夹视图"选项组：包含两个按钮，它们都可以使所有文件夹的外观保持一致。单击"应用到文件夹"按钮可以使计算机上的所有文件夹与当前文件夹有类似的设置；单击"重置文件夹"按钮，系统将重新设置所有文件夹（除工具栏和 Web 视图外）为默认的视图设置。

- "高级设置"列表框：主要包含"记住每个文件夹的视图设置"复选框、"在标题栏显示完整路径"复选框、"隐藏已知文件类型的扩展名"复选框、"鼠标指向文件夹和桌面项时显示提示信息"复选框。

在"隐藏文件和文件夹"列表中有两个单选按钮，可以指定隐藏文件或文件夹是否在该文件夹的文件列表中显示。

专家点睛

剪贴板是内存中的一块区域，是 Windows 内置的一个非常有用的工具，用来临时存放数据信息。回收站主要用来存放用户临时删除的文档资料，存放在回收站中的文件可以恢复。回收站是一个特殊的文件夹，默认在每个硬盘分区根目录下的 Recycler 文件夹中，该文件夹是隐藏的。

2. Windows 7 的库

（1）认识 Windows 7 的库。"库"的全名为"程序库（Library）"，是指一个可供使用的各种标准程序、子程序、文件以及它们的目录等信息的有序集合。

（2）库的启动方式。在 Windows 7 中，"库"有以下两种启动方式：

- 单击任务栏中"开始"菜单按钮旁边的文件夹图标。
- 进入"计算机"，单击左侧导航栏中的"库"。

（3）库的类别。

- 文档库：用来组织和排列文字处理文档、电子表格、演示文稿以及其他与文本有关的文件。
- 音乐库：用来组织和排列数字音乐，如从音频 CD 翻录或从 Internet 下载的歌曲。
- 图片库：用来组织和排列数字图片，图片可从数码相机、扫描仪或网络上获取。
- 视频库：用来组织和排列视频，视频可来自于数码相机、数码摄像机、网络下载等。

3. 文件名、文件类型

为了存取保存在磁盘中的文件，每个文件都必须有一个名称——文件名。文件名由主文件名和扩展名组成，扩展名表示文件的类型见表 2-2。

表 2-2　文件扩展名及文件类型

扩展名	文件类型	扩展名	文件类型
.exe	应用程序	.bmp	位图文件
.com	应用程序	.txt	文本文件
.sys	系统文件	.doc	Word 文档文件
.bat	批处理文件	.xls	电子表格文件

续表

扩展名	文件类型	扩展名	文件类型
.dll	动态链接库文件	.ppt	演示文稿
.ini	系统配置文件	.avi	多媒体文件
.hlp	帮助文件	.htm	网页文件

文件名的命名规则如下：

● 文件名的长度可达 255 个字符（包括盘符和完整的路径信息）。

● 一个文件由 3 个字符组成文件扩展名，用以标识文件类型，如 .exe、.com、.txt、.bmp。

● 文件名或文件夹中不能出现以下字符：< > / \ ：* ? ÷。

● 文件名和文件夹名可以使用汉字（每个汉字相当于 2 个英文字符）。

● 可以使用多个分隔符的名字，如 this is a file.sub.txt。

● 在查找时可以使用通配符"*"和"?"。

文件类型可以分为可执行文件和数据文件两大类。

可执行文件的内容是可以被计算机识别并执行的指令，这类文件主要是一些应用软件，常见的扩展名是 .exe。

数据文件是能够被计算机处理、加工的各种数字化信息，但必须借助相关的应用软件才能打开。常见的类型有文本信息、图片信息、声音信息、视频信息等。

 **项目实现**

管理文件和文件夹

1. 管理文件和文件夹

在"计算机"的 E: 盘根目录下创建文件夹 E1 和 E2，操作步骤如下：

（1）单击桌面上的"计算机"图标打开"计算机"窗口，再双击 E: 盘图标，打开 E: 盘窗口。

（2）在 E: 盘窗口空白处右击，在弹出的快捷菜单中选择"新建"→"文件夹"命令，如图 2-37 所示。

（3）窗口中增加了一个名为"新建文件夹"的新文件夹，这时其名称的背景颜色为蓝色，输入 E1 即可建立名为 E1 的文件夹。

用同样的方法建立文件夹 E2。

图 2-37　新建文件夹

 **专家点睛**

在"计算机"窗口中包含本地磁盘驱动器，一般来说有本地磁盘 C:、本地磁盘 D:、

本地磁盘 E:、本地磁盘 F: 和本地磁盘 G: 五个驱动器，如图 2-38 所示。双击任意磁盘即可打开一个驱动器以浏览里面所包含的文件和文件夹。

在 E1 文件夹里新建 Word 文档，文件名为 my.docx，文件内容为"hello, my friend"，操作步骤如下：

（1）通过"计算机"图标打开 E: 盘的 E1 文件夹窗口。

（2）在窗口的空白处右击，在弹出的快捷菜单中选择"新建"→"Microsoft Word 文档"命令，如图 2-39 所示。

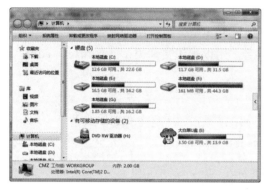

图 2-38　本地磁盘驱动器

图 2-39　新建 Microsoft Word 文档

（3）E1 文件夹中增加了一个名为"新建 Microsoft Word 文档 .docx"的新文件，这时其名称的背景颜色为蓝色，输入文件名 my.docx。

（4）双击 my.docx 图标打开编辑窗口，输入"hello, my friend"，单击"关闭"按钮，在弹出的对话框中单击"保存"按钮。

把 E2 文件夹重命名为 mydir，操作步骤如下：

（1）双击桌面上的"计算机"图标打开"计算机"窗口，再双击 E: 盘图标打开 E: 盘窗口。

（2）右击 E2 文件夹，在弹出的快捷菜单中选择"重命名"命令，这时原来的名字背景变为蓝色。

图 2-40　文件夹重命名

（3）输入新名字 mydir 后按 Enter 键或用鼠标在输入的名称之外的窗口内单击，如图 2-40 所示。

把 E1 文件夹中的 my.docx 文件复制到 mydir 文件夹中，操作步骤如下：

（1）打开 my.docx 文件所在的文件夹 E1。

（2）选中 my.docx 文件并右击，在弹出的快捷菜单中选择"复制"命令。

（3）打开目标文件夹 mydir 窗口。

（4）在窗口的空白处右击，在弹出的快捷菜单中选择"粘贴"命令。

把 mydir 文件夹移动到 D: 盘根目录下，操作步骤如下：

（1）打开 E: 盘根目录。

（2）选中 mydir 文件夹并右击，在弹出的快捷菜单中选择"剪切"命令。

（3）打开目标文件夹 D: 盘根目录窗口，在窗口的空白处右击，在弹出的快捷菜单中选择"粘贴"命令。

删除 D: 盘根目录下 mydir 文件夹，操作步骤如下：

（1）打开 D: 盘根目录，选中 mydir 文件夹并右击，在弹出的快捷菜单中选择"删除"命令；或者选择"文件"→"删除"命令。

（2）在弹出的"删除文件夹"消息框中单击"是"按钮，如图 2-41 所示。

图 2-41   删除文件夹

专家点睛

不论哪种方法，系统都会弹出一个确认"删除文件"或"删除文件夹"的对话框。如果确定要删除则单击"是"按钮，要取消则单击"否"按钮。

恢复刚删除的 mydir 文件夹，操作步骤如下：

（1）双击桌面上的"回收站"图标打开"回收站"窗口。

（2）选中 mydir 文件夹。

（3）单击窗口左边的"还原此项目"选项；或者右击，在弹出的快捷菜单中选择"还原"命令，如图 2-42 所示。

图 2-42   还原删除文件

设置 E1 文件夹里的 my.docx 文件为只读文件，操作步骤如下：

（1）打开要设置属性的文件所在的 E1 文件夹。

（2）右击 my.docx 文件，在弹出的快捷菜单中选择"属性"命令，弹出"my 属性"对话框，如图 2-43 所示。

（3）勾选"只读"复选框。

（4）单击"应用"按钮或"确定"按钮。

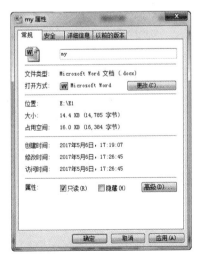

图 2-43   文件属性对话框

专家点睛

每一个文件和文件夹都有一定的属性信息，并且对于不同的文件类型，其属性对话框中的信息也各不相同，如文件夹的类型、文件路径、占用的磁盘空间、修改时间和创建时间等。在 Windows 7 中，一般一个文件或文件夹都包含只读、隐藏、存档几个属性。

在"属性"选项卡中，选择不同的选项可以更改文件的属性：

● 只读：文件或文件夹只可以阅读，不可以编辑或删除。

● 隐藏：指定文件或文件夹隐藏或显示。

显示已知文件扩展名和所有隐藏文件，操作步骤如下：

（1）打开一个文件夹窗口，如图 2-44 所示。

图 2-44 文件夹窗口

（2）单击"组织"菜单。

（3）在弹出的下拉菜单中选择"文件夹和搜索"命令，弹出"文件夹选项"对话框，如图 2-45 所示。

（4）单击"查看"选项卡，在"高级设置"列表框中选中"显示隐藏的文件、文件夹和驱动器"单选按钮，并取消勾选"隐藏已知文件类型的扩展名"复选框，如图 2-46 所示。

图 2-45 "文件夹选项"对话框

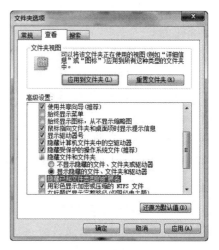

图 2-46 "查看"选项卡

（5）单击"应用"按钮或"确定"按钮。

专家点睛

（1）文件的显示方式：Windows 7 为用户提供了 8 种显示方式，即"超大图标""大图标""中等图标""小图标""列表""详细信息""平铺"和"内容"。从右键的"查看"菜单中便可以看到各种显示方式，如图 2-47 所示。

（2）以不同的方式排列文件：在浏览窗口中的内容时，用户除了可以使用不同的方式来显示文件外，还可以使用不同的方式来排列文件。在"查看"菜单的"排序方式"中可以选择不同的方式，一般情况下有 4 种排列方式，即"名称""修改日期""项目类型"和"大小"。当用户要以不同的方式显示文件或不同的方式排列文件时，还可以通过右击窗口工作区域的空白处，然后在弹出的快捷菜单中选择相应的显示方式或排列方式来实现，如图 2-48 所示。

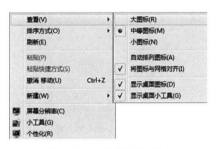

图 2-47　文件的显示方式

图 2-48　文件的排列方式

2. 控制面板

控制面板是用来对系统进行设置的一个工具集。我们可以根据自己的爱好来定制属于自己的工作环境，以便更有效地使用系统。单击"开始"菜单按钮，在"开始"菜单中选择"控制面板"命令打开"控制面板"窗口，如图 2-49 所示。

控制面板

图 2-49　"控制面板"窗口

创建一个用户名为 mycomputer 的标准用户，操作步骤如下：

（1）打开控制面板，选择"用户账户和家庭安全"→"用户账户"选项打开"用户账户"窗口，如图 2-50 所示。

图 2-50 "用户账户"窗口

（2）选择"管理其他账户"选项，再选择"创建一个新账户"选项，如图 2-51 所示。

图 2-51 "管理账户"窗口

（3）在文本框中输入新用户的名字 mycomputer，选中"标准用户"单选按钮，然后单击"创建账户"按钮，如图 2-52 所示。

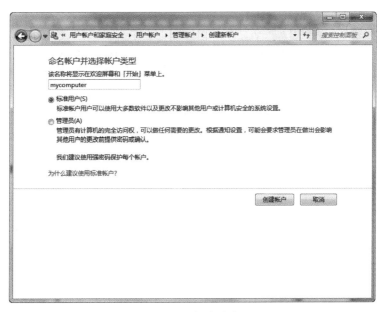

图 2-52　创建账户

创建完成后，单击"开始"菜单按钮，在"开始"菜单中选择"注销"命令，选择用户名为 mycomputer 的用户账户可进入 Windows 7 操作系统。

专家点睛

Windows 7 是一个多用户操作系统，用户账户的作用是给每一个使用这台计算机的人设置一个满足个性化需求的工作环境，这样多个人使用一台计算机就不会互相干扰，每个人也可以按照自己的需要来设置计算机属性。在 Windows 7 中，为用户设置了 3 种不同类型的账户：管理员账户、标准账户和来宾账户，它们各自的权限不一样。

管理员账户可以随意浏览、更改、删除计算机中的信息、程序，是拥有最高权限的用户。

标准账户只能浏览、更改自己的信息、图片，但是在进行一些会影响其他用户或安全的操作（如添加 / 删除程序）时则需要经过管理员的许可。

来宾账户供那些没有创建用户的人临时使用。

更改账户图片：选择"用户账户"窗口中的"更改图片"选项，然后在"为您的账户选择一个新的图片"选项组中选择一张图片，最后单击"更改图片"按钮。

为用户创建密码：选择"用户账户"窗口中的"为您的账户创建密码"选项，然后在文本框中输入密码及确认密码，最后单击"创建密码"按钮，如图 2-53 所示。

对系统输入法进行设置：①删除"微软拼音 - 简捷 2010"输入法；②添加"中文（简体）- 微软拼音 ABC 输入风格"；③更改"中文（简体，中国）- 中文 -QQ 拼音输入法"的快捷键为 Ctrl+Shift+1。操作步骤如下：

（1）单击"开始"菜单按钮，在"开始"菜单中选择"控制面板"命令，选择"时钟、语言和区域"选项组中的"区域和语言"选项，弹出"区域和语言"对话框。

图 2-53　创建账户密码

（2）单击"键盘和语言"选项卡，如图 2-54 所示。单击"键盘和其他输入语言"栏中的"更改键盘"按钮，弹出"文本服务和输入语言"对话框；或者在任务栏上右击"语言栏"图标，在弹出的快捷菜单中选择"设置"命令。

（3）选择"已安装的服务"栏中的"微软拼音 - 简捷 2010"选项，然后单击"删除"按钮删除选中的拼音输入法，如图 2-55 所示。

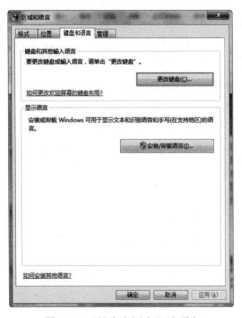

图 2-54　"键盘和语言"选项卡

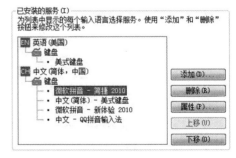

图 2-55　删除输入法

（4）单击"添加"按钮，弹出"添加输入语言"对话框，如图 2-56 所示。在列表框中选择"中文（简体）- 微软拼音 ABC 输入风格"复选项，单击"确定"按钮添加选中的输入法。

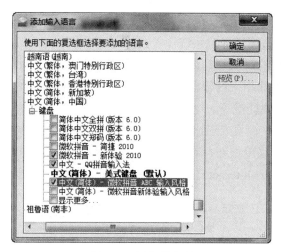

图 2-56　添加输入法

（5）在"文字服务和输入语言"对话框中单击"高级键设置"选项卡，在"输入语言的热键"列表框中选择"切换到中文（简体，中国）- 中文 -QQ 拼音输入法"，单击"更改按键顺序"按钮，如图 2-57 所示。

图 2-57　高级键设置

（6）在弹出的"更改按键顺序"对话框中勾选"启用按键顺序"复选框，更改快捷键为 Ctrl+Shift+1，单击"确定"按钮，更改指定输入法的快捷键，如图 2-58 所示。

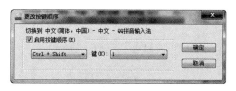

图 2-58　更改按键顺序

（7）返回到"文本服务与输入语言"对话框，单击"确定"按钮返回到"区域和语言"对话框，单击"确定"按钮完成对系统输入法的设置。

用户在使用计算机的时候往往要输入汉字，那么就需要用到输入法。用户要用好某种输入法，还需要设置其相应的输入法属性，如在 Windows 7 中把一些不经常用的输入法删掉、设置输入法的快捷键等，这样可大大缩短切换输入法的时间。

设置浏览器主页为空白页、退出时清除历史记录、清除相关数据，操作步骤如下：

（1）单击"开始"菜单按钮，在"开始"菜单中选择"控制面板"命令，选择"网络和 Internet"选项组中的 Internet 选项，弹出"Internet 属性"对话框，如图 2-59 所示。

图 2-59 "Internet 属性"对话框

（2）选择"常规"选项卡，在"主页"栏中单击"使用空白页"按钮，在"浏览历史记录"栏中勾选"退出时删除浏览历史记录"复选框，然后单击"删除"按钮，如图 2-60 所示。

图 2-60 "常规"选项卡

（3）在弹出的"删除浏览的历史记录"对话框中，勾选"保留收藏夹网站数据""Internet 临时文件"、Cookie、"历史记录"等复选框，单击"删除"按钮，如图 2-61 所示。

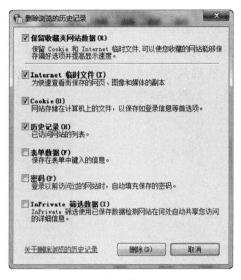

图 2-61 删除浏览的历史记录

🔊专家点睛

如果你删除了 Cookie 文件，则需要重新输入曾经在网页上保存过的密码等信息。

3. 系统工具的使用

磁盘格式化，操作步骤如下：

系统工具的使用

（1）右击要格式化的磁盘，在弹出的快捷菜单中选择"格式化"命令。

（2）在弹出的格式化对话框中，选择文件系统类型（Windows 7 默认为 NTFS 格式），输入该卷名称，如图 2-62 所示，单击"开始"按钮即可格式化该磁盘。

图 2-62 格式化磁盘

磁盘清理，操作步骤如下：

（1）单击"开始"菜单按钮，在弹出的"开始"菜单中选择"所有程序"→"附件"→"系统工具"→"磁盘清理"命令。

（2）在弹出的"磁盘清理：驱动器选择"对话框中选择待清理的驱动器，如图 2-63 所示。

（3）单击"确定"按钮，系统自动进行磁盘清理操作。

（4）磁盘清理完成后，在磁盘清理结果对话框中，勾选要删除的文件，单击"确定"按钮即可完成磁盘清理操作，如图 2-64 所示。

图 2-63　磁盘清理驱动器　　　　　　　图 2-64　"磁盘清理"对话框

磁盘碎片整理有利于程序运行速度的提高，操作步骤如下：

（1）单击"开始"菜单按钮，在"开始"菜单中选择"所有程序"→"附件"→"系统工具"→"磁盘碎片整理程序"命令。

（2）在弹出的"磁盘碎片整理程序"对话框中选择待整理的驱动器，如图 2-65 所示，然后单击"磁盘碎片整理"按钮。

图 2-65　磁盘碎片整理

4．使用库和收藏夹

文件管理的主要形式是以用户的个人意愿，用文件夹的形式作为基础分类进行存放，再按照文件类型进行细化。但随着文件数量和种类的增多，加上用户行为的不确定性，原有的文件管理方式往往会造成文件存储混乱、重复文件多等情况，已经无法满足用户的实际需求。而在 Windows 7 中，由于引进了"库"，文件管理更加方便，可以把本地的文件添加到"库"中，把文件收藏起来。

使用库，可以访问计算机中任何位置的文件夹，譬如计算机或外部硬盘等中的文件夹。选择"库"选项并将其打开后，包含在库中的所有文件夹中的内容都将显示在文件列表中。

新建"资料"库，操作步骤如下：

（1）打开"计算机"窗口，右击"库"选项，在弹出的快捷菜单中选择"新建"命令，如图 2-66 所示。

图 2-66 新建库

（2）在其级联菜单中选择"库"选项，输入新库名"资料"。

（3）如果要查看已包含在库中的文件夹，则双击库名称将其展开，此时将在库下列出其中的文件夹。

将文件夹添加到"资料"库中的方法有以下几种：

- 双击打开新建的库"资料"，单击"包括一个文件夹"按钮，再选择想要添加到当前库的文件夹，如图 2-67 所示。
- 对于已经包括了一些文件夹的库，直接进入"库"，右击想要添加文件夹的库，在弹出的快捷菜单中选择"属性"命令，弹出属性对话框，单击"包含文件夹"按钮，再选中想要添加到当前库的文件夹，如图 2-68 所示。

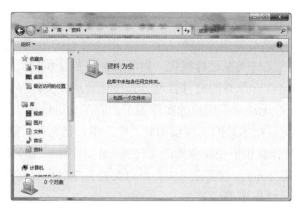

图 2-67　添加文件到库

图 2-68　添加文件到库

- 右击需要添加到库的文件夹，在弹出的快捷键菜单中选择"包含到库中"命令，再选择目标库即可，如图 2-69 所示。

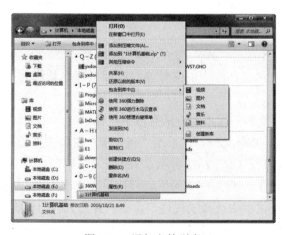

图 2-69　添加文件到库

同样，若要删除库中的文件夹，则右击要删除的文件夹，在弹出的快捷菜单中选择"从库中删除位置"命令，如图 2-70 所示。但这样只是将文件夹从库中删除，不会从该文件夹的原始位置删除。

图 2-70 从库中删除位置

为了让用户更方便地在库中查找资料，系统还提供了一个强大的库搜索功能，这样可以不用打开相应的文件或文件夹就能找到需要的资料。

在库中查找文件，操作方法为：在"库"窗口的搜索框中输入需要搜索文件的关键字，然后按 Enter 键，这样系统会自动检索当前库中的文件信息，随后在该窗口中列出搜索到的信息。库搜索功能非常强大，不但能搜索到文件夹、文件标题、压缩包中的关键字信息，还能搜索到一些文件中的信息。

譬如在搜索框中输入 .jpeg，如图 2-71 所示，可在搜索结果区域显示库中所有的 .jpeg 文件。

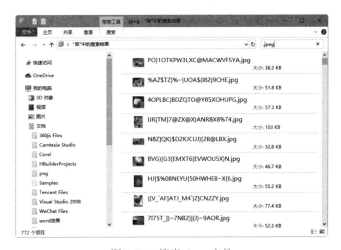

图 2-71 搜索 .jpeg 文件

下面介绍自定义收藏夹的方法。

要添加文件夹到收藏夹，则将其拖动到导航窗格中的"收藏夹"部分，如图 2-72 所示；若要更改收藏夹的顺序，则将"收藏夹"拖动到列表中的新位置；若要删除，则右击，在弹出的快捷菜单中选择"删除"命令。

图 2-72　添加文件夹到收藏夹

若要还原导航窗格中的默认收藏夹，则右击"收藏夹"选项，在弹出的快捷菜单中选择"还原收藏夹链接"命令，在添加到收藏夹时则无法将文件或网站添加为收藏夹，如图 2-73 所示。

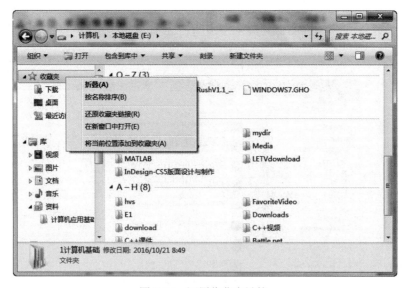

图 2-73　还原收藏夹链接

项目 3　　使用五笔字型输入法

项目描述

小李所学专业是会计信息化。专业课老师进行专业介绍时要求每一位学生都要掌握五笔字型输入法。因为目前的会计专业系统软件和金融系统软件只能使用五笔字型输入法输入账目进行会计核算等专业操作。小李下定决心一定要掌握这种汉字输入方法。

项目分析

学习五笔字型，先要熟悉五笔字型的编码基础，熟记字根总表，掌握五笔字型单字的编码以及简码、词组的输入方法，了解识别码、重码、容错码及 Z 键的使用。最重要的是要多加练习，熟能生巧，达到每分钟盲打百字水平。

相关知识

1. 五笔字型输入法与编码方案简介

五笔字型输入法自 1983 年底问世至今已有三十多年的历史，虽然目前计算机汉字的输入方法很多，但由于五笔字型具有重码率低、输入速度快的特点，仍然深受广大用户的欢迎，已拥有相当广泛的用户。

五笔字型编码方案的出发点是按照人们习惯的汉字书写顺序，采用"字根"拼形进行输入，与字音无关。对于某些不知怎么读的字可以通过编码进行输入。经过指法训练，可以达到每分钟输入 120 ～ 160 个汉字。

2. 汉字的 5 种基本笔画

（1）笔画。笔画是指在书写汉字时，不间断地一次连续写成的一个线条。

（2）分类。在五笔字型中，通过对大量的汉字加以分析，如果只考虑笔画的运笔走向，而不看它的轻重长短，可以将汉字笔画分为 5 类，并对其进行编码。

类别	横	竖	撇	捺	折
编码	1	2	3	4	5

在进行分类时，需要注意的是：

● 左竖钩并入竖，譬如利、丁。

- 提视为横，譬如现、场、扛、冲。
- 点为捺，譬如学、家。
- 一切带拐弯的笔画均归为折，譬如转、乙、书。

3. 字根及其结构关系

（1）字根。字根指由笔画交叉连接而成的相对不变的结构，也称偏旁、部首、字元、部件。譬如：李（木子李）由木、子组成；章（立早章）由立、早组成。

这里，木、子、立、早均为五笔字型的基本字根。

五笔字型中优选了 130 个字根，按笔画分为 5 类，每类又分为 5 组，共 25 组，每组占一个英文字母键。一般地，同一起笔的一类安排在键盘相连的区域。所以将基本字根分为 5 个区，每个区分为 5 个位，如图 2-74 所示。

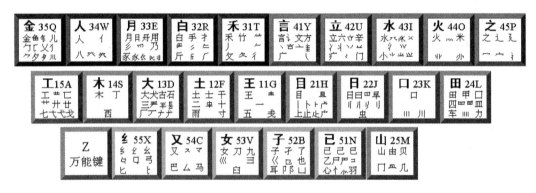

图 2-74　字根总图

（2）字根间的结构关系。字根间的结构关系可以概括为 4 种类型，即单、散、连、交。

1）单：指本身就单独成为汉字的字根。譬如：寸、土、米、王、目、女、山、石。

2）散：指构成汉字不止一个字根，且字根间保持一定距离，不相连也不相交。譬如：江、利、昌、苗、问、闯。

3）连：指一个字根与一个单笔画相连，它特指以下两种情况。

- 单笔画与基本字根相连，譬如：自、且、尺、正、下、入、产。
- 带点结构，认为相连，譬如：勺、术、太、义、头、斗、主。

4）交：两个或多个字根交叉套迭构成的汉字。譬如：申、里、果、必、专、农。

4. 汉字分解为字根的拆分原则

（1）在汉字的拆分过程中，除了按书写顺序进行拆分外，还要掌握以下 4 个要点：

取大优先，兼顾直观，能连不交，能散不连。

1）取大优先：按照书写笔画，尽量取笔画多的字根。

譬如：夷 → 一弓人（GXW）

平 → 一䒑丨（GUH）

无 → 二儿（FQ）

2）兼顾直观：在拆分时，照顾字根组字的直观性。

譬如：自 → 丿目（TH）

生 → 丿 丰（TG）

羊 → 丷 丰（UD）

3）能连不交：当一个汉字能拆成连的关系时就不拆成交的关系。

譬如：天 → 一 大（不能拆成二人）

于 → 一 十（不能拆成二丨）

丑 → 乙 土（不能拆成刀二）

4）能散不连：一个汉字若能拆成散的关系就不要拆成连的关系。

譬如：午 → 𠂉 十（不能拆成丿干）

占 → 卜 口（不能拆成丨、口）

非 → 三 丨 丨 三（不能拆成丰 丰）

（2）在拆分的时候需要注意的是：

1）在拆分的过程中，一个笔画不能割断用在两个字根中。

譬如：果 → 曰 木（不能拆成田 木）

里 → 曰 土（不能拆成田 土）

2）相连关系的字，即单笔画与字根相连组成的字，可直接拆成单笔画和基本字根组合。

譬如：生 → 丿 丰（不能拆成𠂉 土）

白 → 丿 目（不能拆成亻 乙 三）

5. 汉字的 3 种字型结构

有些汉字其所含字根相同，但属于不同的字，譬如："叭"和"只"均含字根"口"和"八"；"旭"和"旮"均含字根"九"和"日"。为了区分这些字，使含相同字根的字不重码，还需要字型信息。

（1）字型。指汉字各部分之间位置的关系类型。

（2）分类。五笔字型中，把汉字字型划分为左右、上下、杂合三类。

左右型：汉、利、胜、到、找、们、校、财、税。

上下型：冒、星、兵、军、思、想、学、旮、旯。

杂合型：万、里、千、团、句、国、同、字、为。

在进行字型结构划分时，需要注意的是：

● 凡是字根相连（仅指单笔画与字根相连或带点结构）一律视为杂合性。

● 键面字（本身是单个基本字根），有单独的编码方法，不必利用字型信息。

6. 五笔字型字根总表

把全部 130 个字根都标记在键上，就成了 5 区 25 位的字根总表，如图 2-75 所示。

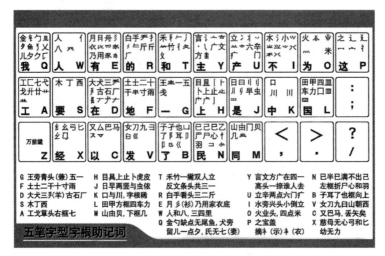

图 2-75　五笔字型字根总表

在字根总表中，同一键位上的字根使用同一个代号，而每个字根的代号都由其区号和位号决定的。

（1）区号的确定。区号是由每个字根的首笔画的代码来确定的。

- 首笔为"横"，代码为"1"，安排在 1 区。
- 首笔为"竖"，代码为"2"，安排在 2 区。
- 首笔为"撇"，代码为"3"，安排在 3 区。
- 首笔为"捺"，代码为"4"，安排在 4 区。
- 首笔为"折"，代码为"5"，安排在 5 区。

（2）位号的确定。

1）位号与次笔代码一致。

譬如：王 → 区位号 11（G）　　　　　白 → 区位号 32（R）

　　　之 → 区位号 45（P）　　　　　文 → 区位号 41（Y）

2）位号与笔画数目相一致。

譬如：三 → 区位号 13（D）　　　　　女 → 区位号 53（V）

　　　川 → 区位号 23（K）　　　　　二 → 区位号 12（F）

　　　丷 → 区位号 43（I）　　　　　一 → 区位号 11（G）

3）与主要字根形态相近或渊源一致时，其区位号与主要字的区位号相同。

譬如：耳（阝）→ 区位号 52（B）　　　才（手）→ 区位号 32（R）

　　　水（氵）→ 区位号 43（I）　　　忄（心）→ 区位号 51（N）

4）个别例外。

譬如：车（繁体車与甲相似）→ 区位号 24（L）

　　　力（力的声母为 L）→ 区位号 24（L）

　　　心（其最长笔画为折）→ 区位号 51（N）

　　　立、六、辛、冫、疒（其首笔均为点（捺），且均有两个点）→ 区位号 42（U）

130 个字根区位分化如图 2-76 所示。

图 2-76 五笔字型字根区位分化图

五笔字根助记符 86 版、98 版和新世纪版各不相同，可以在网上查询记忆。

（3）在进行字根编码时的注意事项。

1）定区。不论什么字根，先根据第一笔画的代码确定在键盘上的区号。

2）定位。根据以下方法确定在本区内的位号：次笔画的代码与位号一致；位号与该键位上复合笔画字根的笔画数目一致。

3）个别键位上有发明者精心设计方案时引入的外来户，即形相近或渊源一致的字根。

7. 五笔字单字的编码方法

（1）编码歌诀。

五笔字型均直观，依照笔顺把码编；

键名汉字打四下，基本字根请照搬；

一二三末取四码，顺序拆分大优先；

不足四码要注意，交叉识别补后边。

专家点睛

五笔字是依照从左到右，从上到下，从外到内，先进后关的书写顺序进行编码的。

（2）键名汉字的编码。

1）键名字。在字根键盘总图的每个按键的左上角均有一个字根，它就像该组的组长一样，除"纟（55X）"外，它们本身自成一个汉字，这些汉字即为键名字（高频字）。

键名字共有 25 个，它们是：金人月白禾，言立水火之，工木大土王，目日口田山，幺又女子已。

2）键名字的编码。把所在键的字母连写四次，即输入编码。

3）键名字的输入方法。连击所在键四下把所在键的字母连写四次。

譬如：王 → 编码 GGGG　　　　　　白 → 编码 RRRR

　　　山 → 编码 MMMM　　　　　　水 → 编码 IIII

　　　金 → 编码 QQQQ　　　　　　主 → 编码 YYYY

（3）成字字根汉字的编码。

1）成字字根。基本字根中，除键名字以外本身也是汉字的字根即成字字根。这里，我们将键名字和成字字根统称为键面字。

2）成字字根的编码。

报户口＋首笔码＋次笔码＋末笔码

其中，报户口指所在键的字母，首笔码指第一笔画的代码，次笔码指第二笔画的代码，末笔码指最后一笔的笔画代码。

笔画代码是指按单笔画取码，横、竖、撇、捺、折5种单笔画取各区第一个字母，即横（G）、竖（H）、撇（T）、捺（Y）、折（N）。

譬如：五 → GGHG　　　　雨 → FGHY　　　　二 → FGG

丁 → SGH　　　　西 → SGHG　　　　也 → BNHN

3）5个笔画的编码。单笔画是只有一笔的成字字根。用上述方法不能概括，而有时又需要单独使用，则特别规定其编码如下：

一 → GGLL　　　　丨 → HHLL　　　　丿 → TTLL

丶 → YYLL　　　　乙 → NNLL

（4）键外字的编码。

1）键外字。指键面字以外的汉字。键外字占汉字的绝大多数。

2）键外字的编码。含4个以上字根的汉字用4个字根码组成编码；不足4个字根码的键外字补一个字型识别码。

字根码——字根所在键上的英文字母。

①凡含4个或超过4个字根的汉字，按正常的书写顺序，取其第一、二、三、末4个字根码组成该字的编码。即首笔＋二笔＋三笔＋末笔。

譬如：型 → 一 廾 刂 土（GAJF）　　　常 → 丷 冖 口 丨（IPKH）

藏 → 艹 厂 上 丿（ADNT）　　　游 → 氵 亠 丿 子（IYTB）

②凡含少于4个字根的汉字，除按照顺序取其所有字根的字根码外，最后补一个识别码，若不够4码，则补一个空格。

3）识别码。识别码是由汉字的最后笔画代码与字型相统一确定的编码，如表2-3为五笔字字型代码，表2-4为五笔字识别码。

表2-3　五笔字字型代码

字型代号	字型	图示	位置关系	字例	说明
1	左右	⊞ ⫼ ⊞ ⊞	左右、左中右	和、树、到、湘	字根间有间距，左右排列
2	上下	⊟ ⊟ ⊟ ⊟	上下、上中下	态、惹、字、室	字根间有间距，上下排列
3	杂合	□ ◎ ⺆ ⼞ ⼐	独体、全包围、半包围	团、同、函、年、且、重	字根间虽有间距，但不分上下左右，即部分块

表2-4 五笔字识别码

末笔画 \ 字型		左右型	上下型	杂合型
		1	2	3
横	1	G	F	D
竖	2	H	J	K
撇	3	T	R	E
捺	4	Y	U	I
折	5	N	B	V

在确定字型编码时应该注意，若是包围结构的汉字，其末笔不是整个字的末笔，而是包围结构内部的末笔。

譬如：汉字"团""因"，末笔不是"一"，而是"丿"和"、"。

表2-5为各种字型编码示例。

表2-5 各种字型编码示例

字型 \ 末笔画	一	丨	丿	、	乙
左右型	杜（SFG）	拥（REH）	场（FNRT）	坝（FMY）	汇（IAN）
上下型	尘（IFF）	午（TFJ）	彦（UDER）	宋（PSU）	亏（FNB）
杂合型	句（QKD）	巾（MHK）	勿（QRE）	厌（DDI）	万（DNV）

 **项目实现**

本项目将通过简码、词组的输入编码来学习五笔字型的输入方法。

1. 简码输入

为了提高录入速度，将五笔字型编码方案中大量常用的汉字编码进行简化，这样就引入了简码输入。

根据汉字的使用频率高低，简码汉字分为一级简码、二级简码和三级简码。

（1）一级简码。在5区25位上，每键安排了一个使用频度最高的汉字，即高频字，这些字即为一级简码，共25个，见表2-6。

表2-6 一级简码表

我 Q	人 W	有 E	的 R	和 T	主 Y	产 U	不 I	为 O	这 P
工 A	要 S	在 D	地 F	一 G	上 H	是 J	中 K	国 L	
	经 X	以 C	发 V	了 B	民 N	同 M			

输入方法：所在的键 + 空格键。

譬如：一 → G␣　　　　　　是 → J␣　　　　　　国 → L␣

　　　中 → K␣　　　　　　民 → N␣　　　　　　我 → Q␣

一级简码在汉字使用中是最常用的，需要熟记并运用自如。

（2）二级简码。五笔字中将汉字使用频度排在前面的常用字定义为二级简码汉字，共 625 个，占整个汉字频度的 60.04%。

输入方法：汉字的前两个字根码 + 空格键。

譬如：二 → FG␣　　　　　五 → GG␣　　　　　晴 → HG␣

　　　给 → XW␣　　　　　然 → QD␣　　　　　后 → YH␣

（3）三级简码。由单字的前 3 个字根码组成，只要一个字的前 3 个字根码在整个编码体系中是唯一的，一般都选作三级简码，共有 4400 个汉字。

输入方法：汉字的前 3 个字根编码 + 空格键。

譬如：黛 → WAL␣　　　　带 → GKP␣　　　　华 → WXF␣

　　　情 → NGE␣　　　　其 → ADW␣　　　　森 → SSS␣

2. 词组输入

词组是指由两个及两个以上汉字构成的汉字串。五笔字中词组有二字词组、三字词组、四字词组和多字词组。

（1）二字词组。

输入方法：每字取其全码的前两码组成，共四码。

若有一级简码、键名字根或成字字根参加组词，仍从其全码中取前两码参加组合。

譬如：经济 → 纟 ⺈ 氵 文　　　　　　XCIY

　　　机器 → 木 几 口 口　　　　　　SMKK

　　　汉字 → 氵 又 宀 子　　　　　　ICPB

　　　语言 → 讠 五 言 丶　　　　　　YGYY

　　　财税 → 贝 十 禾 ⺍　　　　　　MFTU

　　　工人 → 工 工 人 人　　　　　　AAWW

　　　中国 → 口 丨 口 王　　　　　　KHLG

（2）三字词组。

输入方法：前两个字各取其第一码，最后一个字取其前两码，共四码。

譬如：大部分 → 大 立 八 刀　　　　DUWV

　　　电视剧 → 曰 礻 尸 古　　　　JPND

　　　计算机 → 讠 ⺮ 木 几　　　　YTSM

　　　共产党 → 廾 立 ⺌ 宀　　　　AUIP

　　　共和国 → 廾 禾 口 王　　　　ATLG

　　　方向盘 → 方 丿 丿 舟　　　　YTTE

（3）四字词组。

输入方法：每个字各取全码中的第一码，共四码。

譬如：全心全意 → 人心人立　　　　WNWU

　　　　五笔字型 → 五竹宀一　　　　GTPG

　　　　程序控制 → 禾广扌宀　　　　TYRR

　　　　人工智能 → 人工宀厶　　　　WARC

　　　　知识分子 → 宀讠八子　　　　TYWB

　　　　风华正茂 → 几亻一卝　　　　MWGA

（4）多字词组。

输入方法：取第一、二、三和最末一个汉字的首码，共四码。

譬如：中华人民共和国 → 口亻人口　　　　KWWL

　　　　中央人民广播电台 → 口门人厶　　　KMWC

　　　　马克思列宁主义 → 马十田丶　　　　CDLY

　　　　中国科学院 → 口口禾阝　　　　KLTB

　　　　毛泽东思想 → 丿氵厂木　　　　TIAS

　　　　中国人民解放军 → 口口人宀　　　KLWP

　　　　社会主义现代化 → 礻人丶亻　　　PWYW

3. 重码、容错码及 Z 键

（1）重码及重码的处理。

1）重码。重码是指几个不同汉字使用了相同的编码。五笔字型的重码率虽然较低，但处理不好也会影响录入的速度及准确性。

2）处理方法。在输入汉字时，若遇上重码，显示器屏幕上会显示出全部重码字供用户选择。

譬如，在输入"去"字时会出现如下选项：

全角 五笔字型：fcu　1. 去　2. 云　3. 支

这时可用数字"1"选"去"字，或直接输入下一个字或空格键；用数字"2"选"云"字，或将全码的最后一键改为"L"；用数字"3"选"支"字，或将全码的最后一键删除。

（2）容错码及分类。

1）容错码。容错码是指某些汉字除可按正确的编码输入外，还允许使用错码输入。

2）分类。容错码可以分为以下 6 种：

● 拆分容错。拆分时的顺序允许有错。譬如"长"字，有 4 种输入方法：

　长 → 丿七（TA）　七丿（ATYI）　一乙丿（GNTY）　丿一乙（TGNY）

● 字型容错。在确定识别码时允许字型类型有错。譬如"占"字，正确的字型是上下型，识别码是"F"，但也可认为是杂合型，使用识别码"D"。

● 版本容错。允许使用老版本的字根和键位输入汉字。

● 低频重码字后缀。即使用外码"L"。

● 异体容错。汉字的字根可以异体。譬如"迎"字，正确码为"匚阝辶（QBP）"，也可以使用容错码"一乚丨辶（GMHP）"。

- 末笔容错。汉字拆分的末笔画可以容错。譬如"化"字，可用"亻乚丿（WNT）"，也可用"亻丿乚（WTN）"。

（3）Z键的应用。Z键也称万能学习键，它是专门为初学者学习而设定的。

1）Z键的功能。Z键的作用表现在以下几个方面：

- 代替一切未知字根。
- 学习正确的输入码。
- 显示全部汉字。
- 学习和代替识别码。

在输入汉字的过程中，可以利用Z键来查找确定不了或想不起来的字根。譬如"曹"字，拆分字根应为"一门廿日（GMAJ）"，若不知第三个字根在哪个键上，可用Z键代替：

全角　五笔字型：gmzj 1. 曹 gmaj　2. 刺 gmij　3. 瑞 gmdj

2）使用Z键的注意事项。在使用Z键时，一定要注意只能用它来查寻未知的字根，而不能靠它来输入汉字，否则会养成不良的输入习惯，影响录入的速度。

3）Z键的特点。所有符合已键入字根的字，基本上按字的使用频度顺序显示出来，利用Z键选择几次就可以查到要输入的字。

单元小结

本单元共完成3个项目，主要包括Windows 7的基本操作、文件与文件夹操作、控制面板中常用属性设置、库和收藏夹的使用、认识五笔字型输入法等。学完后应该有以下收获：

- 了解Windows 7的功能和基本概念。
- 掌握Windows 7系统的启动和退出。
- 掌握Windows 7窗口知识与基本操作。
- 掌握桌面个性化属性设置。
- 掌握系统输入法设置。
- 掌握用户账户设置。
- 掌握任务栏的组成、操作及属性设置。
- 掌握"开始"菜单的组成与设置。
- 掌握文件、文件夹的创建、重命名和删除方法。
- 掌握文件的浏览、选取、复制和移动方法。
- 掌握文件、文件夹属性与文件夹选项的设置。
- 掌握磁盘格式化、磁盘清理与碎片整理的方法。
- 掌握库和收藏夹的使用。
- 了解五笔字型输入法。

课外自测

一、单选题

1. Windows 7 操作系统是 _____。
   A. 单用户单任务操作系统　　　　　B. 单用户多任务操作系统
   C. 多用户多任务操作系统　　　　　D. 多用户单任务操作系统

2. 在 Windows 7 中，当一个应用程序窗口被最小化后，该应用程序将 _____。
   A. 被终止执行　　B. 继续执行　　　　C. 被暂停执行　　　D. 被删除

3. 通过 _____ 鼠标可以打开文件、文件夹等。
   A. 双击　　　　　B. 滚轮　　　　　C. 右击　　　　　D. 拖动

4. 下列关于窗口的说法中错误的是 _____。
   A. 在还原状态下拖动窗口边框可以调整其大小
   B. 单击"最小化"按钮可将窗口缩放到任务栏中
   C. 在还原状态下拖动窗口的功能区可以改变其位置
   D. 在还原状态下拖动窗口的标题栏可以改变其位置

5. 要同时选择多个文件或文件夹，可在按住 _____ 键的同时依次单击所要选择的文件或文件夹。
   A. Ctrl　　　　　B. Shift　　　　　C. Alt　　　　　　D. Ctrl +Shift

6. 利用 _____ 对话框可以设置显示隐藏的文件或文件夹。
   A. 文件夹属性　　　　　　　　　　B. 文件夹选项
   C. 自动播放　　　　　　　　　　　D. 删除文件夹

7. 要设置 Windows 7 的桌面主题、桌面图标、桌面背景和屏幕保护程序，可在 _____ 窗口中单击相应的按钮，然后在打开的窗口中进行相应的设置。
   A. 个性化　　　　　　　　　　　　B. 控制面板
   C. 网络和共享中心　　　　　　　　D. 用户账户

8. 下列关于关闭应用程序的说法中错误的是 _____。
   A. 单击程序窗口右上角的"关闭"按钮
   B. 按 Alt+F4 组合键
   C. 在"文件"菜单中选择"退出"选项
   D. 双击程序窗口的标题栏

9. Windows 7 可支持长达 _____ 个字符的文件名。
   A. 8　　　　　　　B. 10　　　　　　C. 64　　　　　　　D. 255

10. 在资源管理器窗口中，出现在左窗格文件夹图标前的空心三角形标志表示 _____。
    A. 该文件夹中有文件　　　　　　　B. 该文件夹中没有文件
    C. 该文件夹中有下级文件夹　　　　D. 该文件夹中没有下级文件夹

二、实操题

1．熟悉 Windows 7 操作系统的使用环境（本题使用"单元 2\ 课外自测 \1"文件夹）。

查看你所用计算机的属性，新建一个记事本文档，把所查看的计算机硬件配置参数记录在文档中，并以"我的计算机硬件 .txt"文件名保存在本文件夹中。

2．Windows 桌面基本操作。

正确开机后，完成以下 Windows 基本操作：

（1）桌面操作。设置图片 / 幻灯片为桌面背景，并将桌面上的某个图标添加到任务栏。

（2）桌面小工具应用。在桌面上添加 / 删除一个日历。

（3）切换窗口。练习用多种方法在已经打开的"计算机""回收站""Word 2016"等不同窗口之间切换。

（4）对话框操作。打开"日期和时间"对话框，移动其位置，并更改当前的系统日期与时间。打开"文本服务和输入语言"对话框，将语言栏中已安装的一种自己熟悉的中文输入法作为默认输入法。

（5）菜单操作。练习使用鼠标和键盘两种操作方法打开 / 关闭"开始"菜单、下拉菜单、控制菜单、快捷菜单、级联菜单。

3．控制面板的使用。

利用控制面板完成以下操作：

（1）"开始"菜单设置。将"记事本"应用程序图标锁定到"开始"菜单，查看设置效果。

（2）参考建立用户账户和设置个性化桌面部分设计一个自己喜欢的计算机个性化设置方案并实施。

4．文件资源管理基本操作（本题使用"单元 2\ 课外自测 \4"文件夹）。

（1）在本题所用文件夹中建立如图 2-77 所示的文件夹结构。

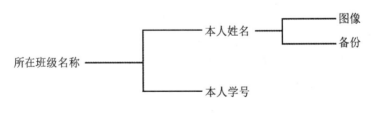

图 2-77　文件夹结构

（2）在 C: 盘上查找 Control.exe 文件，建立其快捷方式，保存到"本人姓名"文件夹下并改名为"控制面板"。

（3）调整窗口大小和排列图标。打开"计算机"窗口，以"详细信息"方式查看其内容，并按"名称"排列窗口内的内容。然后复制此窗口的图像，粘贴到"画图"应用程序中，并以"窗口.bmp"为名保存在"图像"文件夹中。

（4）文件和文件夹的移动、复制、删除。将 C: 盘 Windows 文件夹中第一个字符为 S，

扩展名为 .exe 的所有文件复制到"本人学号"文件夹中；将"图像"文件夹中的所有文件移动到"备份"文件夹中。

（5）在 Windows 帮助系统中搜索有关"将 Web 内容添加到桌面"的操作，将搜索到的内容复制到"记事本"程序的窗口中，以"记录 1.txt"为名保存在"本人学号"文件夹中。

（6）试着将上述"记录 1.txt"文件删除到回收站，然后再尝试从回收站中将它还原。

（7）将"所在班级名称"文件夹发送到"我的文档"文件夹中。

（8）写出图 2-78 中图标表示的文件类型。

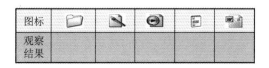

图标	📁	🖉	💿	📄	📄
观察结果					

图 2-78　文件类型

5．系统工具。

（1）试利用磁盘碎片整理程序对本地磁盘 D: 进行碎片整理。

（2）试利用磁盘清理程序清理本地磁盘 D: 上的无用文件。

6．假如你所在的办公室，目前只有一台低版本操作系统的计算机。因为该计算机是大家公用的，一直没有人维护，所有的系统设置长期没有更新，只有一个公用账户，缺乏安全性，而且大家长期频繁地进行文件存取的操作，文件管理非常混乱，其运行速度也很慢，请制订一个计划来解决该计算机目前所存在的这些问题。

7．会计金融专业专练。请在安装好的"金山打字通"软件上按照所学五笔字型知识，每天抽出 30 分钟练习五笔打字，练习顺序是字根、单字、词组、文章，要求输入速度达到每分钟不低于 60 个汉字。

扩展阅读

1．[日] 矢泽久雄．计算机是怎样跑起来的．胡屹，译．北京：人民邮电出版社，2015.
2．俞勇．人工智能应用——炫酷的 AI 让你脑洞大开．上海：上海科技教育出版社，2019.

Word 2016 文档处理

利用 Word 文字处理软件可以创建电子文档，并对电子文档进行文字的编辑与排版。在文档中还可以插入表格或多媒体素材文件，制作可视性极佳的表格文档或图文并茂的彩色图文文档，极大地丰富了文字的表现力。尤其在长文档的排版处理上，能够利用样式快速地针对文档的格式要求做出设置。本单元将通过 5 个项目的完成来学习 Word 的基本操作、文字的编辑和格式的设置方法与技巧，通过创建表格、插入图片和剪贴画实现图文混排，根据毕业论文格式要求，通过应用样式、自动生成目录、添加页眉页脚、插入封面等操作来完成长文档的编辑和排版。

- 项目 1　使用格式制作培训计划
- 项目 2　使用表格制作求职简历
- 项目 3　使用多媒体对象制作店铺开业宣传单
- 项目 4　使用样式排版毕业论文
- 项目 5　使用邮件合并批量生成档案表

项目 1 使用格式制作培训计划

项目描述

为了提升教师队伍的信息技术应用能力，教师发展中心工作人员制订了教师信息技术教学能力培训计划。先要创建文档并编辑计划内容，制作电子计划书。为了使计划书更加美观，需要进行文字的排版、段落格式的设置和整体页面的美化。

项目分析

首先打开一个空白文档，输入和编辑计划内容并添加项目编号，使文档层次结构清晰有条理，完成电子计划书的创建。然后进行文字的排版，通过设置字体及段落格式，添加页面边框、文字底纹和段落底纹等完成页面的整体设置。

相关知识

1. 启动和退出 Word 2016

（1）启动 Word 2016。

1）从"开始"菜单进入。单击"开始"菜单按钮，在"开始"菜单中选择 Word 2016 选项，如图 3-1 所示，即可启动 Word 2016。

2）从快捷方式进入。双击 Word 2016 快捷方式图标；或者选择快捷方式图标并右击，在弹出的快捷菜单中选择"打开"命令，即可启动 Word 2016，如图 3-2 所示。

3）通过双击 Word 2016 文件图标启动。在计算机上双击任意一个 Word 2016 文件图标，在打开该文件的同时即可启动 Word 2016，如图 3-3 所示。

图 3-1 "开始"菜单中的 Word 2016 选项   图 3-2 快捷方式图标   图 3-3 Word 文件图标

（2）退出 Word 2016。

1）单击 Word 2016 窗口左上角的"文件"选项卡，选择"关闭"选项，如图 3-4 所示。

图 3-4 "文件"选项卡中的"关闭"选项

2）按 Alt+F4 组合键。

3）单击 Word 2016 标题栏右侧的"关闭"按钮 ×。

4）右击任务栏上的 Word 2016 程序图标，在弹出的快捷菜单中选择"关闭窗口"命令。

2. Word 2016 工作窗口

启动后的 Word 2016 工作窗口如图 3-5 所示。

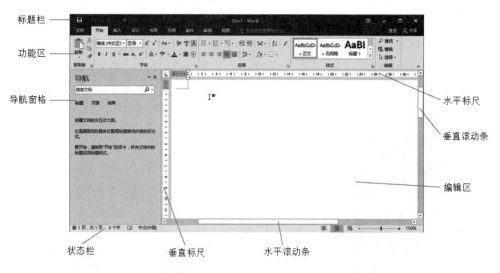

图 3-5 Word 2016 工作窗口

Word 2016 的工作窗口主要由标题栏、功能区、编辑区、标尺、导航窗格、滚动条和状态栏组成。

（1）标题栏。标题栏位于操作界面的最顶部，由快速访问工具栏、文档名、功能区显示选项按钮及窗口控制按钮组成。其中快速访问工具栏显示了 Word 中常用的命令按钮，如"保存"按钮 🔳、"撤消"按钮 ↩、"恢复"按钮 ↻ 等。用户可以根据需要自行设置快速访问工具栏中的命令按钮：单击其后的"自定义快速访问工具栏"按钮 ▾，弹出下拉列表，如图 3-6 所示，选择其中需要的命令即可添加，取消勾选即可去除。文档名位于标题栏的中央，为当前正在编辑文档的名称。功能区显示选项按钮 🔲 提供了显示或隐藏功能区中选项卡和命令的选项，窗口控制按钮 ― ☐ ✕ 用于控制工作窗口的大小和退出 Word 2016 程序。

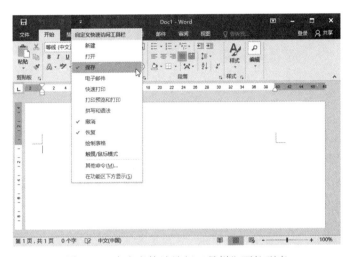

图 3-6　"自定义快速访问工具栏"下拉列表

🔊 专家点睛

一个 Word 文件就是一个扩展名为 .docx 的文档文件。当新建 Word 文档时，其默认的名称为文档 1，可在保存时对其重新命名。编辑 Word 文档时，双击标题栏可以使窗口在"最大化"和"还原"状态之间切换，也可以利用窗口控制按钮调整窗口状态。快速访问工具栏中的按钮，在激活状态时呈现白色，在未被激活时呈现不透明的灰色。

（2）功能区。功能区将常用功能和命令以选项卡、按钮、图标或下拉列表的形式分别显示。其中，文件的新建、保存、打开、关闭、打印等功能整合在"文件"选项卡下，便于使用。其他选项卡中分类放置相应的工具，实现对文件的编辑、排版等操作。单击选项卡名称可以在不同的选项卡之间进行切换。单击功能区右上角的"功能区显示选项"按钮，可选择隐藏功能区、显示功能区或仅显示功能区上的选项卡名称。

🔊 专家点睛

右击"文件"选项卡，在弹出的快捷菜单中选择"自定义功能区"选项，如图 3-7 所示，可以修改功能区中的工具按钮，如进行按钮的删除或添加。将鼠标停留在某个工具按钮上，可显示该按钮的功能。

（3）编辑区。编辑区又称文本区，是文档窗口中央的空白处，用于实现文档的显示和输入等操作。在编辑区中，闪烁的竖直线"|"为插入点，指当前输入内容的键入位置，

用于输入文本和插入各种对象。启动 Word 时，编辑区为空，插入点位于空白文档的开头。

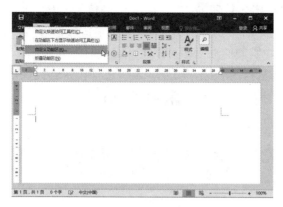

图 3-7 "自定义功能区"选项

专家点睛

在文档现有内容区域用户可通过方向键移动插入点。此外，按组合键 Ctrl+Home 可将插入点快速定位到当前页的开头，按组合键 Ctrl+End 可将插入点定位到当前页的末尾。

（4）标尺。标尺分为水平标尺和垂直标尺，用来设置页面尺寸及文本段落的缩进。水平标尺的左、右两边分别有左缩进标志和右缩进标志，用于限制文本的左右边界。

专家点睛

用户可自行设置是否显示标尺。勾选"视图"选项卡"显示"组中的"标尺"复选框可显示标尺，取消勾选则隐藏，如图 3-8 所示。

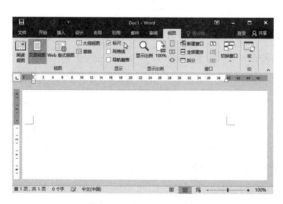

图 3-8 "标尺"复选框

（5）导航窗格。导航窗格使用户能快速地定位文档和搜索文档内容。Word 2016 提供了 3 种导航功能，即标题导航、页面导航和结果导航。标题导航层次分明，适用于条理清晰的长文档，用户可通过单击标题来定位文档内容。切换导航方式为页面导航，在导航窗格中文档分页以缩略图的形式列出。使用结果导航，用户可搜索关键词和特定对象。

专家点睛

用户可自行设置是否显示导航窗格。勾选"视图"选项卡"显示"组中的"导航窗格"

复选框可显示导航窗格，取消勾选则隐藏。

（6）滚动条。滚动条主要用来移动文档的位置。当文档内容超出屏幕显示区域时，可使用滚动条来调整内容至可视区域。Word 2016 的工作窗口有水平滚动条和垂直滚动条，分别位于编辑区的下方和右侧，由滚动箭头和滚动框组成。

（7）状态栏。状态栏位于操作界面底部，其中状态栏的左侧显示文档的有关信息，如页码、字数等，右侧显示文档的多种视图模式、显示比例滑块————及缩放级别按钮 100%。

专家点睛

打开 Word 2016 文档文件，系统默认使用"页面视图"模式，用户可单击不同视图模式按钮进行调整。若调整文档窗口大小，可单击右下角的缩放级别按钮，在弹出的"显示比例"对话框（如图 3-9 所示），设置显示比例，或拖动显示比例滑块来放大或缩小比例，或按住 Ctrl 键滚动鼠标滚轮来调整比例。

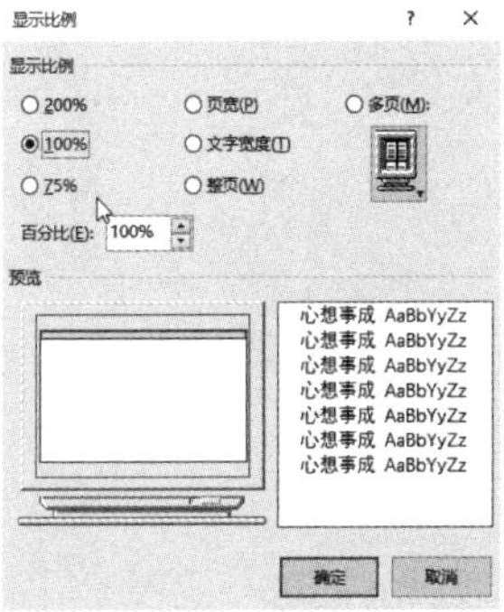

图 3-9　"显示比例"对话框

3. 文件基本操作

使用 Word 2016 创建的每一个文件都是以文档的形式保存的，文档的扩展名为 .docx，文档的每一页是组成文档的基本单位。

（1）新建文档。

1）通过"开始"菜单或桌面快捷方式启动 Word 2016，得到如图 3-10 所示的启动界面，单击"空白文档"选项可创建新的 Word 2016 文档。

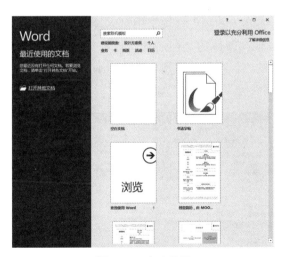

图 3-10　启动界面

2）在文档目标位置右击，在弹出的快捷菜单中选择"新建"→"Microsoft Word 文档"命令，也可创建新的 Word 2016 文档。

（2）输入文本内容。在文档的编辑区，可在插入点处输入文本内容。Word 2016 提供了两种文本输入模式：插入和改写。插入模式为默认输入模式，输入新内容，插入点之后的原有文字会向后移动。右击状态栏，在弹出的快捷菜单中选择"改写"命令（如图3-11所示）或按 Insert 键均可切换为改写模式。在此模式下，将插入点定位在需要改写的文本之前，输入新内容后，原文本会被替换。

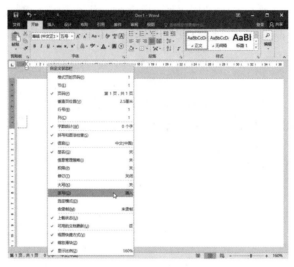

图 3-11 "改写"模式

（3）插入非文本内容。单击"插入"选项卡中的按钮可在文档中插入非文本内容，如图片、表格、形状、图表、特殊符号、数学公式等。

（4）美化文档。完成文档的编辑后，可以对文档进行文字的排版、段落格式的设置和整体页面的美化，如在"开始"选项卡的"字体"组和"段落"组中可以设置文字和段落的格式，在"设计"和"布局"选项卡中可以设置整体页面的格式。

（5）保存文档。要保存新建的文档，可选择"文件"选项卡中的"保存"命令，或单击快速访问工具栏中的"保存"按钮，或按 Ctrl+S 组合键，在"另存为"列表中双击"浏览"选项，弹出"另存为"对话框，如图3-12所示，设置文档保存的位置和名称。

图 3-12 "另存为"对话框

**专家点睛**

　　"文件"选项卡中有"保存"和"另存为"两种保存方式。在保存一个新文档时，两种保存方式没有区别。而在保存已有文档时，二者是有区别的。选择"另存为"选项会弹出"另存为"对话框，可以改变当前文档的位置、名称、类型，而选择"保存"则不会弹出对话框，只能以原位置、原名字、原类型的形式进行保存。

　　（6）打开文档。启动 Word 2016 后，选择"文件"选项卡中的"打开"命令，在"打开"列表中双击"这台电脑"选项，弹出"打开"对话框，如图 3-13 所示，在左侧列表中选择文档所在的位置，在中间列表中选择要打开的文档，然后单击"打开"按钮，或直接双击要打开的文档，即可打开该文件。

图 3-13　"打开"对话框

**专家点睛**

　　对用户最近编辑过的文档，可以通过"打开"列表中的"最近"功能快速找到并打开文档。

　　（7）关闭文档。在对文档进行编辑等操作后，保存相关修改并关闭 Word 2016 窗口。

项目实现

　　本项目将利用 Word 2016 制作如图 3-14 所示的培训计划文档。

　　（1）创建"培训计划"文档，输入计划内容，添加项目编号以设置文档层次，并在文档中插入当前日期。

　　（2）设置标题双行合一效果及字体格式。

　　（3）设置文档的字体格式及段落格式，添加分栏、首字下沉效果。

　　（4）添加并设置页面边框。

　　（5）添加并设置文字底纹和段落底纹。

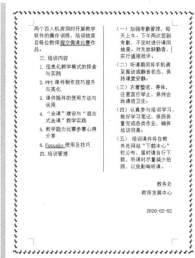

图 3-14 "培训计划"文档

1. 创建和添加"培训计划"内容

创建和添加"培训计划"内容

打开 Word 2016，创建并保存文件"培训计划 .docx"，操作步骤如下：

（1）启动 Word 2016 程序。

（2）单击"文件"选项卡，选择"保存"命令，在"另存为"列表中双击"浏览"选项，在弹出的"另存为"对话框中单击左侧列表，选择文件保存的位置为"桌面"并输入文件名"培训计划"，然后单击"保存"按钮保存文件。

（3）打开"培训计划（素材）"文档，复制全部内容，将内容粘贴到"培训计划"文档中。

在文档中添加项目编号，操作步骤如下：

（1）将插入点定位在"培训目标"所在段落，为其添加一级编号。在"开始"选项卡的"段落"组中单击"编号"下拉按钮 ，在弹出的下拉列表中选择"定义新编号格式"选项，弹出"定义新编号格式"对话框，单击"字体"按钮，在弹出的"字体"对话框中设置编号字体效果，如图 3-15 所示。

设置编号样式、编号格式、对齐方式，如图 3-16 所示，单击"确定"按钮，得到文档一级编号，如图 3-17 所示。

（2）插入点定位至下一行，为其添加二级编号。在"开始"选项卡的"段落"组中单击"编号"下拉按钮 ，在弹出的下拉列表中选择"定义新编号格式"选项，在弹出的"定义新编号格式"对话框中设置二级编号的样式、格式、对齐方式，如图 3-18 所示，单击"确定"按钮得到文档二级编号，如图 3-19 所示。

图 3-15 "字体"对话框

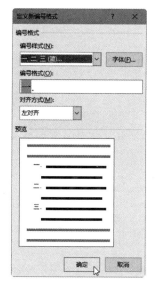

图 3-16 "定义新编号格式"对话框

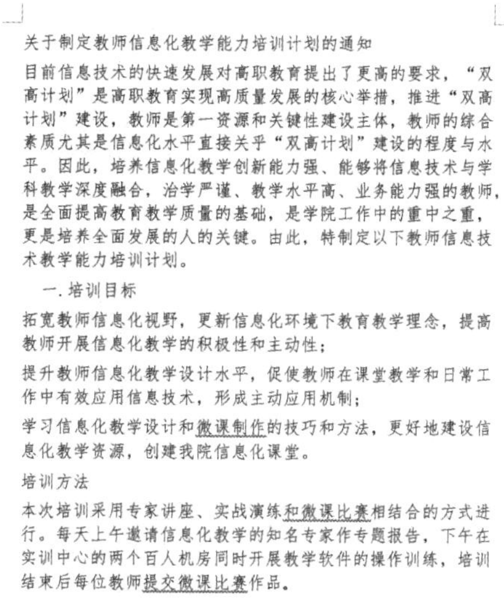

关于制定教师信息化教学能力培训计划的通知

目前信息技术的快速发展对高职教育提出了更高的要求，"双高计划"是高职教育实现高质量发展的核心举措，推进"双高计划"建设，教师是第一资源和关键性建设主体，教师的综合素质尤其是信息化水平直接关乎"双高计划"建设的程度与水平。因此，培养信息化教学创新能力强、能够将信息技术与学科教学深度融合，治学严谨、教学水平高、业务能力强的教师，是全面提高教育教学质量的基础，是学院工作中的重中之重，更是培养全面发展的人的关键。由此，特制定以下教师信息技术教学能力培训计划。

一.培训目标

拓宽教师信息化视野，更新信息化环境下教育教学理念，提高教师开展信息化教学的积极性和主动性；

提升教师信息化教学设计水平，促使教师在课堂教学和日常工作中有效应用信息技术，形成主动应用机制；

学习信息化教学设计和微课制作的技巧和方法，更好地建设信息化教学资源，创建我院信息化课堂。

培训方法

本次培训采用专家讲座、实战演练和微课比赛相结合的方式进行。每天上午邀请信息化教学的知名专家作专题报告，下午在实训中心的两个百人机房同时开展教学软件的操作训练，培训结束后每位教师提交微课比赛作品。

图 3-17 一级编号 "一"

图 3-18 二级编号格式设置

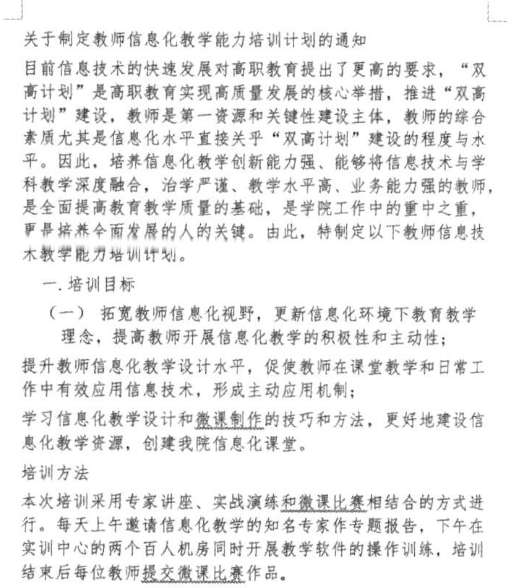

关于制定教师信息化教学能力培训计划的通知

目前信息技术的快速发展对高职教育提出了更高的要求，"双高计划"是高职教育实现高质量发展的核心举措，推进"双高计划"建设，教师是第一资源和关键性建设主体，教师的综合素质尤其是信息化水平直接关乎"双高计划"建设的程度与水平。因此，培养信息化教学创新能力强、能够将信息技术与学科教学深度融合，治学严谨、教学水平高、业务能力强的教师，是全面提高教育教学质量的基础，是学院工作中的重中之重，更是培养全面发展的人的关键。由此，特制定以下教师信息技术教学能力培训计划。

一.培训目标

（一）拓宽教师信息化视野，更新信息化环境下教育教学理念，提高教师开展信息化教学的积极性和主动性；

提升教师信息化教学设计水平，促使教师在课堂教学和日常工作中有效应用信息技术，形成主动应用机制；

学习信息化教学设计和微课制作的技巧和方法，更好地建设信息化教学资源，创建我院信息化课堂。

培训方法

本次培训采用专家讲座、实战演练和微课比赛相结合的方式进行。每天上午邀请信息化教学的知名专家作专题报告，下午在实训中心的两个百人机房同时开展教学软件的操作训练，培训结束后每位教师提交微课比赛作品。

图 3-19 二级编号 "（一）"

（3）插入点定位在下一段落开始处，单击"编号"下拉按钮 ，在弹出的下拉列表中选择"最近使用过的编号格式"，在其中选择设置好的二级编号。

（4）插入点继续定位在下一段落开始处，采用同样的方法为其添加二级编号，效果如图 3-20 所示。

（5）插入点定位在"培训方法"所在段落，设置第二个一级编号。单击"编号"下拉按钮 ，弹出下拉列表，在"最近使用过的编号格式"中选择设置好的一级编号，此时文本前出现一级编号"二."。若出现编号"一."，则右击，在弹出的快捷菜单中选择"设置编号值"，在弹出的"起始编号"对话框中设置参数如图 3-21 所示。

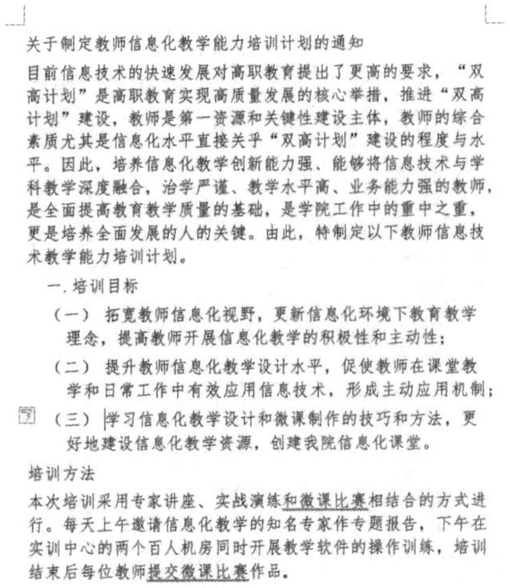

关于制定教师信息化教学能力培训计划的通知

目前信息技术的快速发展对高职教育提出了更高的要求，"双高计划"是高职教育实现高质量发展的核心举措，推进"双高计划"建设，教师是第一资源和关键性建设主体，教师的综合素质尤其是信息化水平直接关乎"双高计划"建设的程度与水平。因此，培养信息化教学创新能力强、能够将信息技术与学科教学深度融合，治学严谨、教学水平高、业务能力强的教师，是全面提高教育教学质量的基础，是学院工作中的重中之重，更是培养全面发展的人的关键。由此，特制定以下教师信息技术教学能力培训计划。

一．培训目标
（一）拓宽教师信息化视野，更新信息化环境下教育教学理念，提高教师开展信息化教学的积极性和主动性；
（二）提升教师信息化教学设计水平，促使教师在课堂教学和日常工作中有效应用信息技术，形成主动应用机制；
（三）学习信息化教学设计和微课制作的技巧和方法，更好地建设信息化教学资源，创建我院信息化课堂。

培训方法
本次培训采用专家讲座、实战演练和微课比赛相结合的方式进行。每天上午邀请信息化教学的知名专家作专题报告，下午在实训中心的两个百人机房同时开展教学软件的操作训练，培训结束后每位教师提交微课比赛作品。

图 3-20　添加二级编号

图 3-21　"起始编号"对话框

（6）插入点定位在"培训内容"所在段落，采取步骤（5）的方法为其添加一级编号。若出现编号"一 ."，则右击，在弹出的快捷菜单中选择"继续编号"，得到一级编号"三 ."。

（7）插入点定位至下一行，为其添加三级编号。设置编号样式、编号格式、对齐方式如图 3-22 所示。

（8）按照上述方法为文档相关内容设置其他三级编号。

（9）插入点定位在"培训管理"所在段落，为其添加一级编号。如出现编号"一 ."，则右击，在弹出的快捷菜单中选择"设置编号值"，在弹出的"起始编号"对话框中设置参数如图 3-23 所示，单击"确定"按钮得到一级编号"四 ."。

（10）调整编号与后面文本之间的距离。选中编号并右击，在弹出的快捷菜单中选择"调整列表缩进"命令，弹出"调整列表缩进量"对话框，在"编号之后"下拉列表框中选择"不特别标注"，如图 3-24 所示。

图 3-22　三级编号格式

图 3-23　"起始编号"对话框

图 3-24　"调整列表缩进量"对话框

（11）插入点定位至下一行，采用步骤（3）的方法为其后续段落添加二级编号。

（12）采用步骤（10）的方法将所有二级编号所在段落做同样的设置。

在文档最后一行插入当前日期，操作步骤为：在文本的末尾另起一行；在"插入"选项卡的"文本"组中单击"日期和时间"按钮 ，弹出"日期和时间"对话框；在"可用格式"列表框中选择第一种日期格式并勾选"自动更新"复选框，如图 3-25 所示，单击"确定"按钮。

图 3-25　"日期和时间"对话框

设置字体格式及段落格式

2. 设置字体格式及段落格式

将文档标题"教师信息化教学能力"双行合一，标题设置为"宋体、20 磅、加粗"，字符间距为 3 磅，将正文设置为"宋体、16 磅"，操作步骤如下：

（1）选定要双行合一的文本"教师信息化教学能力"，单击"开始"选项卡"段落"组中的"中文版式"按钮 ，在下拉列表中选择"双行合一"命令，弹出"双行合一"对话框，如图 3-26 所示，单击"确定"按钮。

（2）选择标题，在"开始"选项卡"字体"组的"字体"下拉列表中选择"宋体（标题）"选项，在"字号"下拉列表中选择"20"选项，然后单击"加粗"按钮 B。

图 3-26　"双行合一"对话框

（3）继续选定标题文字，单击"开始"选项卡"字体"组右下角的"对话框启动器"按钮 ，弹出"字体"对话框，选择"高级"选项卡，在"字符间距"组的"间距"下拉列表框中选择"加宽"选项，在相应的"磅值"数值框中输入"3磅"，如图 3-27 所示，单击"确定"按钮。

（4）选定除标题文字之外的文本并右击，在弹出的快捷菜单中选择"字体"命令，打开"字体"对话框，在"字体"选项卡的"中文字体"下拉列表框中选择"宋体"选项，在"字号"列表框中选择"16"选项，单击"确定"按钮。

将正文第一段的"培养信息化教学创新能力强……关键"文字添加"着重号"，操作步骤为：选定正文第一段的文本"培养信息化教学创新能力强……关键"，单击"开始"选项卡"字体"组右下角的"对话框启动器"按钮，弹出"字体"对话框，在"着重号"下拉列表框中选择"·"选项，如图3-28所示，单击"确定"按钮。

图3-27 "字体"对话框

图3-28 添加"着重号"

将文档标题设置为"居中对齐"，将正文第一段设置为"两端对齐、首行缩进2个字符、1.75倍行距，段前段后均为0"，将"培训方法"内容"首行缩进2个字符"，将文档末尾设置为"右对齐"，操作步骤如下：

（1）选中标题行，在"开始"选项卡的"段落"组中单击"居中"按钮。

（2）将插入点定位在正文第一段开头，单击"开始"选项卡"段落"组右下角的"对话框启动器"按钮，弹出"段落"对话框。

（3）选择"缩进和间距"选项卡，在"常规"组的"对齐方式"下拉列表框中选择"两端对齐"，在"缩进"组的"特殊"下拉列表框中选择"首行"，在"缩进值"数值框中输入"2字符"，在"间距"组的"行距"下拉列表框中选择"多倍行距"，在"设置值"数值框中输入1.75，如图3-29所示。

（4）选定文档末尾部门和日期所在的行，在"开始"选项卡的"段落"组中单击"右对齐"按钮。

将文档正文分成两栏，栏间添加"分隔线"，并为正文第一段设置首字下沉2行效果，操作步骤如下：

（1）选定正文文字（标题和末尾除外），在"布局"选项卡的"页面设置"组中单击"栏"按钮，在弹出的

图3-29 "段落"对话框

下拉列表中选择"更多栏",弹出"栏"对话框,单击"两栏",勾选"分隔线"复选框,如图 3-30 所示,单击"确定"按钮。

（2）将插入点置于正文第一段的前面,按 Backspace 键取消首行缩进设置。在"插入"选项卡的"文本"组中单击"首字下沉"按钮 A ,在弹出的下拉列表中选择"首字下沉选项",弹出"首字下沉"对话框,单击"下沉",设置"下沉行数"为 2,如图 3-31 所示,单击"确定"按钮。

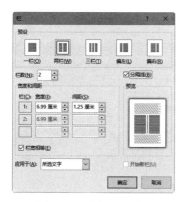

图 3-30　"栏"对话框　　　　　　　　图 3-31　"首字下沉"对话框

3. 添加页面边框

为文档添加并设置页面方框。操作步骤为:在"设计"选项卡的"页面背景"组中单击"页面边框"按钮 ,弹出"边框和底纹"对话框,选择"页面边框"选项卡,在"设置"列表中选择"方框",在"艺术型"下拉列表框中选择"绿色,双三角",在"宽度"数值框中输入"18 磅",在"应用于"下拉列表框中选择"整篇文档",如图 3-32 所示,单击"确定"按钮。

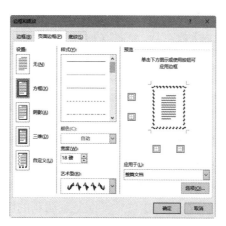

添加页面边框

图 3-32　"边框和底纹"对话框

添加底纹

4. 添加并设置文字底纹和段落底纹

为文档标题添加文字底纹,为正文第一段添加段落底纹,操作步骤如下:

（1）选定标题文字，在"设计"选项卡的"页面背景"组中单击"页面边框"按钮，弹出"边框和底纹"对话框，选择"底纹"选项卡，在"填充"下拉列表框中选择"白色，背景1，深色25%"，在"应用于"下拉列表框中选择"文字"，如图3-33所示。

（2）在正文第一段文字区域快速连续单击鼠标2次选定第一段文字。在"设计"选项卡的"页面背景"组中单击"页面边框"按钮，弹出"边框和底纹"对话框，选择"底纹"选项卡，在"填充"下拉列表框中选择"白色，背景1，深色10%"，在"应用于"下拉列表框中选择"段落"，如图3-34所示，单击"确定"按钮。

 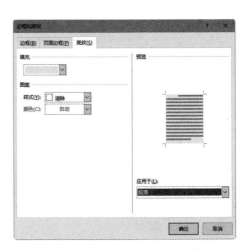

图3-33 "边框和底纹"对话框　　　图3-34 "边框和底纹"对话框

5. 保存文件

保存对文档的编辑及修改，操作方法为：按Ctrl+S组合键，保存"培训计划"文档。

 **项目2　使用表格制作求职简历**

项目描述

在求职过程中，简历是对求职者经历、能力、技能的简要总结，是求职者综合素质的缩影。刘明利是一名即将毕业的大学生，正准备找工作。他知道简历在求职中的重要性，为了制作一份精美的电子求职简历，他找到了自己的大学老师请教。老师根据刘明利的自身情况，对求职简历的制作给出了建议。下面是刘明利的解决方案。

 ## 项目分析

首先打开一个空白文档，制作简历表格，编辑表格内容，然后设置表格格式，并为表格添加边框和底纹。

相关知识

1. 表格的创建

表格是一种组织和整理数据的手段。表格以水平行和垂直列的形式排列，基本组成单位是单元格。

（1）拖动行、列数创建表格。若建立一个行列数不超过 8 行 10 列的表格，可在"插入"选项卡的"表格"组中单击"表格"按钮，在弹出的下拉列表网格中移动鼠标选择所需要的行列数，然后单击，在文档编辑区即可插入相应行列数的表格，如图 3-35 所示。

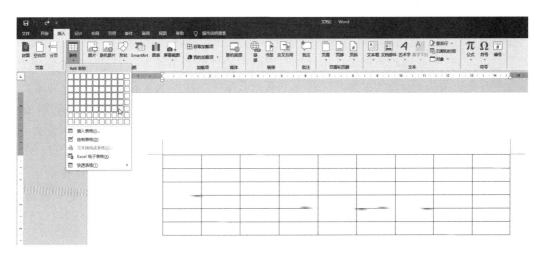

图 3-35　"插入表格"网格

（2）利用"插入表格"命令。如果要插入行列数较多的大型表格，可在"插入"选项卡的"表格"组中单击"表格"按钮，在弹出的下拉列表中选择"插入表格"命令，弹出"插入表格"对话框，在"表格尺寸"选项组中设置行数和列数，如图 3-36 所示。

图 3-36　"插入表格"对话框

专家点睛

利用"插入表格"命令，用户可以绘制 32767 行 63 列以内的表格。在"插入表格"对话框中，用户还可以在"'自动调整'操作"选项组中调整单元格的大小。

（3）利用"绘制表格"命令。Word 2016 还提供了手动绘制表格的操作。在"插入"选项卡的"表格"组中单击"表格"按钮，在弹出的下拉列表中选择"绘制表格"命令，鼠标指针在文档编辑区会变为画笔形状，按住鼠标左键并拖动，再释放鼠标左键，即可得到一个矩形框或一条直线。

专家点睛

创建包含不规则单元格的表格可采用绘制表格的方式。手动绘制的表格行高或列宽不一定相同，所以必须进行后期的表格格式调整。

2. 表格的基本操作

（1）在表格中输入内容。表格创建完成后，即可向表格中输入内容。将插入点定位在要输入内容的单元格中，然后进行输入。

专家点睛

每个单元格中的内容相当于一个独立段落，可对其进行字体和段落格式的设置和调整。

（2）调整表格的大小。

1）调整表格整体大小。将鼠标指针移动到表格右下角，当鼠标指针变成双箭头形状时按住鼠标左键并拖动，即可对表格的宽度和高度进行等比例的缩放。

2）调整行高或列宽。将鼠标指针指向表格中的任意一条线上，当鼠标指针变成上下箭头÷或左右箭头时按住鼠标左键并上下或左右拖动，即可改变表格的行高或列宽。

3）精确设置表格大小。右击表格，在弹出的快捷菜单中选择"表格属性"命令，弹出"表格属性"对话框，如图3-37所示，在"行"或"列"选项卡中，可精确地设定行高或列宽值，最后单击"确定"按钮。

（3）增加表格的行或列。将插入点定位在单元格中并右击，在弹出的快捷菜单中选择"插入"命令，在级联菜单中即可选择插入新的行或新的列或单元格，如图3-38所示。

图 3-37 "表格属性"对话框

图 3-38 "插入"命令

（4）删除表格的行或列。将插入点定位在待删除的行或列的某个单元格内并右击，在弹出的快捷菜单中选择"删除单元格"命令，弹出"删除单元格"对话框，选中相应的选项，如图3-39所示，单击"确定"按钮。

（5）拆分单元格。定位插入点在要拆分的单元格中并右击，在弹出的快捷菜单中选择"拆分单元格"命令，弹出"拆分单元格"对话框，设定拆分后的"行数"和"列数"如图 3-40 所示，单击"确定"按钮。

图 3-39　"删除单元格"对话框　　　　图 3-40　"拆分单元格"对话框

（6）合并单元格。拖动鼠标选中需要合并的多个连续的单元格并右击，在弹出的快捷菜单中选择"合并单元格"命令，即可将选中的多个单元格合并成一个新的单元格。

（7）移动表格位置。单击表格左上角的表格移动控点🔁选中整个表格，按住移动控点并拖动可将表格移动至合适位置。

（8）删除表格。单击表格左上角的表格移动控点🔁选中整个表格并右击，在弹出的快捷菜单中选择"删除表格"命令。

项目实现

本项目将利用 Word 2016 制作如图 3-41 所示的求职简历。

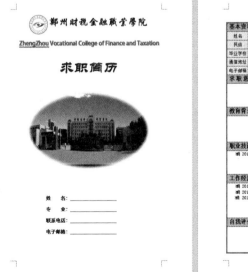

图 3-41　求职简历

（1）创建"求职简历"文档，制作表格标题。

（2）编辑表格内容，设置表格基本格式。

（3）美化表格，设置表格中字体的格式和表格样式。

（4）利用图文混排制作封面。

1. 新建文档，输入表格标题

输入表格标题

打开 Word 2016，创建并保存文件"求职简历.docx"。操作步骤如下：

（1）启动 Word 2016，创建空白文档。

（2）单击"文件"选项卡，选择"保存"命令，在右侧的"另存为"列表中双击"浏览"选项，弹出"另存为"对话框，单击左侧列表，选择文件保存的位置为"桌面"，并输入文件名"求职简历"，然后单击"保存"按钮保存文件。

制作表格标题，将格式设置为"宋体、小二、加粗、居中对齐"，字符间距为 3 磅。操作步骤如下：

（1）将插入点定位在文档开头，输入标题"个人简历"。

（2）选定标题"个人简历"，在"开始"选项卡"字体"组的"字体"下拉列表框中选择"宋体"选项，在"字号"下拉列表框中选择"小二"，单击"字体"组中的"加粗"按钮 **B**。

（3）选定标题文字，单击"开始"选项卡"字体"组右下角的"对话框启动器"按钮 ，打开"字体"对话框，选择"高级"选项卡，在"字符间距"组的"间距"下拉列表框中选择"加宽"选项，在相应的"磅值"数值框中输入"3 磅"，单击"确定"按钮。

（4）在"开始"选项卡的"段落"组中单击"居中"按钮 ，使标题文字居中。

2. 插入和编辑表格并设置表格基本格式

插入和编辑表格

创建表格结构，操作步骤如下：

（1）定位插入点在标题所在段落的末尾，按 Enter 键换行。

（2）在"插入"选项卡的"表格"组中单击"表格"按钮 ，在弹出的下拉菜单中选择"插入表格"命令，弹出"插入表格"对话框，设置列数为 7，行数为 16，选择"根据窗口调整表格"单选项，如图 3-42 所示，单击"确定"按钮，创建一个 16 行 7 列的空白表格，如图 3-43 所示。

图 3-42 "插入表格"对话框

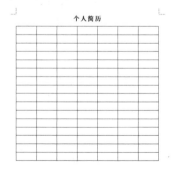

图 3-43 创建 16×7 表格

（3）合并部分单元格。选中第 1 行所有单元格，此时"表格工具"被激活，功能区中出现"设计"和"布局"选项卡。单击"表格工具 / 布局"选项卡"合并"组中的"合并单元格"按钮▦，将其合并成一个单元格。

（4）用同样的方法将第 5 行第 2 ～ 4 列单元格合并成一个单元格；将第 5 行第 6 ～ 7 列单元格合并成一个单元格；将第 6 行第 2 ～ 4 列单元格合并成一个单元格；将第 6 行第 6 ～ 7 列单元格合并成一个单元格；将第 7 列第 2 ～ 4 行单元格合并成一个单元格，完成上半部分单元格的合并，效果如图 3-44 所示。

（5）用同样的方法将第 7 行所有单元格合并成一个单元格；将第 8 行到第 16 行均完成第 7 行的操作，下半部分单元格的合并就完成了。将光标依次定位在第 8 行、第 10 行、第 12 行、第 14 行、第 16 行，均按两次回车键增加行高，表格创建完毕，效果如图 3-45 所示。

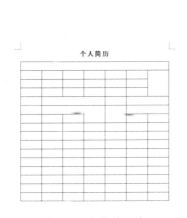

图 3-44 合并单元格

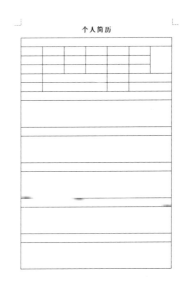

图 3-45 创建的表格结构

在单元格中输入内容，操作步骤如下：

（1）将插入点定位在第 1 行第 1 列的单元格中，输入第一个项目标题"基本资料 (Basic Information)"。

（2）选中标题，在"开始"选项卡"字体"组中的"字号"下拉列表框中选择"三号"，单击"加粗"按钮 B。

（3）将插入点定位在后续单元格中，依次输入其他项目标题并设置字体格式为"三号""加粗"。

（4）将插入点定位在单元格中，输入相应的项目内容。选中项目内容，在"开始"选项卡"字体"组的"字号"下拉列表框中选择"小四"；选中"基本资料"的项目内容，在"表格工具 / 布局"选项卡的"对齐方式"组中单击"水平居中"按钮▤，表格效果如图 3-46 所示。

为文字添加项目符号，操作步骤如下：

（1）将插入点定位在第 12 行的单元格中，选定文字，在"开始"选项卡的"段落"组中单击"文本左对齐"按钮 ≡。

（2）定位插入点在该单元格文字最左侧，在"开始"选项卡的"段落"组中单击"项目符号"按钮 ⋮ 右侧的下拉箭头，在弹出的下拉菜单中选择"定义新项目符号"选项，弹出"定义新项目符号"对话框，如图 3-47 所示。

图 3-46　个人简历表格　　　　　图 3-47　"定义新项目符号"对话框

（3）单击"符号"按钮，弹出"符号"对话框，在"字体"下拉列表框中选择 Wingdings 选项，在列表框中选择符号 ⊞，依次单击"确定"按钮。

（4）将插入点定位在第 14 行的单元格中，选定文字，设置文字左对齐。将插入点移到第一行文字最左侧，添加与前面同样的项目符号。

（5）依次定位插入点在单元格内其他行的最左侧，在每行的开头添加项目符号，效果如 3-48 所示。

3．设置表格样式

设置表格样式

平均分布各行，操作步骤如下：

（1）选定表格第 2～6 行。

（2）在"表格工具/布局"选项卡的"单元格大小"组中单击"分布行"按钮 ⊞。

设置单元格的行高，操作步骤如下：

（1）将插入点定位在第 1 行的单元格中，在"表格工

图 3-48　添加项目符号

具 / 布局"选项卡"单元格大小"组的"高度"列表框中设置数值为"0.8 厘米"。

（2）采取步骤（1）的方法，设置其他项目标题所在的单元格的高度为"0.8 厘米"。

设置表格的边框，操作步骤如下：

（1）单击表格左上角的表格移动控点⊞选定整个表格。

（2）在"表格工具 / 设计"选项卡中单击"边框"组右下角的"对话框启动器"按钮，弹出"边框和底纹"对话框，在"设置"组中单击"方框"，在"样式"列表框中选择双细线，在"宽度"下拉列表框中选择"0.5 磅"，在"应用于"下拉列表框中选择"表格"，如图 3-49 所示，单击"确定"按钮设置外边框线。

（3）继续选定整个表格，打开"边框和底纹"对话框，在"样式"列表框中选择虚线，在"预览"栏单击"内部横线"按钮，单击"确定"按钮设置内部横线框。

图 3-49　"边框和底纹"对话框

（4）选定第 2～6 行所有单元格，打开"边框和底纹"对话框，在"样式"列表框中选择虚线，在"应用于"下拉列表框中选择"单元格"，在"预览"栏中单击"内部竖线"按钮，如图 3-50 所示，单击"确定"按钮设置内部竖线框。

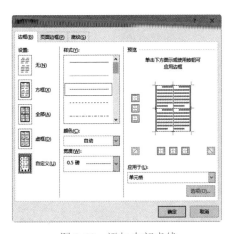

图 3-50　添加内部虚线

选定文字区域所在的单元格，设置表格的底纹，操作步骤如下：

（1）将鼠标指针定位在第 1 行单元格中，在"表格工具 / 设计"选项卡中单击"表格样式 / 底纹"按钮右侧的下拉按钮，弹出下拉菜单，在"主题颜色"区域中选择"白色，背景 1，深色 15%"。

（2）用同样的方法，将其他所有项目标题单元格的底纹均设置为"白色，背景 1，深色 15%"。

（3）按住 Ctrl 键，选择"基本资料"的项目内容单元格，将底纹设置为"白色，背景 1，深色 5%"，效果如图 3-51 所示。

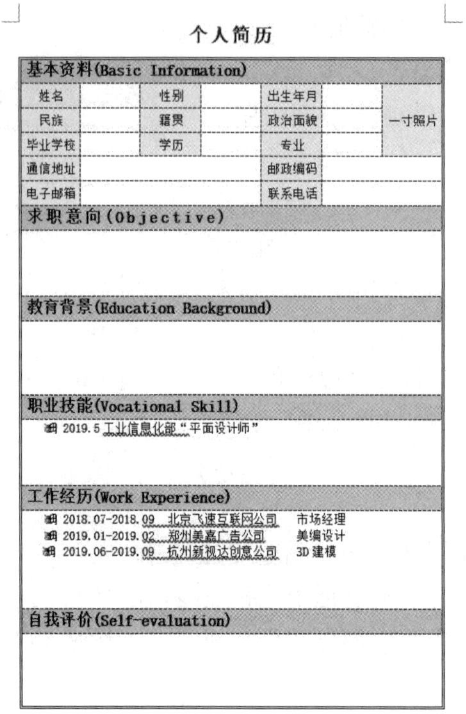

个人简历

基本资料(Basic Information)				
姓名		性别	出生年月	
民族		籍贯	政治面貌	一寸照片
毕业学校		学历	专业	
通信地址			邮政编码	
电子邮箱			联系电话	

求职意向(Objective)

教育背景(Education Background)

职业技能(Vocational Skill)
　2019.5 工业信息化部"平面设计师"

工作经历(Work Experience)
　2018.07-2018.09　北京飞速互联网公司　市场经理
　2019.01-2019.02　郑州美嘉广告公司　美编设计
　2019.06-2019.09　杭州新视达创意公司　3D建模

自我评价(Self-evaluation)

图 3-51　表格最终效果

制作封面

课内拓展

在求职简历中添加独具吸引力的封面可以使简历更美观，甚至脱颖而出。那么如何制作如图 3-41 所示的简历封面呢？该任务可分解为以下步骤：

（1）插入分页符，留出封面页。

（2）插入封面图片。

（3）调整图片格式。

（4）插入文本，并设置文本效果。

1. 插入分页符

在个人简历之前插入新的一页作为封面页，操作步骤如下：

（1）在打开的"求职简历"文档中，按 Ctrl+Home 组合键将插入点定位在文档起始位置。

（2）在"插入"选项卡的"页面"组中单击"分页"按钮或"空白页"按钮插入封面页。

2. 插入图片

在封面中插入图片"校名 .jpg""校门 .jpg"，操作步骤如下：

（1）按 Ctrl+Home 组合键将插入点定位在封面页起始位置，在"开始"选项卡的"段落"组中单击"居中"按钮，将插入点定位在封面页第一行中间。

（2）在"插入"选项卡的"插图"组中单击"图片"按钮，弹出"插入图片"对话框，找到并打开包含指定图片的文件夹，选择"校名 .jpg"图片，单击"插入"按钮，将图片插入到文档中。

（3）按回车键将插入点移至下一行，采用步骤（2）的方法将"校门 .jpg"插入到封面页中。

调整图片大小和位置以适应版面的需要，操作步骤如下：

（1）在封面页中，单击"校名"图片，此时在图片周围出现了 8 个图片尺寸控制点。

（2）将鼠标指针移至图片四个角的任意一个尺寸控点，当指针变成双向箭头时，按住鼠标左键并拖动鼠标，图片大小合适后释放鼠标。

（3）采用同样的方法调整"校门"图片大小。

（4）保持图片居中，利用 Backspace 键和 Enter 键调整"校门"图片在文档中的竖直位置。

设置"校门"图片的样式，操作步骤如下：

（1）单击"校门"图片，此时在功能区中出现"图片工具 / 格式"选项卡。

（2）在"图片工具 / 格式"选项卡的"图片样式"组中单击"其他"按钮，在展开的"图片样式"列表框中选择"柔化边缘椭圆"样式。

在封面中输入文字并设置文字效果，操作步骤如下：

（1）将插入点定位在"校名"图片的下一行，输入文字"ZhengZhou Vocational College of Finance and Taxation"。

（2）选定文字，在"开始"选项卡中设置字体为 Arial Unicode MS，字号为"三号"，字体颜色为"主题颜色"区域的"黑色，文字 1"，段落对齐方式为"居中"。

（3）继续选定文字。在"开始"选项卡的"字体"组中单击"文本效果和版式"按钮，在弹出的下拉列表中选择第 1 行第 2 列的文本效果，再选择"阴影"→"外部"→"偏移 : 右下"。

（4）定位插入点在当前文字的下一行，输入文字"求职简历"。

（5）选定文字，在"开始"选项卡中，设置字体为"华文隶书"，字号为"初号"，字体颜色为"蓝色，个性色 5，深色 50%"，加粗显示。

（6）继续选定文字。单击"开始"选项卡"字体"组右下角的"对话框启动器"按钮，弹出"字体"对话框，单击"文字效果"按钮，弹出"设置文本效果格式"对话框，选择"三维格式"，在"棱台"选项组中将"顶部棱台"的效果设置为"斜面"，如图 3-52 所示，单击"确定"按钮。

（7）继续选定文字并右击，在弹出的快捷菜单中选择"段落"命令，弹出"段落"对话框，选择"缩进和间距"选项卡，在"常规"组的"对齐方式"下拉列表框中选择"居中"，在"间距"组的"段前"数值框中输入"1.5 行"，如图 3-53 所示，单击"确定"按钮。

图 3-52 "设置文本效果格式"对话框   图 3-53 "段落"对话框

（8）将插入点定位在"校门"图片的下方，单击"开始"选项卡"段落"组中的"居中"按钮≡将插入点移至所在行中间。输入"姓　　名："，单击"字体"组中的"下划线"按钮u确保其被按下，连续按下空格键 15 次绘制下划线，按 Enter 键换行，输入"专　　业："，用同样的方法绘制下划线。在后面两行依次输入"联系电话："和"电子邮箱："，用同样的方法绘制下划线。设置字体格式为"华文细黑、四号、加粗"，封面效果如图 3-54 所示。

图 3-54 封面效果

项目 3　　使用多媒体对象制作店铺开业宣传单

项目描述

小李新开了一家饮料店，他的第一个任务就是制作一份精美漂亮的宣传单。小李首先做好了版面的整体设计和布局设计，然后把所有素材收集完毕后开始排版。下面是小李的具体解决方案。

项目分析

首先打开一个空白文档进行版面的宏观设计，如设置页面的大小、页边距、背景等，然后根据文档内容对"文档页"进行布局设计，利用文本框进行规划，输入文本并插入图片，最后打印整个文档。

相关知识

1．插入多媒体文件

在用 Word 2016 创建的文件中，不仅可以输入文本，还可以插入音频文件、视频文件等多媒体文件。

（1）插入 MP3 音频文件。打开要插入音频的 Word 文档，将光标定位在需要插入音频的位置；在"插入"选项卡的"文本"组中单击"对象"按钮 ，弹出"对象"对话框；单击"由文件创建"选项卡，单击"浏览"按钮，弹出"浏览"对话框，在左侧选择要插入音频文件的位置，在右侧窗格中选择要插入的音频文件，单击"插入"按钮返回到"对象"对话框，如图 3-55 所示，单击"确定"按钮。此时，在当前 Word 文档中出现一个含有 MP3 音频文件名的图标，双击图标即可播放。

图 3-55　"对象"对话框

（2）插入联机视频。打开要插入视频的 Word 文档，将光标定位在需要插入视频的位置；在"插入"选项卡的"媒体"组中单击"联机视频"按钮，弹出"插入视频"对话框，如图 3-56 所示；在第一、二个输入框内可以搜索网络视频，在第三个输入框内可以直接输入搜索到的网络视频的地址。将视频插入到文档后，文档中就会出现一个视频图标。

图 3-56 "插入视频"对话框

2. 插入文本框

文本框是 Word 中可以放置文本的容器，使用文本框可以将文本放置在页面的任何位置。文本框也属于一种图形对象，因此可以为文本框设置各种边框格式、选择填充色、添加阴影，也可以对文本框内的文字设置字体格式和段落格式。

打开要插入文本框的 Word 文档，将光标定位在需要插入文本框的位置，在"插入"选项卡的"文本"组中单击"文本框"按钮，在弹出的列表中选择不同样式的文本框或者选择"绘制横排文本框"或"绘制竖排文本框"命令，此时光标变成"＋"形状，拖动鼠标可以自行绘制任意大小的文本框。

项目实现

本项目将利用 Word 2016 制作如图 3-57 所示的店铺开业宣传单。

（1）创建文档并进行页面的宏观设计。

（2）在文档中插入形状。

（3）用文本框对文档进行布局并输入文本。

（4）设置文字的艺术字效果。

（5）在文本框中插入图片。

（6）预览并打印宣传页。

1. 创建文档，设置页面的大小、页边距、背景

打开 Word 2016，创建并保存文件"开业宣传单.docx"，操作步骤如下：

（1）启动 Word 2016 程序，新建空白文档，执行"文件"→"保存"命令将文档保存为"开业宣传单.docx"。

图 3-57　店铺开业宣传单

（2）在"布局"选项卡中单击"页面设置"组的"纸张大小"按钮，在弹出的下拉列表中选择 A4，将纸张大小设置为"宽 21 厘米，高 29.7 厘米"。

（3）单击"页边距"按钮，在弹出的下拉列表中选择"自定义页边距"选项，弹出"页面设置"对话框，设置页边距为"上：2 厘米，下：2 厘米，左：2 厘米，右：2 厘米"，单击"纸张方向"栏中的"横向"按钮，如图 3-58 所示，单击"确定"按钮。

专家点睛

根据印刷要求页边距四周均设置为 2 厘米，是预留 2 厘米的白边。

（4）在"设计"选项卡单击"页面背景"组的"页面颜色"按钮，在弹出的下拉列表中选择"标准色"中的"浅绿"，单击"确定"按钮。

图 3-58　"页面设置"对话框

2. 在文档中插入形状

在文档中插入竖直线，操作步骤如下：

（1）在"插入"选项卡中单击"插图"组的"形状"按钮，在弹出的下拉列表中选择"线条"组中的"直线"，此时鼠标指针变成"＋"形状，在页面左侧，按住 Shift 键向下拖动鼠标绘制垂直直线。

插入形状

（2）移动方向键，将直线调整至左侧四分之一处。在"绘图工具/格式"选项卡中单击"形状样式"组的"形状轮廓"按钮，选择"标准色"中的"黄色"。

（3）单击"形状效果"按钮，在下拉列表框中选择"发光：5 磅，金色，主题色 4"。

在文档中插入椭圆形状，操作步骤如下：

（1）继续插入形状。单击"插图"组中的"形状"按钮，在弹出的下拉列表框中选择

"基本形状"→"椭圆"，按住鼠标左键并拖动绘制椭圆形状。释放鼠标后，形状周围出现了 1 个旋转控制点和 9 个尺寸控制点，如图 3-59 所示。

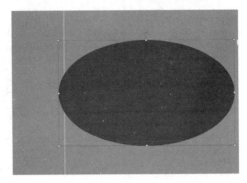

图 3-59　绘制椭圆形状

（2）将鼠标指针移至控制点，按住鼠标左键并拖动，放大形状至部分在页面上。

（3）在"绘图工具 / 格式"选项卡中单击"形状样式"组的"形状填充"按钮，选择"主题颜色"中的"绿色，个性色 6，淡色 60%"；单击"形状轮廓"按钮，选择"无轮廓"，形状效果如图 3-60 所示。

（4）选定椭圆形状并右击，在弹出的快捷菜单中选择"置于底层"选项，将椭圆置于垂直直线下方，如图 3-61 所示。

图 3-60　椭圆形状效果

图 3-61　椭圆置于直线下方

3．在文档中插入文本框

插入文本框

在文档中插入竖排文本框，操作步骤如下：

（1）在"插入"选项卡中单击"文本"组的"文本框"按钮，在下拉列表框中选择"绘制竖排文本框"，此时鼠标指针变成"＋"形状。

（2）在页面空白处，按住鼠标左键并拖动，释放鼠标绘制竖排文本框，此时文本框周围出现 1 个旋转控制点和 8 个尺寸控制点。在文本框内输入店铺名称"冰爽一夏"，单击文档空白处结束输入状态。

（3）选定文本框，此时在功能区中出现"绘图工具 / 格式"选项卡。单击"形状样式"

组中的"形状填充"按钮 🖌️，在下拉列表框中选择"无填充"；单击"形状轮廓"按钮 🖉，在下拉列表中选择"无轮廓"。

（4）将鼠标指针放在任一尺寸控制点上，此时鼠标指针为 🖉 形状，拖动控制点调整文本框尺寸。将鼠标指针置于文本框右上角，当鼠标指针为 ✥ 形状时，按住鼠标左键并拖动，移动文本框至页面左侧。

在文档中插入横排文本框，操作步骤如下：

（1）单击"插入"选项卡"文本"组中的"文本框"按钮 📄，在下拉列表框中选择"绘制横排文本框"，在页面上拖动鼠标绘制横排文本框，将文档"店铺介绍（素材）"中的文本内容和格式复制到文本框中。

（2）选定文本框，在"绘图工具／格式"选项卡下中单击"形状样式"组的"形状填充"按钮 🖌️和"形状轮廓"按钮 🖉，设置文本框的样式为"无填充"和"无轮廓"。

（3）采用同样的方法绘制横排文本框，将文档"宣传语（素材）""店铺地址（素材）"和"饮品推荐（素材）"中的文本内容和格式复制到相应的文本框中，效果如图 3-62 所示。

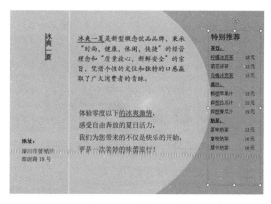

图 3-62　插入文本框

设置艺术效果

4. 设置文字的艺术字效果

将店铺名称和宣传语分别设计成艺术字，操作步骤如下：

（1）选定文字"冰爽一夏"，单击"艺术字工具／格式"选项卡"艺术字样式"组中的"其他"按钮 🔽，在下拉列表中选择"填充：白色；边框：橙色，主题色 2；清晰阴影：橙色，主题色 2"。继续选定文字，在"开始"选项卡的"字体"组中，设置字体为"华文新魏"，在"字号"数字框中输入 72。

（2）选定宣传语文字。单击"艺术字工具／格式"选项卡"艺术字样式"组中的"其他"按钮 🔽，在下拉列表中选择"填充：蓝色；主题色 1：阴影"。

（3）根据页面调整艺术字在文本框中的位置。

5. 在文本框中插入图片，实现图文混排

图文混排

在文本框中插入图片，操作步骤如下：

（1）将插入点定位在店铺地址所在文本框的开头。

（2）在"插入"选项卡的"插图"组中单击"图片"按钮▣，弹出"插入图片"对话框，通过左侧列表找到素材图片"米老鼠.jpg"，单击"插入"按钮将图片插入到文本框中。

（3）选择图片，在"图片工具／格式"选项卡中单击"调整"组的"删除背景"按钮▣，调整图片删除范围，单击"保留更改"按钮✔，去除图片白色背景。选中图片，用鼠标拖动尺寸控制点调整图片大小。

（4）单击"插入"选项卡"文本"组中的"文本框"按钮▣，在下拉列表框中选择"绘制横排文本框"选项，拖动鼠标进行绘制，完成后将文本框移动至页面右下角。

（5）选定绘制好的文本框，在"绘图工具／格式"选项卡中单击"形状填充"按钮▣，在弹出的下拉列表中选择"图片"选项，弹出"插入图片"对话框，单击"浏览"按钮，在"插入图片"对话框中选择要插入的图片"茶饮3.jpg"，单击"插入"按钮将图片嵌入在文本框中。利用尺寸控制点调整图片大小。

（6）用同样的方法，在"店铺介绍"文字下方插入两个并排文本框，将"茶饮1.jpg"和"茶饮2.jpg"图片依次嵌入文本框中，调整图片大小，效果如图3-63所示。

图3-63　艺术字和图片效果

6. 预览并打印宣传页

打印宣传页

对当前文档进行打印预览，操作步骤如下：

（1）在"文件"选项卡中单击"打印"选项，在窗口右侧界面中会显示打印效果。

（2）拖动界面右下方的滑块可以缩放文档的显示比例，从而更好地预览打印效果。

打印当前文档，操作步骤如下：

（1）在"文件"选项卡中单击"打印"选项。

（2）在"打印机"选项组的下拉列表框中选择要使用的打印机。

（3）在"设置"选项组中，设置打印范围为"打印所有页"，打印方式为"单面打印"，打印方向为"横向"，纸张为A4。

项目 4　使用样式排版毕业论文

项目描述

经过大学生活的洗礼，刘明利终于迎来了大学的最后一个大的作业——毕业论文，在完成了论文文字的撰写之后，本以为 Word 软件学得不错，在看到学校对论文的排版要求（图 3-64）后，他却感到无从下手。因为论文本身章节多，而且对不同章节又有不同的格式要求，为了解决为章节和正文快速设置格式的问题，他咨询了导师，导师建议通过样式的设置与应用来解决这个问题。

毕业论文格式要求

1. 标题摘要两字为黑体三号、居中、字间空两个字，标题摘要上、下各空一行。摘要正文字体为宋体小四，首行缩进两个字符，行距为 1.25。

关键词上空一行，关键词这 3 个字为宋体小四、加粗，关键词为宋体小四，关键词之间用分号相隔。

2. 标题 Abstract 两字为 Times New Roman，小三号、居中、加粗，标题 Abstract 上、下各空一行。Abstract 正文字体为 Times New Roman、小四，每段开头空 4 个字母，行距为 1.25。

关键字 Key words 上空一行，关键字 Key words 这 2 个单词为 Times New Roman、小四、加粗，Key words 正文字体为 Times New Roman、小四，Key words 之间用分号相隔。

3. 一级标题首空两行，一级标题为黑体三号、居中，一级标题下空一行。一级标题正文部分为宋体、小四号，行距为 1.25。

二级标题为黑体四号、左对齐。二级标题正文部分为宋体、小四号，行距为 1.25。

三级标题为宋体、小四号、加粗、左对齐。三级标题正文部分为宋体、小四号，行距为 1.25。其他章节类似。

定义、定理按先后顺序排列，字体为宋体小四，定义和定理关键字加粗。

论文中图表、附注、参考文献、公式一律采用阿拉伯数字连续（或分章）编号；图序及图名置于图的下方；表序及表名置于表的上方；论文中的公式编号，用括弧括起写在右边行末，其间不加虚线。

4. 参考文献部分页首空两行。"参考文献" 4 字为黑体三号、居中。参考文献下空一行。参考文献正文部分为宋体、五号。

5. 致谢部分页首空两行。致谢两字为黑体三号、居中，字间空两字。致谢下空一行。致谢正文部分为宋体、小四，首行缩进两个字符。

图 3-64　论文排版要求

项目分析

针对毕业论文复杂的格式设置要求，首先要将项目进行拆解，将其分解为页面布局、页眉页脚、文档样式、目录生成、论文注释、封面背景、打印设置这几个任务，所以本项目的思路是由简单到繁杂，先进行简单页面设置，将论文的页边距、纸张大小、页面版式等设置好，然后使用内置样式或者设置自定义样式快速对论文进行排版、生成目录，最后对论文进行美化完善，从而实现论文各章节格式和正文格式的统一。

 **相关知识**

1. 长文档的操作

长文档的特点是文档内容多，有章有节，有表有图，格式要求复杂，操作起来容易引起章节遗漏和格式混乱的问题。

通过设置标准化的样式，针对不同的章节设置不同的样式，形成样式模板，最后再统一应用到长文档中，这样就大大减少了对长文档的复杂操作步骤，并能够快速排版，形成格式统一的文档。

具体的操作分为以下 8 个方面：

（1）页面设置和布局。

（2）设置并应用样式。

（3）自动生成目录。

（4）分页符与分节符的使用。

（5）插入并编辑页眉页脚。

（6）添加封面。

（7）添加注释。

（8）设置双面打印。

专家点睛

一个长文档的样式设置完成后可以制作成长文档模板，这样的格式可以被其他多个人使用，使用者只需在应用该模板后在文档内输入文字，这样即可快速、方便地创建符合要求、格式统一的长文档。

2. 设置并应用样式

（1）应用内置样式。Word 2016 自带内置样式如图 3-65 所示。

图 3-65　内置样式表

为便于及时查看论文应用样式后的排版效果，使用 Word 2016 的"导航"窗格，可应用快速样式实现。

（2）修改样式。使用内置样式显然不能满足对论文排版的要求，毕业论文对不同级别的标题要求见表 3-1，为了更加快速地完成样式的匹配，应该采用修改内置样式的方法来实现。

（3）分页符和分节符。分页符和分节符是文档处理过程中两个不同的功能。分页符主要是对文档进行标记一页结束和下一页开始的位置，而分节符是将文档分成两个不同的部分，一般用于修改两个不同格式的页面。

表 3-1　毕业论文标题格式要求

样式	字体	字号	段落格式
一级标题（章）	黑体	三号	段前 30 磅，段后 16 磅，居中，段前分页
二级标题（节）	黑体	四号	段前、段后 5 磅，左对齐
三级标题（小节）	宋体	小四号、加粗	左对齐
正文	等线	小四号	首行缩进 2 个字符，行距 1.25

项目实现

本项目将利用 Word 样式工具制作如图 3-66 所示的毕业论文。

（1）利用页面布局对页面的格式进行调整。

（2）利用分页符插入页眉页脚内容。

（3）应用样式统一论文格式并生成目录。

（4）美化论文。

（5）添加封面。

（6）添加脚注和尾注。

（7）双面打印。

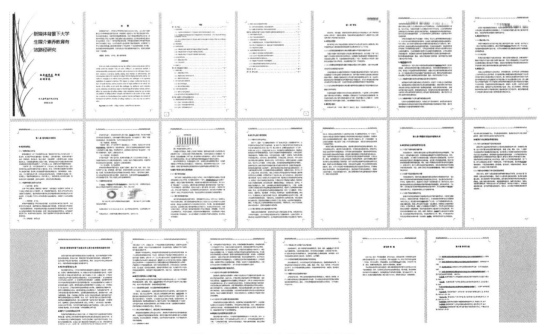

图 3-66　毕业论文排版后的效果

1. 页面设置与属性设置

页面设置与属性设置

对"毕业论文.docx"，分别设置页边距、版式，操作步骤如下：

（1）打开文档"毕业论文（素材）.docx"，单击"文件"选项卡中的"另存为"选项，弹出"另存为"对话框，将文件名称更改为"毕业论文（样例）.docx"，单击"确定"按钮。

（2）设置页边距。在"布局"选项卡的"页面设置"组中单击"页边距"按钮，在弹出的下拉列表中选择"自定义边距"选项，弹出"页面设置"对话框。

（3）在"页边距"选项卡中分别填写上、下、左、右页边距和装订线的属性值，如图 3-67 所示。装订线的主要作用是方便论文后期装订时避免正文被装订覆盖。

（4）设置版式。在"布局"选项卡中分别勾选"奇偶页不同"复选框和"首页不同"复选框并填写距边界"页眉"的值为"2 厘米"，如图 3-68 所示。

图 3-67　页边距设置

图 3-68　版式设置

对文档"毕业论文（样例）.docx"进行文档属性设置，操作步骤如下：

（1）设置文档摘要。在"文件"选项卡中选择"信息"选项，在"信息"面板的右侧单击"属性"按钮，在弹出的列表中选择"高级属性"选项，弹出文档的属性对话框。

（2）单击"摘要"选项卡，输入标题"新媒体背景下大学生媒介素养教育有效路径研究"、作者"视觉媒体系 刘明利"、单位"新闻学院"，如图 3-69 所示。

（3）查看文档统计信息。单击"统计"选项卡，查看所有有关该文档的统计信息，如图 3-70 所示。

设置并应用样式

2. 设置并应用样式

对"毕业论文（样例）.docx"应用内置样式，操作步骤如下：

（1）选择"视图"选项卡，在"显示"组中勾选"导航窗格"复选框，此时 Word 文档界面会被分成左右两个部分，左侧是导航窗格，右侧是文档内容。

图 3-69　文档属性对话框

图 3-70　文档的详细信息

（2）选中文档中的"引言"（红色字体），选择"开始"选项卡"样式"组中的"标题 1"，依次把后面红色字体的章名选中，应用"标题 1"，一级标题的导航栏效果如图 3-71 所示。

（3）单击"开始"选项卡"样式"组右下角的按钮，弹出"样式"面板，如图 3-72 所示，单击"选项"按钮，弹出"样式窗格选项"对话框，如图 3-73 所示。

图 3-71　导航窗格

图 3-72　"样式"面板

图 3-73　"样式窗格选项"对话框

（4）由于文档对不同级别的文本做了区分，一级标题（章）是红色，二级标题（节）是蓝色，三级标题（小节）是绿色，因此，在"样式窗格选项"对话框中，在"选择要显示的样式"下拉列表框中选择"当前文档中的样式"，在"选择显示为样式的格式"中勾选"字体格式"复选框，在"选择内置样式名的显示方式"中勾选"在使用了上一级别时显示下一标题"复选框，单击"确定"按钮。

（5）在"样式"窗格列表中选择"宋体,11 磅,蓝色"选项,在弹出的下拉菜单中选择"选择所有 12 个实例",这时文档中所有的二级标题（节）都被选中,再选择样式中的"标题 2"。

（6）依照上一步的操作设置绿色字体的三级标题（小节）,此时导航窗格会显示论文排版后的排列,如图 3-74 所示。

根据对毕业论文的排版要求修改内置样式,操作步骤如下：

（1）在完成内置样式的应用后,继续打开"样式窗格选项"对话框,取消所有复选框的勾选,如图 3-75 所示,单击"确定"按钮。

图 3-74　通过内置样式排版的论文结构

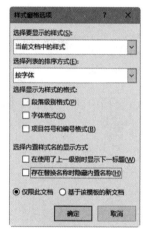

图 3-75　"样式窗格选项"对话框

（2）单击"开始"选项卡"样式"组右下角的按钮,弹出"样式"面板,在面板列表中右击"标题 1"→"修改"命令,弹出"修改样式"对话框。

（3）设置字体为"黑体,三号,居中",单击"格式"按钮,在弹出的列表中选择"段落"选项,如图 3-76 所示。

（4）在弹出的"段落"对话框中,选择"缩进和间距"选项卡,设置段前"15 磅",段后"30 磅",切换到"换行和分页"选项卡,勾选"段前分页"复选框,单击"确定"按钮。

（5）用同样的方法,依次对标题 2、标题 3 进行操作,最终可以得到符合毕业论文格式要求的标题样式。

用户不仅能够通过应用内置样式和修改样式来满足对统一格式的需要,同时也可以定义新的样式,根据对正文格式的要求"宋体,小四号,行距 1.25 倍,首行缩进两个字符"对论文正文设置自定义样式,操作步骤如下：

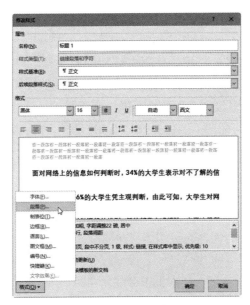

图 3-76 "修改样式"对话框

（1）将光标定位在正文的任意位置，打开"样式"面板，单击"新建样式"按钮，弹出"根据格式化创建新样式"对话框。

（2）修改名称为"论文正文"，选择"后续段落样式"为"正文"，同时修改格式为"宋体，小四号"，如图 3-77 所示。

（3）单击"格式"按钮，在弹出的列表中选择"段落"选项，弹出"段落"对话框，设置首行缩进"2 字符"，行距为"多倍行距 1.25"，如图 3-78 所示，单击"确定"按钮返回上一级对话框，单击"确定"按钮。

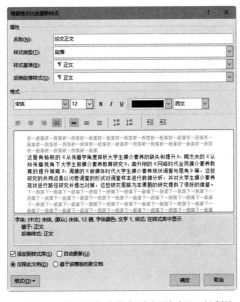

图 3-77 "根据格式化创建新样式"对话框

图 3-78 "段落"对话框

（4）再次将光标定位在正文的任意位置，在"样式"面板中单击"正文"，在其下拉列表中选择"选择所有 124 个实例"，如图 3-79 所示，应用"论文正文"样式。

为了对各章节内容作区分，需要使用多级别标题编号，根据毕业论文的要求，一级标题格式为"第 X 章"，二级标题为"X.Y"，三级标题为"X.Y.Z"，为了快速生成有规律的标题编号，使用"定义多级列表"命令，操作步骤如下：

（1）将光标定位在任一标题 1 的位置，在"开始"选项卡的"段落"组中单击"多级列表"按钮，在弹出的下拉列表中选择"定义新的多级列表"选项，弹出"定义新多级列表"对话框，参数设置如图 3-80 所示。

（2）将光标定位到应用标题 2 样式的任一文本位置，在"定义新多级列表"对话框的"单击要修改的级别"列表框中选择 2，在"输入编号的格式"文本框中设置内容为空，鼠标定位在该文本框，在"包含的级别编号来自"下拉列表框中选择"级别 1"，文本框中会出现"一"，在"一"后面输入"."，变成了"一 ."，然后再选择"此级别的编号样式"下拉列表框中的"1,2,3…"，文本框中会显示"一 .1"，为了保证格式一致，勾选"正规形式编号"复选框，如图 3-81 所示。

图 3-79 "选择所有 124 个实例"命令

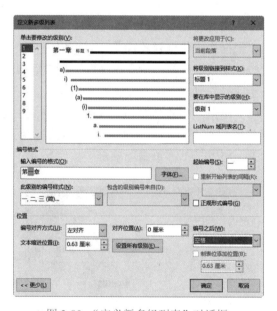

图 3-80 "定义新多级列表"对话框

（3）单击"确定"按钮，完成标题 2 的设置。

（4）对标题 3 样式的多级标题设置与标题 2 类似，在"定义新多级列表"对话框中，在"单击要修改的级别"中选择 3，把鼠标定位在"输入编号的格式"空白文本框内，在"包含的级别编号来自"中选择"级别 1"，文本框中会显示"二"，在"二"后面输入"."，再次选择"包含的级别编号来自"，选择"级别 2"，在"二 .2"后面输入"."，最后选择"此级别的编号样式"下拉列表框中的"1,2,3…"，文本框中会显示"二 .2.1"，为了保证格式一致，勾选"正规形式编号"复选框，如图 3-82 所示。

图 3-81　二级标题的设置界面　　　　图 3-82　三级标题的设置界面

（5）单击"确定"按钮，完成标题 3 的设置。

按照毕业论文格式要求设置标题摘要、摘要正文、标题 Abstract、Abstract 正文及关键字 Key 格式，操作步骤如下：

（1）选中文字"摘要"，单击"开始"选项卡"字体"组右下角的□按钮，弹出"字体"对话框，设置"黑体，三号"，字间距"32 磅"；单击"段落"组右下角的□按钮，弹出"段落"对话框，设置"居中"，段前段后均为"1 行"。

（2）选中摘要正文，用同样的方法设置"宋体，小四"，首行缩进"两个字符"，行距为"1.25 倍距"。

（3）选中关键词所在行，设置字体格式为"宋体，小四"，关键词之间用分号隔开。选中文字"关键词"，设置"加粗"文字，设置段前为"1 行"。

（4）选中 Abstract 文字，设置字体格式为"Times New Roman，小三，加粗"，设置"居中"，段前段后均为"1 行"。

（5）选中 Abstract 的正文，设置字体格式为"Times New Roman，小四"，设置段落格式为首行缩进"2 字符"，行距为 1.25 倍距。

（6）选中 Key words 所在行，设置字体格式为"Times New Roman，小四"，段落格式为段前 1 行。选中 Key words 这 2 个单词，设置"加粗"，最后将 Key words 之间用分号隔开。

3. 自动生成目录

利用标题样式可以快速自动生成目录，而且在目录生成后，如果文档
内容被修改，还可以随时更新目录，实现目录与章节内容的统一，操作步骤如下：

自动生成目录

（1）将光标定位在"英文摘要"之后的空白位置，输入"目录"并设置其格式为"小四，黑体，居中"。

（2）单击"引用"选项卡"目录"组中的"目录"按钮📋，在弹出的下拉列表中选择"自定义目录"选项，弹出"目录"对话框，依次勾选"显示页码"和"页码右对齐"复选框，

设置"显示级别"为 3，如图 3-83 所示。

（3）单击"修改"按钮，弹出"样式"对话框，选择样式为"目录 1"，单击"修改"按钮，打开"修改样式"对话框，设置目录 1 的格式为"小四，黑体"，如图 3-84 所示，单击"确定"按钮即可生成目录。

 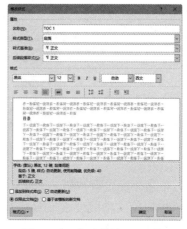

图 3-83　"目录"对话框　　　　　　　　　　图 3-84　"修改样式"对话框

4. 分节符与分页符的使用

对"毕业论文"文档运用分节符和分页符的功能，在目录和英文摘要之间使用不同的分隔符，在目录和正文之间使用不同的分隔符，操作步骤如下：

分节符与分页符

（1）单击"布局"选项卡"页面设置"组中的"分隔符"按钮，弹出"分页符和分节符"列表，如图 3-85 所示。其中"分页符"表示一页结束与下一页开始的位置，分割出来的两页在格式上保持一致，而"分节符"分割出来的两页的格式是不同的。

（2）将光标定位在"目录"两个字的前面，在"分页符和分节符"列表中单击"分节符"栏中的"下一页"选项，将文章分成两节。

（3）将光标定位在"第一章"前面，同样在"分页符和分节符"列表中单击"分节符"栏中的"下一页"选项，

图 3-85　"分页符和分隔符"列表

这样文章就被分成了 3 节，每一节都可以应用不同的文档格式，也为今后设置不同的页码打下基础。

5. 添加页眉与页脚

添加页眉与页脚

"毕业论文"的目录部分和正文部分的页码往往是不同的，目录使用的是 I,II,III...，而正文使用的是 1,2,3...，所以不同的页面格式可以使用分节符来解决，如图 3-86 所示。

图 3-86　文章分节具体示意图

另外，论文在排版过程中"奇偶页"的页码不仅要连贯，而且位置也要有所变化，利用页眉页脚设置页码，操作步骤如下：

（1）将光标定位在目录页的任意位置,在"插入"选项卡的"页眉和页脚"组中单击"页脚"按钮，在弹出的下拉列表中选择"编辑页脚"选项，弹出如图 3-87 所示的页面。

图 3-87　"奇数页页脚"页面

（2）选择奇数页"第 2 节"的页面，单击"链接到前一条页眉"按钮取消链接到前一条页眉，再次选择偶数页"第 2 节"，取消链接到前一条页眉。

（3）按照上一步的操作，将光标定位在"第三节"的"引言"部分，同样在"插入"选项卡"页眉和页脚"组，单击"页脚"按钮,在弹出的下拉列表中选择"编辑页脚"选项。

（4）选择奇数页"第 3 节"的页面，单击"链接到前一条页眉"按钮取消链接到第二节的内容，另外再选择"偶数页页脚"，同样单击"链接到前一条页眉"按钮将第三节所有页面都取消了格式链接。

设置"毕业论文"各节的页脚，第一节不需要页脚，第二节设置为 I,II,III...，居中显示，第三节为 1,2,3...,再加上义章标题,而且分别在左右侧，操作步骤如下：

（1）将光标定位在目录页，在"插入"选项卡的"页眉和页脚"组中单击"页脚"按钮，在弹出的下拉列表中选择"编辑页脚"选项,此时光标定位在"首页页脚"第二节空白位置处。

（2）单击"插入"选项卡"页眉和页脚"组中的"页码"按钮,在弹出的下拉列表中选择"设置页码格式"选项，弹出"页码格式"对话框。

（3）设置编号格式为"I,II,III,...",选择"起始页码"单选按钮，如图 3-88 所示。

图 3-88　第 2 节"页码格式"对话框

（4）单击"确定"按钮。再次单击"页码"按钮，在弹出的下拉列表中选择"页面底端"→"堆叠纸张 1"选项，这时页面底端便会出现如图 3-89 所示的页脚格式。

图 3-89　首页页脚格式

（5）用同样的方法将光标定位在"偶数页页脚 第2节"空白处，单击"页码"按钮 #，在弹出的下拉列表中选择"页面底端"→"堆叠纸张2"选项，这时页面底端会出现如图3-90所示的页脚格式。

图3-90　偶数页页脚格式

（6）用同样的方法设置"第3节"正文的页面格式，光标定位在正文"奇数页页面"底端，再次单击"插入"选项卡"页眉和页脚"组中的"页码"按钮 #，在弹出的下拉列表中选择"设置页码格式"选项，弹出"页码格式"对话框。

（7）设置编号格式为"-1-,-2-,-3-,..."，选择"起始页码"单选按钮，如图3-91所示，单击"确定"按钮。

（8）在"奇数页页面"空白处单击"页码"按钮 #，在弹出的下拉列表中选择"页面底端"→"普通数字1"选项，这时页面底端便会出现如图3-92所示的页脚格式。

图3-91　第3节"页码格式"对话框

图3-92　首页页脚格式

（9）在"偶数页页面"空白处同样单击"页码"按钮 #，在弹出的下拉列表中选择"页面底端"→"普通数字3"选项，这时页面底端便会出现如图3-93所示的页脚格式。

图3-93　偶数页页脚格式

页眉的设置和页脚类似，在"毕业论文"文档的摘要和目录上没有页眉，设置正文处"偶数页页面"页眉左侧是学校名称，右侧是章节名，"奇数页页面"页眉左侧是章节名，右侧是学校名称，操作步骤如下：

（1）单击"插入"选项卡"页眉和页脚"组"页眉"按钮 ，在弹出的下拉列表中选择"空白（三栏）"选项，此时弹出如图3-94所示的页眉格式。

图3-94　"空白（三栏）"页眉格式

（2）选择中间的部分，按 Delete 键删除，单击页眉左侧，在此处输入"郑州财税金融职业学院"，然后将鼠标定位在页眉右侧，单击"插入"选项卡"文本"组中的"文档部件"按钮，在弹出的下拉列表中选择"域"选项，弹出"域"对话框，勾选"插入段落编号"复选框，单击"确定"按钮，此时章节出现在插入位置。

（3）将光标定位在章节后，再次打开"域"对话框，设置类别为"链接和引用"，域名为 StyleRef，样式名为"标题 1"，如图 3-95 所示。

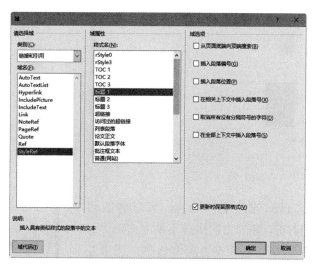

图 3-95　"域"对话框

（4）单击"确定"按钮，此时文章标题显示在章节后面，页眉效果如图 3-96 所示。

第一章 导论

图 3-96　"奇数页"页眉效果

（5）重复（1）～（4）的操作，调换插入顺序，即可完成"偶数页"的页眉设置，如图 3-97 所示。

图 3-97　"偶数页"页眉效果

6. 添加封面

为了论文的完整性，在论文完成之后需要给论文加一个封面，这里利用 Word 2016 的"封面"功能进行快速设置，操作步骤如下：

（1）单击"插入"选项卡"页面"组中的"封面"按钮，弹出 Word 2016 自带的封面面板，如图 3-98 所示。

（2）选择"丝状"类型封面，在模板中修改相应文字选项，将论文题目和作者信息写入到相应的文本框并设置字体格式，生成如图 3-99 所示的封面。

图 3-98　封面面板

图 3-99　"丝状"封面效果

（3）如果对论文封面的效果不满意，可以修改封面。选中左边图片并右击，在弹出的快捷菜单中选择"组合"→"取消组合"命令，删除左上角多边形，选中左下角线条图形，按 Ctrl 键，向上移动复制，连续两次，复制两份，得到如图 3-100 所示的封面。

（4）如果想更换或删除封面，可以重新插入封面，每次插入都会替换当前封面，而且是在论文的第一页，如果不需要封面，直接单击"插入"选项卡"页面"组中的"封面"按钮，在弹出的面板中选择"删除当前封面"选项。

图 3-100　封面效果

7. 添加脚注和尾注

添加脚注与尾注

论文在书写过程中需要注明引用文档的来源及位置，这时就需要用到脚注和尾注，脚注一般在当前页面的下方，而尾注一般在所有文字的结尾处，操作步骤如下：

（1）在需要添加脚注的文字之后单击，这里以在第一章的"大学生在学校阶段正是处在心理发展和社会化过程的关键阶段，大众传播视阈下的媒介正发挥着至关重要的作用。"后面添加脚注为例，将鼠标定位在该句文字后面，单击"引用"选项卡"脚注"组右下角的按钮，弹出"脚注和尾注"对话框。

（2）设置"编号格式"为"①，②，③，..."，如图 3-101 所示，单击"插入"按钮，将光标定位在脚注下，输入文字"王一涵 . 媒体视域下的大学生媒介素养教育创新策略研究 [J]. 传媒 ,2018(13):76-78."。

（3）单击文档的任意空白处即可完成脚注。

（4）尾注的插入方法与脚注类似，只是在"脚注和尾注"对话框中要在"位置"选项组中选择"尾注"单选按钮，当然也可以直接单击"转换"按钮将"脚注"转换为"尾注"，再单击"插入"按钮。

双面打印论文

8. 双面打印论文

由于论文设置了奇偶页，因此，对论文的双面打印，可以采用先打印奇数页，再打印偶数页的方法，也可以直接选择"双面打印"，操作步骤如下：

（1）单击"文件"→"打印"命令，弹出"打印"面板，在右侧的"设置"栏中单击"打印所有页"，在弹出的下列表中选择"仅打印奇数页"选项，然后单击"打印"按钮，打印奇数页。

（2）将纸张翻转过来，单击"文件"→"打印"命令，在"打印"面板右侧的"设置"栏中单击"打印所有页"，在弹出的下列表中选择"仅打印偶数页"选项，再单击"打印"按钮，打印偶数页，即可完成双面打印。

（3）一般打印机都自带双面打印功能，在"设置"栏中直接选择"双面打印"，如图3-102所示，单击"打印"按钮即可实现双面打印。

图 3-101 "脚注和尾注"对话框

图 3-102 "打印"面板

项目 5　使用邮件合并批量生成档案表

项目描述

卢琦同学工作后被分配到公司的人事部工作，上级交给她一项任务，将新进的 30 位员工的信息制作成档案表，要求：将每位员工照片贴上，薪金在万元以上的要标注"高薪，按时交税！"，并且一张纸上打印两份档案表，如图 3-103 所示。卢琦咨询了通信部的刘工程师，知道可以通过"邮件合并"来实现。下面是刘工程师的分析和操作。

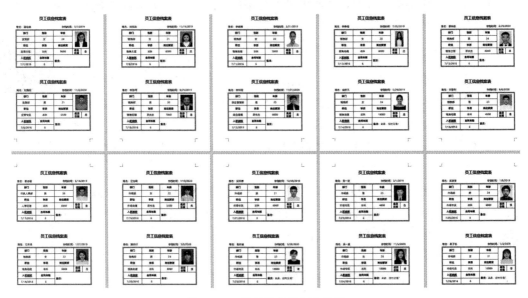

图 3-103　员工信息档案表效果

 项目分析

　　设计并制作一份档案表模板，并把需要填充的信息空出来，另外收集并整理好员工信息制作成 Excel 表格。做好以上准备工作后，使用"邮件"功能中的"使用现有列表"导入数据源，并对每一个空出来的信息逐个填充，对高薪员工使用"规则"来进行设定，使用"IncludePicture 域"完成照片的添加，完成设计之后可以通过"合并"来进行数据批量导入。

 相关知识

　　学校里经常会遇到批量制作成绩单、录取通知书、准考证、学生一卡通等工作，进入社会后，还会遇到要求制作会议邀请函、面试通知书、工资条、档案表等工作，遇到这些大工作量的情况，可以使用 Word 的"邮件合并"功能来快速地批量生成需要的文档。

　　1. 邮件合并

　　邮件合并是将表中变化的信息逐个导入到设定好模板内容的 Word 文档中，它能够快速批量生成所需的文档，大大提升了效率。

　　2. 邮件合并的方法

　　被导入的表来源可以是 Excel 文件、各种数据库文件（SQL Server、MySQL、Access）

等，这些表中的数据都是结构化排列的，能够直接被作为数据源使用。

"邮件合并"可以直接通过"邮件"功能区来实现批量生成文档，也可以通过"邮件合并向导"来分步骤引导用户批量生成文件。

具体的操作分为以下 7 个步骤：

（1）制作 Word 模板。

（2）选择数据源文件。

（3）插入合并域。

（4）预览模板效果。

（5）排版文档。

（6）合并批量生成文档。

（7）保存文档。

 **专家点睛**

通过"邮件"功能区进行邮件合并的过程中，可以针对用户的要求进行个性化设计，利用"规则"进行条件设置，编写特定的合并域。

项目实现

本项目将利用"邮件"选项卡"开始邮件合并"组、"编写和插入域"组和"完成"组中的命令来完成批量文档的生成。

1. 制作员工档案文档

准备好主文档模板和数据源文件并放到一个文件夹下，操作步骤如下：

（1）设计主（模板）文档。打开 Word，利用之前所学的编辑排版技术制作如图 3-104 所示的文档模板。

制作员工档案文档

员工信息档案表

姓名：　　　　　　　　　　　存档时间：

部门	性别	年龄		
职位	学历	岗位薪资		
			是否在编	
入职时间	合同年限	备注：		

图 3-104　空白内容的文档模板

（2）准备数据源文件。利用 Excel 表整理员工信息，生成档案表，如图 3-105 所示。

（3）将以上两个文件均保存在"邮件合并"文件夹下，另外员工照片保存在"邮件合并"的下一级 photos 文件夹中。

姓名	性别	年龄	学历	职位	所属部门	入职日期	合同到期	合同年限	薪资待遇	在编与否	照片地址	是否入档	登记日期	登记人
潘怡茹	女	24	本科	运营主管	运营部	2016-07-07	2022-7-6	6	9000	是	photos\\16001.jpg	是	2019-07-07	张静初
刘濠松	男	21	本科	运营专员	运营部	2016-07-08	2022-7-7	6	5500	是	photos\\16002.jpg	是	2020-11-03	张静初
刘吉如	女	21	本科	销售主管	销售部	2016-07-09	2022-7-8	6	8000	否	photos\\16003.jpg	是	2019-11-19	张静初
李岩珂	男	20	研究生	销售经理	销售部	2016-07-10	2022-7-9	6	7000	是	photos\\16004.jpg	是	2019-09-25	张静初
李晓博	男	22	本科	销售助理	销售部	2016-07-11	2022-7-10	6	3800	是	photos\\16005.jpg	是	2019-03-21	张静初
李帅姐	男	25	研究生	综合管理	综合管理部	2016-07-12	2022-7-11	6	9000	是	photos\\16006.jpg	是	2020-11-21	张静初
李静瑶	女	20	本科	销售助理	销售部	2016-07-13	2022-7-12	6	8000	否	photos\\16007.jpg	是	2019-07-25	张静初
金纾凡	女	22	本科	销售助理	销售部	2016-07-14	2022-7-13	6	10000	是	photos\\16008.jpg	是	2019-05-29	张静初
秦梓航	男	24	研究生	销售主管	销售部	2016-07-15	2022-7-14	6	8000	是	photos\\16009.jpg	是	2020-06-29	张静初
关颖利	女	23	本科	销售助理	销售部	2016-07-16	2022-7-15	6	4500	是	photos\\16010.jpg	是	2020-08-08	张静初
秦志超	男	26	本科	人事经理	行政人事部	2016-07-17	2022-7-16	6	6000	是	photos\\16011.jpg	是	2019-05-16	张静初
王宗泽	男	23	本科	市场助理	市场部	2016-07-18	2022-7-17	6	6600	否	photos\\16012.jpg	是	2019-01-27	张静初
王倍萌	女	22	研究生	市场助理	市场部	2016-07-19	2022-7-18	6	5500	是	photos\\16013.jpg	是	2020-07-10	张静初
魏帅行	男	23	本科	销售助理	销售部	2016-07-20	2022-7-19	6	8000	是	photos\\16014.jpg	是	2020-03-09	张静初
吴帅博	男	26	本科	市场专员	市场部	2016-07-21	2022-7-20	6	6000	是	photos\\16015.jpg	是	2019-12-28	张静初
吴帅康	男	23	本科	市场专员	市场部	2016-07-22	2022-7-21	6	10000	是	photos\\16016.jpg	是	2020-05-28	张静初
吴一汝	男	25	本科	市场专员	市场部	2016-07-23	2022-7-22	6	4800	否	photos\\16017.jpg	是	2019-02-01	张静初
吴一童	男	26	本科	市场专员	市场部	2016-07-24	2022-7-23	6	10000	是	photos\\16018.jpg	是	2020-11-05	张静初
吴宣颖	女	24	本科	市场专员	市场部	2016-07-25	2022-7-24	6	6800	是	photos\\16019.jpg	是	2020-01-03	张静初
吴子怡	女	21	本科	市场专员	市场部	2016-07-26	2022-7-25	6	10000	是	photos\\16020.jpg	是	2020-01-03	张静初
徐毅博	男	21	本科	市场专员	市场部	2016-07-27	2022-7-26	6	5000	否	photos\\16021.jpg	是	2019-06-22	张静初
杨佳歌	男	23	研究生	市场经理	市场部	2016-07-28	2022-7-27	6	11000	是	photos\\16022.jpg	是	2019-07-19	张静初
杨朋佳	男	26	本科	市场专员	市场部	2016-07-29	2022-7-28	6	4000	是	photos\\16023.jpg	是	2017-02-29	张静初
杨麒泽	男	26	本科	市场专员	市场部	2016-07-30	2022-7-29	6	5600	否	photos\\16024.jpg	是	2020-01-14	张静初
杨智辉	男	20	本科	市场专员	市场部	2016-07-31	2022-7-30	6	8500	是	photos\\16025.jpg	是	2020-03-09	张静初
杨轶函	男	25	本科	会计	财务部	2016-08-01	2022-8-1	6	8900	是	photos\\16026.jpg	是	2019-09-23	张静初
杨轶涛	男	26	本科	会计	财务部	2016-08-02	2022-8-1	6	4800	是	photos\\16027.jpg	是	2019-09-23	张静初
杨铠博	男	26	本科	会计	财务部	2016-08-03	2022-8-2	6	5600	否	photos\\16028.jpg	是	2020-06-01	张静初
张朋瑶	男	25	研究生	财务经理	财务部	2016-08-04	2022-8-3	6	5500	是	photos\\16029.jpg	是	2019-03-04	张静初
张轩铭	男	25	本科	出纳	财务部	2016-08-05	2022-8-4	6	8000	是	photos\\16030.jpg	是	2019-06-05	张静初

图 3-105 整理后的档案表

打开模板文档并在其中引用数据源，操作步骤如下：

（1）引用数据源。打开"员工信息档案表（模板）.docx"，单击"邮件"选项卡"开始邮件合并"组中的"选择收件人"按钮，在弹出的下拉列表中选择"使用现有列表"选项，弹出"选取数据源"对话框。

（2）打开"档案表"文件夹，选择"员工信息表.xls"文件，单击"打开"按钮，弹出"选择表格"对话框，选择 Sheet1$ 表，如图 3-106 所示。

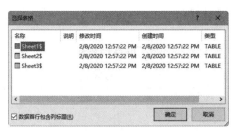

图 3-106 "选择表格"对话框

（3）单击"确定"按钮完成对数据源的选择。

将"姓名""存档时间"以及员工的个人信息项等通过数据源引入到模板文档中，操作步骤如下：

（1）插入合并域。将光标定位在"姓名"后，单击"邮件"选项卡"编写和插入域"组中的"插入合并域"按钮，在弹出的下拉列表中选择"姓名"。

（2）将光标定位在"存档时间"后，单击"插入合并域"按钮，在弹出的下拉列表中选择"登记日期"。

（3）重复以上操作，依次在空格位置插入合并域，插入后的"员工信息档案表"效果如图 3-107 所示。

员工信息档案表

姓名：《姓名》　　　　　　　　　存档时间：《登记日期》

部门	性别	年龄		
《所属部门》	《性别》	《年龄》		
职位	学历	岗位薪资	是否在编	《在编与否》
《职位》	《学历》	《薪资待遇》		
入职时间	合同年限	备注：		
《入职日期》	《合同年限》			

图 3-107　插入合并域后的文档效果

由于需要将所有薪资在 1 万元（含 1 万元）以上的员工标注 ""高薪，按时交税！""，因此需要利用"编写和插入域"中的"规则"来添加条件判断，操作步骤如下：

（1）添加规则。将光标定位在"备注："后面，单击"邮件"选项卡"编写和插入域"组中的"规则"按钮，在弹出的下拉列表中选择"如果…那么…否则"选项，弹出"插入 Word 域：如果"对话框。

（2）设置域名为"薪资待遇"，比较条件为"大于等于"，比较对象为 10000，在"则插入此文字"文本框中输入 ""高薪，按时交税！""，如图 3-108 所示。

（3）单击"确定"按钮。单击"邮件"选项卡"预览结果"组中的"预览结果"按钮，插入的结果显示在模板文档中，如图 3-109 所示。保存文件为"员工信息档案表（模板）有域 .docx"。

图 3-108　"插入 Word 域：如果"对话框　　　　　图 3-109　预览结果

表中照片单元格要添加每一位员工的照片，因此，需要利用"文档部件"中的"IncludePicture 域"来添加照片域，操作步骤如下：

（1）将插入点定位在"照片"单元格中，单击"插入"选项卡"文本"组中的"文档部件"按钮，在弹出的下拉列表中选择"域"选项，弹出"域"对话框。

（2）在"域名"列表框中选择 IncludePicture 选项，在"文件名或 URL"文本框中输入任意字符，譬如 X，勾选"更改时保留原格式"复选框，单击"确定"按钮完成照片域的插入，如图 3-110 所示。

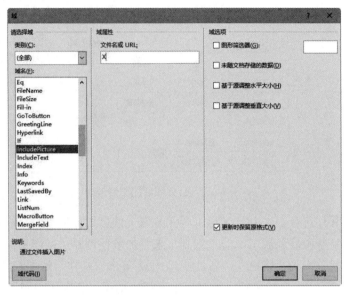

图 3-110 "域"对话框

（3）选择插入的照片域，在"图片工具 / 格式"选项卡的"大小"组中单击"对话框启动器"按钮，弹出"设置图片格式"对话框，在"大小"选项卡中，设置"宽度"为 2.5 厘米，"高度"为 3 厘米，取消勾选"锁定纵横比"和"相对原始图片大小"复选框，如图 3-111 所示。

图 3-111 "设置图片格式"对话框

（4）选择整个表格，按 Shift+F9 组合键将表格切换到域代码显示方式，如图 3-112 所示。

员工信息档案表

姓名：«姓名»　　　　　　　　　存档时间：«登记日期»

部门	性别	年龄	{
{ MERGEFIELD 所属部门 }	{ MERGEFIELD 性别 }	{ MERGEFIELD 年龄 }	INCLUDEPICTURE "X" * MERGEFORMAT }
职位	学历	岗位薪资	是否在编	{ MERGEFIELD 在编与否 }
{ MERGEFIELD 职位 }	{ MERGEFIELD 学历 }	{ MERGEFIELD 薪资待遇 }		
入职时间	合同年限	备注：{ IF { MERGEFIELD 薪资待遇 } >= 10000 "高薪，按时交税！" "" }		
{ MERGEFIELD 入职日期 }	{ MERGEFIELD 合同年限 }			

图 3-112　显示域代码

（5）选择 IncludePicture 域中的文件名 X，在"邮件"选项卡的"编写和插入域"组中单击"插入合并域"下拉按钮，在弹出的下拉列表中选择"照片地址"选项。

（6）选择整个表格，按 Shift+F9 组合键切换到域代码显示方式，可以看到插入的照片域代码变为" {INCLUDEPICTURE "{MERGEFIELD 照片地址 }" * MERGEFORMAT}"。

（7）选择整个表格，按 F9 键刷新域显示，可以看到照片已被正确显示出来，如图 3-113 所示。

员工信息档案表

姓名：«姓名»　　　　　　　　　存档时间：　«登记日期»

部门	性别	年龄	
«所属部门»	«性别»	«年龄»	
职位	学历	岗位薪资	是否在编
«职位»	«学历»	«薪资待遇»	«在编与否»
入职时间	合同年限	备注：高薪，按时交税！	
«入职日期»	«合同年限»		

图 3-113　显示照片域

2. 批量生成档案表

批量生成档案表

为了节约纸张，要在一张打印纸上打印两份档案表，需要添加"规则"下的"下一记录"来实现，操作步骤如下：

（1）继续上面的操作。按 Ctrl+A 组合键全选并按 Ctrl+C 组合键复制。

（2）将光标定位在表格下方空白处，单击"邮件"选项卡"编写和插入域"组中的"规则"按钮 ，在弹出的下拉列表中选择"下一记录"选项，此时空白处会出现"《下一记录》"。

（3）按 Ctrl+V 组合键在空白处粘贴前面复制的表格，如图 3-114 所示。

图 3-114　两份档案表在一张纸上

合并数据，生成档案表，操作步骤如下：

（1）单击"邮件"选项卡"完成"组中的"完成并合并"按钮 ，在弹出的下拉列表中选择"编辑单个文档"选项，弹出"合并到新文档"对话框。

（2）选择"全部"单选按钮，如图 3-115 所示。

（3）单击"确定"按钮，所有员工的档案表就一次性批量生成了，但该档案所有员工的照片都一样。将合并生成的"信函 1"文档另存为"员工信息档案表"，

图 3-115　"合并到新文档"对话框

按 Ctrl+A 组合键选择整个文档，按 F9 键更新域，此时可以看到每个员工的照片都不一样了，如图 3-116 所示，保存文件然后打印。

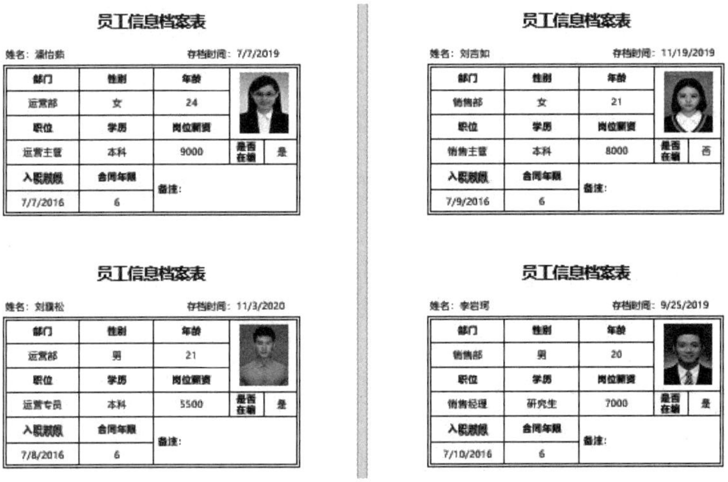

图 3-116　员工信息档案表

单元小结

本单元共完成 5 个项目，学完后应该有以下收获：

- 掌握 Word 2016 的启动和退出。
- 熟悉 Word 2016 工作界面。
- 掌握文档的基本操作。
- 掌握文档中文本的输入及编辑。
- 掌握文档字体及段落格式的设置。
- 掌握文档中表格的插入。
- 掌握表格中文字的输入及表格格式的设置。
- 掌握文本框的插入及编辑。
- 掌握图片的插入及编辑。
- 掌握页面整体效果的设置。
- 掌握样式的使用。
- 掌握目录的自动生成。
- 熟练使用分节符和分页符。
- 掌握页眉和页脚的添加。
- 掌握封面的添加。
- 掌握脚注和尾注的添加。
- 掌握双面打印。
- 掌握建立邮件合并需要的模板文档和源数据文件的方法。
- 掌握插入合并域，建立起文本文档与数据源的联系。
- 掌握规则的添加。
- 掌握一页中复制两张档案表的方法。

课外自测

一、单选题

1. Word 2016 视图中，显示效果与实际打印效果最接近的视图方式是 _____。

    A．普通视图   B．页面视图   C．联机版视图   D．主控文档视图

2. 窗口被最大化后如果要调整大小，正确的操作是 _____。

    A．用鼠标拖动窗口的边框线

    B．单击"还原"按钮，再用鼠标拖动边框线

    C．单击"最小化"按钮，再用鼠标拖动边框线

    D．用鼠标拖动窗口的四角

3. 选择"文件"→"关闭"命令，是 _____。

    A．退出 Word 2016 系统

    B．关闭 Word 2016 下所有打开的文档窗口

    C．将 Word 2016 中当前的活动窗口关闭

    D．将 Word 2016 中当前的活动窗口最小化

4. Word 2016 中保存文档的命令出现在 _____ 选项卡中。

    A．插入   B．页面布局   C．文件   D．开始

5. 在 Word 2016 的"文件"选项卡中，对已保存过的文件，关于"保存"和"另存为"两个选择，下列说法中正确的是 _____。

    A．"保存"只能用原文件名存盘，"另存为"不能用原文件名存盘

    B．"保存"不能用原文件名存盘，"另存为"只能用原文件名存盘

    C．"保存"只能用原文件名存盘，"另存为"也能用原文件名存盘

    D．"保存"和"另存为"都能用任意原文件名存盘

6. 在 Word 2016 中，要用模板来生成新的文档，一般应先选择 _____，再选择模板名。

    A．"文件"→"打开"   B．"文件"→"新建"

    C．"引用"→"样式"   D．"文件"→"选项"

7. Word 2016 启动后，将自动打开一个名为 _____ 的文档。

    A．Book1   B．Noname   C．文档 1   D．文件 1

8. 在 Word 2016 中，要将图片作为水印，应修改图片的环绕方式为 _____。

    A．四周型   B．紧密型   C．衬于文字上方   D．衬于文字下方

9. 在 Word 2016 中，单击"项目符号"按钮后 _____。

    A．可在现有的所有段落前自动添加项目符号

    B．仅在插入点所在的段落前自动添加项目符号，之后新增段落不起作用

    C．仅在之后新增段落前自动添加项目符号

    D．可在插入点所在的段落和之后新增段落前自动添加项目符号

10．在 Word 2016 中，用户可以利用 _____ 很方便、直观地改变段落缩进方式，调整文档的左右边界，改变表格的列宽。

　　A．标尺　　　　　B．工具栏　　　　　C．菜单栏　　　　　D．格式栏

11．在 Word 2016 的段落对齐方式中，能使段落中的每一行（包括未输满的行）都保持首尾对齐的是 _____。

　　A．左对齐　　　B．两端对齐　　　C．居中对齐　　　D．分散对齐

12．在 Word 2016 中，下面关于文本框操作叙述错误的是 _____。

　　A．在文本框中，可以插入文字、表格和图形

　　B．在文本框上单击，文本框外围出现虚线框，此时选定的是文本框

　　C．文本框的大小可以通过拖动文本框上的控制点来改变

　　D．文本框的位置和大小都可以改变

13．如果两个文本框要建立链接，建立链接的按钮在 _____ 选项卡下。

　　A．开始　　　B．格式　　　C．插入　　　D．绘图工具格式

14．选定整个表格，按 Delete 键，所删除的是 _____。

　　A．表格线　　　　　　　　　B．表格中的文字

　　C．表格与表格中的数据　　　D．表格中的数据

15．以下说法正确的是 _____。

　　A．移动文本的方法是：选择文本，粘贴文本，在目标位置移动文本

　　B．移动文本的方法是：选择文本，复制文本，在目标位置粘贴文本

　　C．复制文本的方法是：选择文本，剪切文本，在目标位置复制文本

　　D．复制文本的方法是：选择文本，复制文本，在目标位置粘贴文本

16．在表格中选定某一个单元格，当用鼠标拖动它的左右框线时，改变的是 _____ 的宽度。

　　A．选定列　　　B．整个表格　　　C．选定行　　　D．选定单元格

17．当用户的输入可能出现 _____ 时会用绿色波浪下划线标注。

　　A．错误文字　　　　　　　B．不可识别的文字

　　C．语法错误　　　　　　　D．中英文互混

18．艺术字在文档中以 _____ 方式出现。

　　A．公式　　　B．图形对象　　　C．普通文字　　　D．样式

19．在 Word 2016 中编辑文本时，显示的网格线在打印时 _____ 出现在纸上。

　　A．不会　　　B．全部　　　C．一部分　　　D．大部分

20．在 Word 2016 文档中插入数学公式，在"插入"功能区中应选择 _____ 组中的命令。

　　A．符号　　　B．插图　　　C．文本　　　D．链接

二、实操题

1．利用艺术字、图片、文本框及图文混排制作如图 3-117 所示的封面。

图 3-117   封面效果

提示：插入文本框，输入文字（黑体，四号）；插入图片素材，设置环绕为"衬于文字下方"；插入艺术字（黑体，三号），设置文字效果；设置图片样式。

2．利用表格制作如图 3-118 所示的课程表。

郑州财税金融职业学院
201×—202×学年第一学期班级课程表

系_____级_____班 辅导员_____人数_____

课程 节次 教室 星期	上午				下午			
	1-2 节		3-4 节		5-6 节		7-8 节	
	课程	教室	课程	教室	课程	教室	课程	教室
星期一								
星期二								
星期三								
星期四								
星期五								

说明：

1．主院由北向南依次为 1 号教学楼、2 号教学楼、3 号教学楼、4 号教学楼，东楼为科技馆，西楼为图书馆，西北楼为办公楼。

2．本课程表自_____年_____月_____日起实施。

图 3-118   课程表效果

提示：插入 12 行 10 列的表格，通过合并单元格和拆分单元格操作完成课程表的制作，通过形状绘制斜线头；输入文字，居中显示，填充底纹，加双外边框线。

3．利用图文混排功能制作如图 3-119 所示的报纸版面。

图 3-119　报纸效果

提示：报头部分利用文本框、艺术字完成，插入 2 行 3 列的表格，填充底纹，在文本框中输入文字并添加项目符号，绘制形状，输入文本，设置首行下沉及分栏，插入图片，设置为四周环绕，添加页边框及页面颜色。

4．利用邮件合并功能制作如图 3-120 所示的批量奖状。

图 3-120　奖状效果

提示：

（1）奖状模板绘制。纸张大小为 B5，横向，页边距均为 0，添加页边框，插入形状，输入文字。

（2）红章制作。绘制正圆，轮廓线 6 磅红色，绘制五角星，填充红色，无轮廓线，输入艺术字，设置文字效果为转换和跟随路径；红章环绕为衬于文字上方。

（3）建立数据源"成绩 .xlsx"文档。

（4）引用数据源并插入合并域。

（5）合并数据，生成批量奖状。

扩展阅读

1．危辉. 计算机是怎么工作的. 上海：上海教育出版社，2019.

2．刘知远，崔安顾. 大数据智能：数据驱动的自然语言处理技术. 北京：电子工业出版社，2019.

单元4

Excel 2016 电子表格处理

Excel 电子表格软件可以输入 / 输出数据并对数据进行复杂的计算，将计算结果显示为可视性极佳的表格或美观的彩色图表，极大地增强了数据的表现性。本单元将通过以下 5 个项目来学习 Excel 工作簿的基本操作，以及输入数据和设置格式的方法与技巧，制作和美化图表，使用公式和函数整理数据、分析数据、管理数据，建立数据透视表等内容。

- 项目 1　使用格式制作学籍表
- 项目 2　使用公式制作单科成绩表
- 项目 3　使用函数统计成绩总表
- 项目 4　使用图表分析成绩统计表
- 项目 5　使用透视表管理成绩总表

项目 1   使用格式制作学籍表

项目描述

开学之初，教务处为了方便管理学籍，需要依据全校学生情况创建学籍表并对该表进行排版和美化。

项目分析

首先建立一个工作簿，将空白工作表改名为"学籍表"，然后在工作表中输入原始数据完成"学籍表"的创建，最后对工作表进行排版、美化和保存。

相关知识

1．Excel 2016 的启动和退出

（1）启动 Excel 2016。

1）从"开始"菜单进入。单击"开始"菜单按钮，在弹出的"开始"菜单中选择 Excel 2016 选项，如图 4-1 所示，即可启动 Excel 2016。

2）从快捷方式进入。双击 Windows 桌面上的 Excel 2016 快捷方式图标，即可启动 Excel 2016，如图 4-2 所示。

3）通过双击 Excel 2016 文件启动。在计算机上双击任意一个 Excel 2016 文件图标，在打开该文件的同时即可启动 Excel 2016，如图 4-3 所示。

图 4-1　从"开始"菜单启动　　　图 4-2　快捷方式图标　　　图 4-3　双击 Excel 文件启动

（2）退出 Excel 2016。

1）双击工作簿窗口左上角的"控制菜单"图标并选择"关闭"选项（如图 4-4 所示）或按 Alt+F4 组合键即可关闭 Excel 窗口退出 Excel 2016。

图 4-4　"控制菜单"选项

2）直接单击 Excel 2016 标题栏右侧的"关闭"按钮 ×即可退出 Excel 2016。

3）右击任务栏上的 Excel 2016 程序图标 ，在弹出的快捷菜单中选择"关闭窗口"命令即可退出 Excel 2016。

2．Excel 2016 工作界面

启动后的 Excel 2016 工作界面如图 4-5 所示。

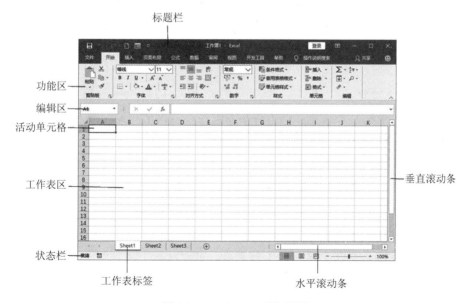

图 4-5　Excel 2016 工作界面

Excel 2016 的工作窗口主要由标题栏、功能区、编辑区、工作表区、工作表标签、滚动条和状态栏等组成。

（1）标题栏。位于操作界面的最顶部，主要由"控制菜单"图标、快速访问工具栏、工作簿名称及窗口控制按钮组成。其中快速访问工具栏显示了 Excel 中常用的几个命令按钮，如"保存"按钮■、"撤消"按钮■、"恢复"按钮■等。快速访问工具栏中的命令按钮可以根据需要自行设置，单击其后的"自定义快速访问工具栏"按钮■弹出下拉列表，单击需要的命令即可添加，再次单击即可去除。而"控制菜单"图标和窗口控制按钮则用来控制工作窗口的大小和退出 Excel 2016 程序。

专家点睛

一个 Excel 文件就是一个扩展名为 .xlsx 的工作簿文件，而一个工作簿文件又由若干个工作表或图表构成。当新建工作簿时，其默认的名称为工作簿1，可在保存时对其进行重新命名。

（2）功能区。将常用功能和命令以选项卡、按钮、图标或下拉列表的形式分门别类地显示。另外，将文件的新建、保存、打开、关闭、打印等功能整合在"文件"选项卡下，便于使用。在功能区的右上角还有"功能区设置"按钮■、控制窗口大小和关闭的按钮。

（3）编辑区。编辑区由"名称框"和"编辑框"组成。"名称框"显示当前单元格或当前区域的名称，也可用于快速定位单元格或区域。"编辑框"用于输入或编辑当前单元格的内容。

专家点睛

单击编辑框，名称框和编辑框之间将出现"取消"按钮✗、"输入"按钮✓和"插入函数"按钮■。如果 Excel 窗口中没有编辑栏，则在"视图"选项卡中单击"显示"按钮■，在弹出的面板中勾选"编辑栏"即可打开编辑栏。

（4）工作表区。工作表区是由若干个单元格组成的。用户可以在"工作表区"中输入各种信息，Excel 2016 强大功能的实现主要就是依靠对"工作表区"中的数据进行编辑和处理来完成的。

专家点睛

单元格是工作表的基本单元，它由行和列表示。一张工作表可以有 1 ~ 1048576 行，A ~ XFD 列。活动单元格即为当前工作的单元格。

（5）工作表标签。工作表标签位于工作表区域的左下方，用于显示正在编辑的工作表名称，在同一个工作簿内单击相应的工作表标签可在不同的工作表间进行选择与转换。

专家点睛

新建的工作簿默认情况下有 3 个工作表，名称分别为 Sheet1、Sheet2 和 Sheet3。可以对它们重新命名。如果想改变默认的工作表数，可以执行"文件"→"选项"命令，在弹出的"Excel 选项"对话框中单击"常规"选项卡，在"包含的工作表数"数值框内进行设置，如图 4-6 所示。

（6）滚动条。滚动条主要用来移动工作表的位置，有水平滚动条和垂直滚动条两种，都包含滚动箭头和滚动框。

图 4-6　"Excel 选项"对话框

（7）状态栏。状态栏位于操作界面底部，最左侧显示的是与当前操作相关的状态，分为就绪、输入和编辑，右侧显示了工作簿的普通⊞、页面布局▣和分页预览凹 3 种视图模式和显示比例，系统默认的是普通视图模式。

3．工作簿的使用

工作簿是工作表的集合。Excel 中的每一个文件都是以工作簿的形式保存的。一个工作簿最多可包含 255 张相互独立的工作表。

（1）新建工作簿。Excel 2016 启动后会自动建立一个名为"工作簿 1"的空白工作簿。用户也可以另外建立一个新的工作簿。

1）新建空白工作簿。执行"文件"→"新建"命令，在右侧的"新建"面板中单击"空白工作簿"选项，如图 4-7 所示；或者在快速访问工具栏中单击"新建"按钮▯；或使用组合键 Ctrl+N，均可新建一个空白工作簿。

图 4-7　新建空白工作簿

2）根据模板新建。执行"文件"→"新建"命令，在右侧的面板中单击所需模板，弹出该模板创建对话框，可以单击"向后"按钮◀或"向前"按钮▶更换模板，单击"创建"按钮，如图 4-8 所示，即可根据模板新建一个工作簿。

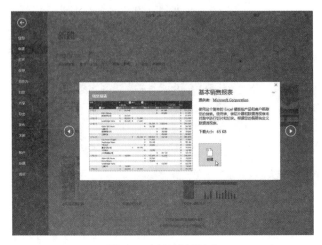

图 4-8　根据模板新建

（2）保存工作簿。要保存新建的工作簿，可执行"文件"→"保存"命令，在右侧"另存为"面板中双击"这台电脑"选项，如图 4-9 所示，在弹出的"另存为"对话框中单击左侧列表，选择文件保存的位置并输入文件名，然后单击"保存"按钮即可保存文件，如图 4-10 所示。

图 4-9　保存工作簿　　　　　　　　　图 4-10　"另存为"对话框

专家点睛

对已保存过的工作簿，如果在修改后还要按原文件名进行保存，可直接单击快速访问工具栏中的"保存"按钮；或者执行"文件"→"保存"命令，或者按 Ctrl+S 组合键。如果要对修改后的工作簿进行重命名，可执行"文件"→"另存为"命令，将弹出"另存为"

对话框，然后按照保存新建工作簿的方法进行相同操作。

（3）打开工作簿。执行"文件"→"打开"命令，双击右侧的"这台电脑"选项，如图 4-11 所示，弹出"打开"对话框，如图 4-12 所示。在左侧列表中选择工作簿所在的位置，在中间列表中选择用户要打开的工作簿，然后单击"打开"按钮或双击用户所选择的工作簿即可打开该文件。

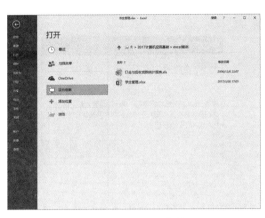

图 4-11　打开工作簿　　　　　　　　图 4-12　"打开"对话框

🔊专家点睛

对用户最近编辑过的工作簿，可以通过"最近所用文件"命令快速地找到并打开。执行"文件"→"打开"命令，单击"最近"选项，在右侧单击所需工作簿即可打开，如图 4-13 所示。

图 4-13　打开最近工作簿

（4）关闭工作簿。

1）执行"文件"→"关闭"命令，关闭打开的工作簿。

2）单击工作簿窗口中的"关闭"按钮 ，也可关闭工作簿。

（5）保护具有重要数据的工作簿。为了防止他人随意对一些存放重要数据的工作簿进行篡改、移动或删除，可通过 Excel 提供的保护功能对重要工作簿设置保护密码。

1）打开需要保护的工作簿，单击"审阅"选项卡"更改"组中的"保护工作簿"按钮 ，弹出"保护结构和窗口"对话框，如图 4-14 所示。

2）在"密码（可选）"文本框中输入密码，单击"确定"按钮，弹出"确认密码"对话框，如图 4-15 所示。

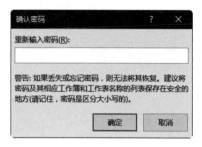

图 4-14 "保护结构和窗口"对话框　　　　图 4-15 "确认密码"对话框

3）在"重新输入密码"文本框中输入与上次相同的密码，单击"确定"按钮即对工作簿设置了保护密码。

🔊 专家点睛

在"保护结构和窗口"对话框中，除了可以设置保护密码外，还可以设置工作簿的保护范围。若要防止对工作簿结构进行更改，则需要勾选"结构"复选框；若要使工作簿窗口在每次打开时大小和位置都相同，则需要勾选"窗口"复选框。当然也可以同时勾选这两个复选框，这样即可同时保护工作簿的结构和窗口。

4. 工作表的使用

（1）工作表的重命名。当建立一张新的工作簿时，所有的工作表都是自动以系统默认的表名 Sheet1、Sheet2 和 Sheet3 来命名的。但在实际工作中，这种命名方式不方便记忆和管理。因此需要更改这些工作表的名称以便在工作时能进行更为有效的管理。

1）双击要重命名的工作表标签或在要重命名的工作表标签上右击，在弹出的快捷菜单中选择"重命名"选项，此时选中的工作表标签呈反灰显示。

2）键入所需的工作表名称，按 Enter 键即可看到新的名称出现在工作表标签处，如图 4-16 所示。

（2）工作表的切换。由于一个工作簿文件中可包含多张工作表，所以用户需要不断地在这些工作表间进行切换来完成在不同工作表中的各种操作。

在切换过程中，首先要保证工作表名称出现在底部的工作表标签中，然后直接单击该工作表名即可切换到该工作表中；或者通过按 Ctrl+PageUp 和 Ctrl+PageDown 组合键来切换到当前工作表的前一张或后一张。

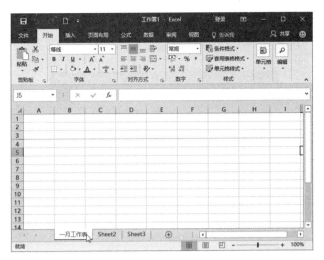

图 4-16　被改名的工作表标签

🔊专家点睛

对已保存过的工作簿，如果工作簿中的工作表数目太多，用户需要的工作表没有显示在工作表选项卡中，可以通过滚动按钮来进行切换，也可以通过向右拖动选项卡分割条来显示更多的工作表标签，如图 4-17 所示。

图 4-17　滚动按钮与分割条

5. 单元格数据的输入

（1）文本的输入。文本包括文字、数字、各种特殊符号等。

1）文字的输入：单击或双击需要输入文字的单元格，直接输入文字并以回车结束。

🔊专家点睛

默认情况下，所有文本在单元格内都为左对齐，也可以根据需要更改其对齐方式。如果单元格中文字过长，超出了单元格宽度，而右边相邻的单元格中没有数据，则可以允许超出的文字覆盖在右边单元格上。

若在单元格中输入多行文字，则输入一行文字后可按 Alt+Enter 组合键换行，然后再输入下一行文字。

2）数字文本的输入。对于全部由数字组成的字符串，如编号、身份证号码、邮政编码、手机号码等，为了避免被认为是数值型数据，Excel 要求在这些输入项前添加"'"以示区别，此时单元格左上角显示为绿色三角。文本在单元格中默认位置是左对齐。

3）特殊符号的输入。当输入一些键盘上没有的符号，譬如商标符号、版权符号、段落标记等时需要借助"符号"对话框来完成。

定位在需要输入符号的单元格内，单击"插入"选项卡"符号"组中的"符号"按钮，弹出"符号"对话框，如图4-18所示。

图4-18 "符号"对话框

单击"符号"选项卡，在"字体"下拉列表框中选择字体样式，在中间列表框中选择需要插入的符号，然后单击"插入"按钮。

（2）数值的输入。数值在Excel中扮演着十分重要的角色，其表现方式也有很多种，譬如阿拉伯数字、分数、负数、小数等。

1）阿拉伯数字的输入。阿拉伯数字与文字的输入方法相同，但在单元格中默认右对齐。若输入的数字较大，则以指数形式显示。

2）分数的输入。先输入一个空格，再输入分数，输入完成后以回车键结束，则单元格中显示分数。但这种输入方式会使分数在单元格中不按照默认的对齐方式显示。

或者，在单元格中先输入一个"0"和一个空格，再输入分数，输入完成后以回车键结束。用此输入方式使分数在单元格中右对齐。

若输入假分数，则需要在整数和分数之间以空格隔开。

3）负数的输入。在单元格中输入负数有两种方法：直接输入、将数据用括号括起来表示该负数。

（3）日期和时间的输入。用户有时需要在工作表中输入时间或日期，可使用Excel中定义的格式来完成输入。

1）日期的输入。单击"开始"选项卡"单元格"组中的"格式"按钮，在弹出的下拉列表中选择"设置单元格格式"选项，弹出"设置单元格格式"对话框。选择"数字"选项卡，在"分类"列表框中选择"日期"选项；在"类型"列表框中选择合适的日期格式，如图4-19所示，单击"确定"按钮。

2）时间的输入。时间的输入与日期的输入方法类似，不同的是在"设置单元格格式"对话框中切换到"时间"分类，在"类型"列表框中选择合适的时间格式。

（4）公式和批注的输入。用户不仅可以输入文本、数值，还可以输入公式对工作表中的数据进行计算，输入批注对单元格进行注释。

图 4-19   设置日期格式

1）输入公式。公式是以"＝"开始的数学式子，可以对工作表进行加、减、乘、除四则运算。公式可以应用在同一工作表的不同单元格中、同一工作簿的不同工作表的单元格中或其他工作簿的工作表的单元格中。

单击需要输入公式的单元格，直接输入公式，譬如"＝1+2"，按回车键或单击编辑栏中的"输入"按钮✔，此时选中的单元格中就会显示计算结果。

2）输入批注。用户可以为工作表中的某些单元格添加批注，用以说明该单元格中数据的含义或强调某些信息。

选中需要输入批注的单元格，单击"审阅"选项卡"批注"组中的"新建批注"按钮 ，或者在此单元格上右击，在弹出的快捷菜单中选择"插入批注"选项；在该单元格旁弹出的批注框内输入批注内容，输入完成后单击批注框外的任意工作表区域即可关闭批注框。此时，单元格右上角会显示红色三角形，表示本单元格插入了批注。将鼠标指向该单元格，会显示批注内容。

（5）自动填充功能。

1）自动填充序列。对于大量有规律的数据输入，可以利用自动填充功能来完成，以提高输入效率。自动填充是 Excel 中非常有特色的功能。

在第一个单元格中输入内容，将鼠标移至该单元格右下角，当鼠标指针变为➕（即填充柄）时拖动鼠标到所需位置，序列自动填充完成，或者双击填充柄也可完成自动填充。

专家点睛

在 Excel 填充序列中除了数字的有规律填充外，对于月份、星期、季度等一些传统序列也有预先的设置，方便用户使用。

2）利用"序列"对话框填充数据。只需在工作表中输入一个起始数据便可利用"序列"

对话框快速填充有规律的数据。

在起始单元格输入起始数据，单击"开始"选项卡"编辑"组中的"填充"按钮，在弹出的下拉列表中选择"序列"选项，弹出"序列"对话框，如图 4-20 所示。

在"序列产生在"选项组中选择序列产生的方向，在"类型"选项组中选择系列的类型，如果是日期型，还要在右侧设置日期的单位，输入步长值和系列的终止值，单击"确定"按钮即可按定义的系列填充数据。

（6）快速填充功能。有时在输入数据时会遇到排序并不十分规律，但内容有重复的情况。这时就需要用到

图 4-20 "序列"对话框

Excel 中的另一种提高输入效率的快速填充方式，即在不同的单元格内输入相同的数据。

按住 Ctrl 键不放，用鼠标依次单击需要输入数据的单元格。在被选中的最后单元格中输入数据值，然后按 Ctrl+Enter 组合键，此时被选中的单元格内都填充了相同的内容。

（7）限定数据输入。为防止在单元格中输入无效数据，保证数据输入的正确性，单元格中输入的数值，如数据类型、数据内容、数据长度等都可以通过数据的验证来进行限制，进行数据的有效管理。

1）限定输入的数据长度。为了避免输入错误，在实际工作中需要对输入文本的长度进行限定。

选中需要输入数据的区域，单击"数据"选项卡"数据工具"组中的"数据验证"按钮，弹出"数据验证"对话框；单击"设置"选项卡，在"允许"列表框中选择文本长度，在"数据"列表框中选择等于，在"长度"文本框中输入长度值，单击"确定"按钮。

2）限定输入的数据内容。当一个单元格中只允许输入指定内容时，可以通过数据验证的序列功能来实现。

选取需要输入数据的区域，单击"数据"选项卡"数据工具"组中的"数据验证"按钮，弹出"数据验证"对话框；单击"设置"选项卡，在"允许"列表框中选择"序列"，在"来源"文本框中依次输入指定的内容，单击"确定"按钮设定完毕，此时单击单元格，其后会出现下拉按钮，单击该按钮将弹出下拉列表供选择输入。

（8）利用记录单输入数据。当工作表列数较多时，频繁拖动滚动条会导致将数据输入错误单元格的情况，此时使用记录单输入数据是最好的解决方法。

首先将"记录单"置于快速访问工具栏中。单击快速访问工具栏右侧的"其他"按钮，在弹出的下拉菜单中选择"其他命令"选项，弹出"Excel 选项"对话框，在"从下列位置选择命令"下拉列表框中选择"不在功能区中的命令"选项，从列表中选择"记录单"选项，依次单击"添加"和"确定"按钮，返回工作界面。

然后打开"记录单"输入数据。将光标置于数据区域，单击快速访问工具栏中的"记录单"按钮，弹出记录单对话框，可以在其中输入、编辑、删除数据，如图 4-21 所示。

6. 单元格的基本操作

（1）选择单元格。在对单元格进行编辑操作之前，首先应该选定要编辑的单元格。可以通过单击使之成为活动单元格。

1）选择单个单元格。直接单击选中即可。

2）选择连续单元格。选中第一个单元格，当鼠标指针变成✛时，拖动鼠标到结束的单元格为止。

3）选择不连续的单元格。选中第一个单元格后按住 Ctrl 键不放，移动鼠标到其他需要选择的单元格上单击。

图 4-21　记录单对话框

（2）移动单元格。

1）移动单个单元格。单击需要移动的单元格，将鼠标移至单元格边缘，当鼠标指针变成⇱时，拖动鼠标到需要放置的位置，然后松开鼠标。

2）移动单元格区域。选中连续单元格区域，接下来的步骤与移动单个单元格相同。

（3）复制单元格。选中需要复制的单元格或单元格区域，单击"开始"选项卡"剪贴板"组中的"复制"按钮📋，在弹出的下拉列表中选择"复制"选项；或者右击，在弹出的快捷菜单中选择"复制"选项；或者按 Ctrl+C 组合键。然后选定需要粘贴的目标单元格，单击"开始"选项卡"剪贴板"组的"粘贴"按钮📋；或者右击，在弹出的快捷菜单中选择"粘贴"选项；或者按 Ctrl+V 组合键。

或者，选中需要复制的单元格或单元格区域，将鼠标放在单元格的边框上，当鼠标指针变为⇱时，按住 Ctrl 键不放，拖动鼠标到选定的区域中。

（4）插入与删除单元格。

1）插入单元格。选中需要插入单元格的位置，单击"开始"选项卡"单元格"组中的"插入"按钮🔢，在弹出的下拉列表中选择"插入单元格"选项；或者直接右击，在弹出的快捷菜单中选择"插入"选项，在弹出的"插入"对话框中选择"活动单元格右移"或"活动单元格下移"单选按钮即可插入单个单元格。

在弹出的下拉列表中选择"插入工作表行"或"插入工作表列"选项；或者直接右击，在弹出的快捷菜单中选择"插入"选项，在弹出的"插入"对话框中选择"整行"或"整列"单选按钮，单击"确定"按钮即可插入整行或整列单元格。

2）删除单元格。删除单元格不仅仅是删除单元格中的内容，而是将单元格也一并删除。此时周围的单元格会填补其位置。

选中需要删除的单元格或单元格区域，单击"开始"选项卡"单元格"组中的"删除"按钮🔢，在弹出的下拉列表中选择"删除单元格"选项；或者右击，在弹出的快捷菜单中选择"删除"选项，弹出"删除"对话框，选择所需的选项，单击"确定"按钮。

（5）清除单元格。清除单元格与删除单元格不同，清除单元格是指清除选定单元格中的内容、公式、单元格格式或全部等，留下空白单元格供以后使用。

选中需要清除的单元格或单元格区域，单击"开始"选项卡"编辑"组中的"清除"按钮，在弹出的下拉列表中选择要清除的选项；或者右击，在弹出的快捷菜单中选择"清除内容"选项。

（6）调整单元格行高或列宽。单元格的行高和列宽都有默认值，行高为14.25mm，列宽为8.38mm。但有时输入的数据过长，会超出单元格区域，需要重新调整单元格的行高和列宽。

1）手动调整行高和列宽。将鼠标指针放置在行与行或列与列之间的分隔线上，当鼠标指针变为＋或＋形状时，按住鼠标左键不放，然后拖动鼠标调整到需要的行高或列宽处松开鼠标。

2）用命令设置行高和列宽。手动设置行高与列宽时只能粗略设置，要想精确设置行高或者列宽，就需要用命令了。

选定需要设置行高或列宽的单元格或者单元格区域，单击"开始"选项卡"单元格"组中的"格式"按钮，在弹出的下拉列表中选择"行高"或"列宽"选项，弹出"行高"或"列宽"对话框，输入相应的数值，单击"确定"按钮。

7. 美化工作表

当工作表中的数据输入完成后，用户即可使用Excel对单元格进行格式化，使其更加整齐美观。格式化单元格就是重新设置单元格的格式，一方面是数字格式，另一方面是对数据的字体、背景颜色、边框等多种格式的设置。

（1）数字格式化。选中需要设置小数位数、货币符号或千分位符的单元格或单元格区域，单击"开始"选项卡"单元格"组中的"格式"按钮，在弹出的下拉列表中选择"设置单元格格式"选项，弹出"设置单元格格式"对话框，单击"数字"选项卡。在"分类"列表框中选择"数值"选项，在右边的"小数位数"数值框中选择相应的位数并勾选"使用千位分隔符"复选框；在"分类"列表框中选择"货币"选项，在右边的"示例"列表的"货币符号"选项组中选择相应的货币符号，单击"确定"按钮。

（2）文字格式化。为了美化工作表，可以对文字的字体、字号、颜色等进行设置。用户既可以通过功能区按钮来设置，也可以通过"设置单元格格式"对话框来设置。

1）通过功能区按钮设置。通过单击"开始"选项卡"字体"组中的按钮可以直接设置文字的字体、字号、加粗、斜体和下划线等。

2）通过"设置单元格格式"对话框设置。选中需要设置格式的单元格或者单元格区域，单击"开始"选项卡"单元格"组中的"格式"按钮，在弹出的下拉列表中选择"设置单元格格式"选项，弹出"设置单元格格式"对话框，切换到"字体"选项卡，分别在"字体""字形""字号"选项组中完成对文字的设置。

（3）设置文本的对齐方式。

1）通过功能区按钮设置。选中需要设置对齐方式的单元格或单元格区域，单击"开始"选项卡"对齐方式"组中相应的对齐方式按钮。

专家点晴

当设置单元格合并居中对齐时，需要先选中要合并的单元格区域，再单击"合并后居中"按钮。

2）通过"设置单元格格式"对话框设置。选中需要设置对齐方式的单元格或单元格区域，单击"开始"选项卡"单元格"组中的"格式"按钮，在弹出的下拉列表中选择"设置单元格格式"选项，弹出"设置单元格格式"对话框，切换到"对齐"选项卡，在"文本对齐方式"选项组的"水平对齐"与"垂直对齐"下拉列表框中选择需要的对齐方式，单击"确定"按钮。

（4）设置单元格边框。

方法 1：选中需要设置边框的单元格或单元格区域，单击"开始"选项卡"字体"组中的"下框线"按钮，弹出"边框"面板，在其中选择相应的命令即可添加单元格的边框。

方法 2：选中需要设置边框的单元格或单元格区域，单击"开始"选项卡"单元格"组中的"格式"按钮，在弹出的下拉列表中选择"设置单元格格式"选项，弹出"设置单元格格式"对话框，切换到"边框"选项卡，在"预置"选项组中选择预设样式，在线条"样式"和"颜色"选项组中设置线条样式与颜色，单击"边框"区域中左侧和下侧的边框选项，并在边框预览区内预览设置的边框样式。

专家点晴

边框线和颜色要在选择边框类型之前设置，即先选择线型和颜色，后在"边框"选项卡中添加边框样式。

（5）设置单元格底纹。在 Excel 中可以对单元格或单元格区域的背景进行设置，既可以是纯色，也可以是图案填充。

方法 1：在"开始"选项卡的"字体"组中单击"填充颜色"按钮，在下拉列表中选择所需背景填充色。

方法 2：选择需要添加背景的单元格或单元格区域，单击"开始"选项卡"单元格"组中的"格式"按钮，在弹出的下拉列表中选择"设置单元格格式"选项，在弹出的"设置单元格格式"对话框的"填充"选项卡中选择需要添加的背景颜色或相应的图案样式及图案颜色，如果填充的是两个以上颜色，则单击"填充效果"按钮打开"填充效果"对话框，选择底纹的颜色和样式，最后单击"确定"按钮。

项目实现

本项目将利用 Excel 2016 制作如图 4-22 所示的学籍表。

（1）创建工作簿"学生管理"，将 Sheet1 工作表命名为"学籍表"。

（2）利用数据的各种输入方法完成"学籍表"的数据输入。

（3）利用记录单输入、编辑、增加、删除数据。

（4）对"学籍表"表中的数据进行格式化和美化。

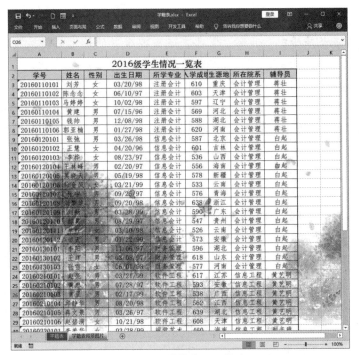

图 4-22 "学籍表"工作表

1. 创建"学籍表"工作表

创建"学籍表"

打开 Excel 2016，保存文件为"学生管理.xlsx"并将表名改为"学籍表"，操作步骤如下：

（1）启动 Excel 程序，新建空白工作簿，执行"文件"→"保存"命令，在弹出的"另存为"对话框中，选择保存的位置，输入文件名为"学生管理"，单击"保存"按钮创建"学生管理"工作簿。

（2）双击 Sheet1 工作表标签，标签将反灰显示，输入"学籍表"，单击空白处，创建了空白"学籍表"工作表。

（3）为了能快速找到该工作表，应使其突出显示，右击"学籍表"标签，在弹出的快捷菜单中选择"工作表标签颜色"选项，在其右侧弹出的色板中选择"红色"，效果如图 4-23 所示。

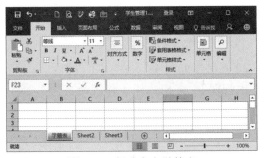

图 4-23 创建空白学籍表

在空白"学籍表"工作表中输入各种不同类型的数据，操作步骤如下：

（1）在 A1 单元格中输入标题"2016 级学生情况一览表"，然后在其下方单元格中依次输入其他文字内容，如图 4-24 所示。

（2）A 列为学号，其长度固定为 11 位，应限制长度。选中 A3:A46 单元格区域，单击"数据"选项卡"数据工具"组中的"数据验证"按钮，弹出"数据验证"对话框。单击"设置"选项卡，在"允许"下拉列表框中选择"文本长度"，在"数据"下拉列表框中选择"等于"，在"长度"文本框中输入 11，如图 4-25 所示，单击"确定"按钮。

图 4-24　输入文字信息

图 4-25　限定数据长度

（3）在 A3 单元格中先输入西文单引号"'"，再输入 20160110101，按 Enter 键，此时单元格左上角显示为绿色三角，表示该数据为数字文本。按照上述方法依次输入每位学生的学号，效果如图 4-26 所示。

图 4-26　输入数字文本

（4）在 D3:D46 单元格区域按"月 / 日 / 年"格式依次输入出生日期，在 F3:F46 单元格依次输入成绩，如图 4-27 所示。

图 4-27　输入日期及数字

（5）在 C3 单元格中输入"女"，将鼠标指针指向 C3 单元格的填充柄并双击，此时性别列全部填充为"女"。

（6）选择第一个应该填充为"男"的单元格，譬如 C6 单元格，按住 Ctrl 键不放，用鼠标在 C 列依次选中需要输入"男"的单元格，在选中的最后一个单元格中输入"男"，然后按 Ctrl+Enter 组合键，此时被选中的单元格内都填充了相同的内容"男"，如图 4-28 所示。

（7）假定"所学专业"列只允许输入指定专业，可以通过限定输入的数据内容来实现。选取 E3:E46 单元格区域，单击"数据"选项卡"数据工具"组中的"数据验证"按钮，弹出"数据验证"对话框，单击"设置"选项卡，在"允许"下拉列表框中选择"序列"，在"来源"文本框中依次输入"注册会计,信息会计,财务管理,软件工程,视觉艺术,网络安全"，如图 4-29 所示。

图 4-28　快速填充

图 4-29　限定输入内容

（8）单击"确定"按钮，此时单击该列单元格，其后会出现下拉按钮，单击该按钮将弹出下拉列表供选择输入，如图 4-30 所示，依次选择列表内容完成输入。

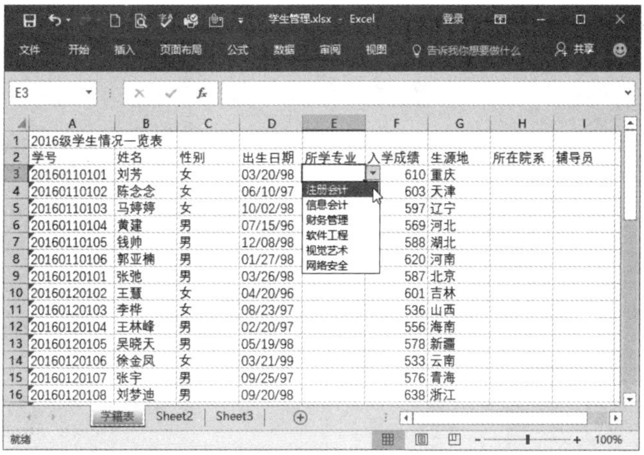

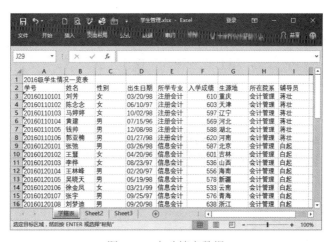

图 4-30　通过列表选择输入数据

（9）"所在院系"和"辅导员"列的内容是有规律的，可以采用自动填充功能完成。单击 H3 单元格，输入"会计管理"，将鼠标移至单元格右下角，当鼠标指针变为✚（即填充柄）时拖动鼠标到 H23 单元格完成自动填充；单击 H24 单元格，输入"信息工程"，拖动填充柄至 H46 单元格完成输入，用同样的方法完成"辅导员"列数据的输入，如图 4-31 所示。

图 4-31　自动填充数据

在"学籍表"工作表中利用记录单输入数据，操作步骤如下：

（1）单击快速访问工具栏右侧"其他"按钮 ，在弹出的下拉菜单中选择"其他命令"选项，弹出"Excel 选项"对话框，在"从下列位置选择命令"下拉列表框中选择"不在功能区中的命令"选项，从列表中选择"记录单"选项，如图 4-32 所示。

（2）单击"添加"按钮将记录单添加到右侧列表中，单击"确定"按钮返回工作界面。

（3）将光标置于数据区域，单击快速访问工具栏中的"记录单"按钮 ，弹出记录单对话框，在编辑框中依次输入记录的各项数据，如图4-33所示。

图4-32　"Excel选项"对话框　　　　图4-33　在记录单中输入数据

（4）单击"新建"按钮输入下一条记录，输入完成后单击"关闭"按钮关闭记录单。

（5）单击快速访问工具栏中的"保存"按钮，保存创建的"学籍表"工作表。

2. 美化"学籍表"工作表

美化"学籍表"

对"学籍表"进行格式化和美化，要求：标题为华文中宋，18磅；表头为黑体，14磅，淡黄色底纹；表内文字为仿宋，14磅；蓝色外边框中实线，黑色内部细实线，填充背景图片，操作步骤如下：

（1）选择A1:I1单元格区域，单击"开始"选项卡"对齐方式"组中的"合并后居中"按钮合并标题单元格，如图4-34所示。

图4-34　合并单元格

（2）在"开始"选项卡的"字体"组中，设置标题为华文中宋，18磅；表头为黑体，

14 磅；其他内容为仿宋，14 磅。

（3）选择 A2:I46 单元格区域，单击"开始"选项卡"对齐方式"组中的"居中"按钮≡将所选内容居中，如图 4-35 所示。

图 4-35　格式化工作表

（4）选中 A2:I46 单元格区域，单击"开始"选项卡"单元格"组中的"格式"按钮，在弹出的下拉列表中选择"设置单元格格式"选项，弹出"设置单元格格式"对话框，切换到"边框"选项卡。

（5）在线条的"样式"和"颜色"选项组中设置线条样式为中实线，蓝色，单击"预置"选项组中的"外边框"按钮；在线条的"样式"和"颜色"选项组中设置线条样式为细实线，黑色，单击"预置"选项组中的"内部"按钮，如图 4-36 所示。

（6）单击"确定"按钮设置边框线。选中 A2:I2 单元格区域，单击"开始"选项卡"单元格"组中的"格式"按钮，在弹出的下拉列表中选择"设置单元格格式"选项，弹出"设置单元格格式"对话框，切换到"填充"选项卡，选择要填充的背景颜色，如图 4-37 所示。

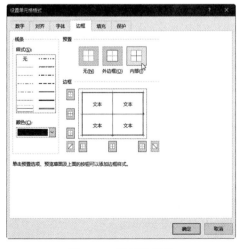

图 4-36　设置边框线

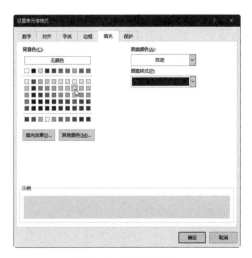

图 4-37　设置填充色

（7）单击“确定”按钮设置填充色，效果如图 4-38 所示。

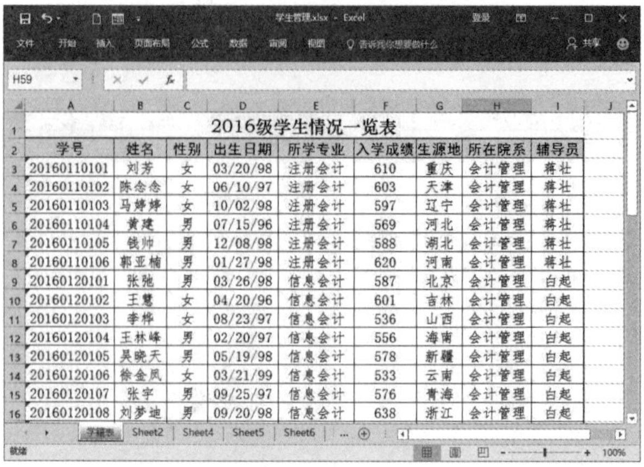

学号	姓名	性别	出生日期	所学专业	入学成绩	生源地	所在院系	辅导员
20160110101	刘芳	女	03/20/98	注册会计	610	重庆	会计管理	蒋壮
20160110102	陈念念	女	06/10/97	注册会计	603	天津	会计管理	蒋壮
20160110103	马婷婷	女	10/02/98	注册会计	597	辽宁	会计管理	蒋壮
20160110104	黄建	男	07/15/96	注册会计	569	河北	会计管理	蒋壮
20160110105	钱帅	男	12/08/98	注册会计	588	湖北	会计管理	蒋壮
20160110106	郭亚楠	男	01/27/98	注册会计	620	河南	会计管理	蒋壮
20160120101	张弛	男	03/26/98	信息会计	587	北京	会计管理	白起
20160120102	王慧	女	04/20/96	信息会计	601	吉林	会计管理	白起
20160120103	李桦	女	08/23/97	信息会计	536	山西	会计管理	白起
20160120104	王林峰	男	02/20/97	信息会计	556	海南	会计管理	白起
20160120105	吴晓天	男	05/19/98	信息会计	578	新疆	会计管理	白起
20160120106	徐金凤	女	03/21/99	信息会计	533	云南	会计管理	白起
20160120107	张宇	男	09/25/97	信息会计	576	青海	会计管理	白起
20160120108	刘梦迪	男	09/20/98	信息会计	638	浙江	会计管理	白起

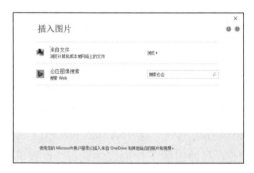

图 4-38　填充背景色

（8）单击“页面布局”选项卡“页面设置”组中的“背景”按钮，弹出“插入图片”对话框，如图 4-39 所示。

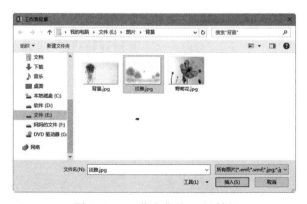

图 4-39　“插入图片”对话框

（9）选择背景图片来自本机还是网上，这里选择本机，单击“浏览”按钮，弹出“工作表背景”对话框，选择相应的背景图案，如图 4-40 所示。

图 4-40　“工作表背景”对话框

（10）单击"插入"按钮填充背景图片，如图 4-41 所示，单击快速访问工具栏的"保存"按钮🖫保存工作表。

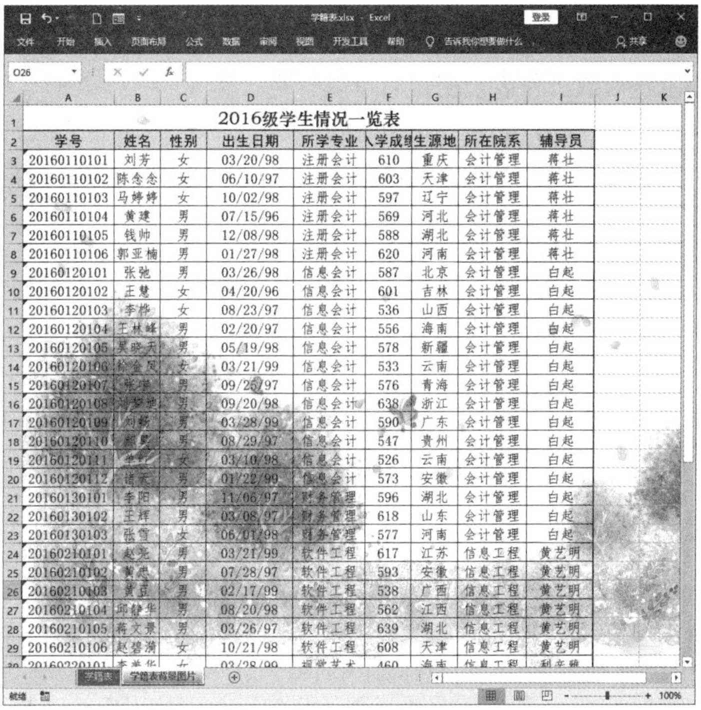

图 4-41　美化工作表

项目 2　使用公式制作单科成绩表

🖊️ 项目描述

开学之初，教务处将收到的各科成绩表进行电子归档，需要建立各科成绩表并计算每位同学的总成绩和单科平均成绩。为了使单科成绩表更加直观，需要对它进行排版和美化。

项目分析

首先打开"学生管理"工作簿，将空白工作表保存为单科成绩表，在空白工作表中利用工作表引用及单元格引用完成单科成绩表的创建，利用公式和函数计算总成绩和单科平均成绩；然后格式化成绩表，利用条件格式、MOD 函数和 ROW 函数美化成绩表。

相关知识

1. 工作表的引用

如果是当前工作簿或工作表，引用时可以省略工作簿或工作表的名称。如果是其他的工作簿或工作表，引用时需要在工作簿或工作表的名称后面加上"!"。

譬如当前工作表是 Sheet1，想引用 Sheet2 工作表的 A3 单元格，则可以写成 Sheet2!A3。

2. 设置单元格条件格式

所谓条件格式就是在工作表中设置带有条件的格式。当条件满足时，单元格将应用所设置的格式。

选中需要设置条件格式的单元格区域，单击"开始"选项卡"样式"组中的"条件格式"按钮，弹出"条件格式"面板，在列表中选择需要设置的选项进行条件的设置。

📢 专家点睛

单元格条件格式的删除方法：在"条件格式"列表中选择"清除规则"→"清除所选单元格的规则"选项。

3. 公式与函数的使用

（1）公式的使用。Excel 的公式是由数值、字符、单元格引用、函数、运算符等组成的能够进行计算的表达式。公式必须以等号"="开头，系统会将"="后面的字符串识别为公式。

这里，单元格引用是指在公式中输入单元格地址时该单元格中的内容也参加运算。当引用的单元格中的数据发生变化时，公式将自动重新进行计算并更新计算结果，用户可以随时观察到数据之间的相互关系。

1）运算符。公式中的运算符主要有算术运算符、字符运算符、比较运算符和引用运算符 4 种，它决定了公式的运算性质。

- 算术运算符:+（加号）、−（减号）、*（乘号）、/（除号）、%（百分比运算）、^（指数运算）。
- 字符运算符：&（连接）。
- 比较运算符:=（等于）、>（大于）、<（小于）、>=（大于等于）、<=（小于等于）、<>（不等于）。
- 引用运算符:∶（区域运算）、,（并集运算）、空格（交集运算）。

在 Excel 中，运算符的优先级由高到低为：引用运算符→算术运算符→字符运算符→比较运算符。

2）单元格的引用。在对单元格进行操作或运算时，有时需要指出使用的是哪一个单元格，这就是引用。引用一般用单元格的地址来表示。Excel 提供了 3 种不同的单元格引用：

绝对引用、相对引用和混合引用。

- 绝对引用：是对单元格内容的完全套用，不加任何更改。无论公式被移动或复制到何处，所引用的单元格地址始终不变。绝对引用的表示形式为在引用单元格的列号和行号之前增加符号 $。

- 相对引用：是指引用的内容是相对而言的，其引用的是数据的相对位置。在复制或移动公式时，随着公式所在单元格的位置改变，被公式引用的单元格的位置也做相应调整以满足相对位置关系不变的要求。相对引用的表示形式为列号与行号。

- 混合引用：是指在一个单元格引用中，既有绝对引用，又有相对引用。即当公式所在单元格位置改变时，相对引用改变，绝对引用不变。

专家点睛

对于单元格地址，如果依次按 F4 功能键可以循环改变公式中地址的类型，例如对单元格 $C$1 连续按 F4 功能键，结果为 $C$1 → C$1 → $C1 → C1 → $C$1。

（2）函数的使用。函数是一个预先定义好的特定计算公式，按照这个特定的计算公式对一个或多个参数进行计算可以得出一个或多个计算结果，即函数值。使用函数不仅可以完成许多复杂的计算，而且可以简化公式的复杂程度。

1）函数的格式。Excel 函数由等号、函数名和参数组成。其格式为：= 函数名 (参数 1, 参数 2, 参数 3,…)

例如公式 "=PRODUCT(A1,A3,A5,A7,A9)" 表示将单元格 A1、A3、A5、A7、A9 中的数据进行乘积运算。

2）函数的分类。Excel 为用户提供了十类数百个函数，它们是常用函数、财务函数、日期与时间函数、数学与三角函数、统计函数、查找与引用函数、数据库函数、文本函数、逻辑函数、信息函数等。用户可以在公式中使用函数进行运算。

有关函数的分类及各类函数的函数名可以在如图 4-42 所示的 "插入函数" 对话框中查看。

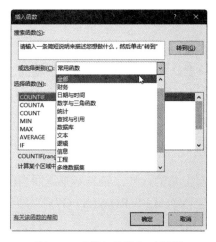

图 4-42　"插入函数" 对话框

3）函数的引用。当用户要单独使用函数时，可以单击地址栏中的"插入函数"按钮 f_x ，弹出"插入函数"对话框，或者单击"公式"选项卡"函数库"组中的按钮，选择所需类型函数。

函数除了可以单独引用外，还可以出现在公式或函数中。如果函数与其他信息一起被编写在公式中，则得到包含函数的公式。

单击要输入公式的单元格，输入等号"="，依次输入组成公式的单元格引用、数值、字符、运算符等。公式中的函数可以直接输入函数名及参数，也可以利用"插入函数"按钮选择函数输入，或者单击"公式"选项卡，在"函数库"组中选择函数，最后按 Enter 键完成公式运算。

（3）通配符的使用。通配符指一个或多个未确定的字符。通配符一般有 ? 和 * 两个符号，它们代表不同的含义。

- ?（问号）：表示查找与问号所在位置相同的任意一个字符。例如，"成绩?"将查找到"成绩单""成绩表""成绩册""成绩簿"等。
- *（星号）：表示查找与星号所在位置相同的任意多个字符。例如"*店"将查找到"商店""饭店""商务酒店"等。

（4）常用函数。

1）SUM 函数。

格式：SUM(单元格区域)

功能：求指定单元格区域内所有数值的和。

示例：输入"= SUM(3,5)"，结果为 8。

输入"= SUM(A2:A5)"，结果为"将 A2、A3、A4、A5 单元格的内容相加"。

2）AVERAGE 函数。

格式：AVERAGE(单元格区域)

功能：求指定单元格区域内所有数值的平均值。

示例：输入"=AVERAGE(B2:E9)"，结果为从左上角 B2 到右下角 E9 的矩形区域内所有数值的平均值。

3）MOD 函数。

格式：MOD(除数，被除数)

功能：返回两数相除的余数，结果的正负号与除数相同。

示例：输入"= MOD(6,2)"，结果为 0。

输入"= MOD(10,-3)"，结果为 1。

4）ROW 函数。

格式：ROW(单元格区域)

功能：返回单元格区域左上角的行号，若省略则返回当前行号。

示例：在 C9 单元格中输入公式"=ROW(A3:G7)"，结果为 3；输入"=ROW(B6)"，结果为 6；输入"=ROW()"，结果为 9。

 项目实现

本项目将利用 Excel 制作如图 4-43 所示的"英语成绩表"。

	A	B	C	D	E	F	G	H
1	大学英语期末成绩表							
2	学号	姓名	性别	平时成绩	期末成绩	总评成绩		
3	20160110101	刘芳	女	97	92	94		
4	20160110102	陈念念	女	93	96	94.8		
5	20160110103	马婷婷	女	89	100	95.6		
6	20160110104	黄建	男	90	96	93.6		
7	20160110105	钱帅	男	76	95	87.4		
8	20160110106	郭亚楠	男	98	92	94.4		
9	20160120101	张弛	男	94	98	96.4		
10	20160120102	王慧	女	99	93	95.4		
11	20160120103	李桦	女	99	87	91.8		
12	20160120104	王林峰	男	100	97	98.2		
13	20160120105	吴晓天	男	96	92	93.6		
14	20160120106	徐金凤	女	88	97	93.4		
15	20160120107	张宇	男	90	89	89.4		
16	20160120108	刘梦迪	男	86	83	84.2		

学籍表　英语成绩表

图 4-43　英语成绩表

（1）利用工作表引用和单元格引用完成"英语成绩表"的创建并对表中的数据进行计算和格式化。

（2）利用 ROW 函数和 MOD 函数设置成绩表样式。

（3）对成绩表的数据进行优化。

创建"单科成绩表"

1. 创建单科成绩表

打开"学生管理 .xlsx"工作簿，创建"英语成绩表"工作表并输入数据，操作步骤如下：

（1）打开项目 1 中创建的"学生管理 .xlsx"工作簿，双击 Sheet2 工作表标签，重新命名为"英语成绩表"，执行"文件"→"保存"命令保存工作簿。

（2）在 A1 单元格中输入标题"大学英语期末成绩表"。

（3）在 A2:G2 单元格区域中依次输入学号、姓名、性别、平时成绩、期末成绩、总评成绩。

（4）在 A3 单元格中输入"="，单击"学籍表"工作表标签引用并打开该表，单击 A3 单元格，此时单元格编辑框中显示"学籍表 !A3"，按 Enter 键得到学籍表 A3 单元格的内容。

（5）将鼠标指向 A3 单元格的填充柄，当鼠标指针变为 ✚ 时拖动填充柄至 A46 单元格为止，此时"学号"列将全部引用学籍表的"学号"列内容。

（6）用同样方法，在 B3:B46 单元格区域引用"学籍表"工作表"姓名"列内容，在 C3:C46 单元格区域引用"学籍表"工作表的"性别"列内容，如图 4-44 所示。

（7）单击 D3 单元格，此时鼠标指针显示为 ✚，按住鼠标左键向右拖至 E3 单元格，然后继续向下拖动至 E46 单元格，此时鼠标拖动过的区域为选中区域，活动单元格为 D3。

（8）在 D3 单元格中输入 97，按 Tab 键向右移动到 E3 单元格，输入 92，再次按 Tab 键，光标自动移到 D4 单元格，输入 93，用此方法完成分数的录入，如图 4-45 所示。

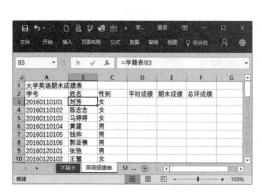

图 4-44　工作表引用效果

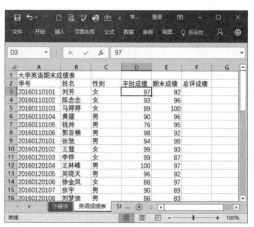

图 4-45　输入成绩

2. 成绩表计算

计算"成绩表"

在"英语成绩表"中计算所有学生的总评成绩，这里：总评成绩 = 平时成绩 ×40%+ 期末成绩 ×60%，操作步骤如下：

（1）选择 F3 单元格，输入"="，单击 D3 单元格，此时单元格周围出现蚁行线，表示引用了该单元格中的数据，再输入"*0.4+"。

（2）单击 E3 单元格，输入"*0.6"，此时 F3 单元格及编辑栏中显示公式为"=D3*0.4+E3*0.6"，如图 4-46 所示。

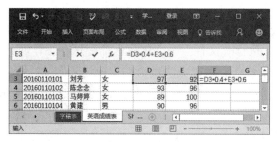

图 4-46　输入公式

（3）单击编辑栏中的"输入"按钮✔，此时 F3 单元格显示计算结果。

（4）将鼠标指针指向 F3 单元格，当鼠标指针变为➕ 时双击填充柄，将 F3 单元格的计算公式自动复制到 F4:F46 单元格区域中。

在"英语成绩表"中，利用函数 AVERAGE 计算"大学英语"这门课程的平均成绩并保留小数点后两位，操作步骤如下：

（1）选择 B47 单元格并输入"平均成绩"，选择 F47 单元格并输入"="。

（2）单击地址栏中的"插入函数"按钮 f_x，弹出"插入函数"对话框，单击"或选择类别"下拉列表框中选择"常用函数"，在"选择函数"列表框中选择 AVERAGE 函数，如图 4-47 所示。

图 4-47　"插入函数"对话框

（3）单击"确定"按钮，弹出"函数参数"对话框，单击"折叠"按钮 ⬆ 折叠"函数参数"对话框，对话框中自动显示计算范围 F3:F46，如图 4-48 所示。

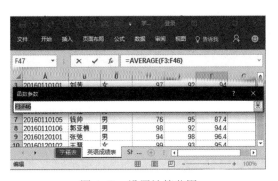

图 4-48　设置计算范围

（4）单击"展开"按钮 展开"函数参数"对话框，单击"确定"按钮计算出"大学英语"的平均成绩，如图 4-49 所示。

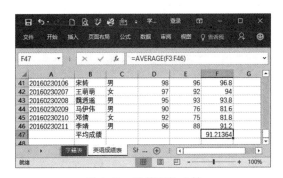

图 4-49　计算平均成绩

（5）设置平均成绩保留小数点后两位。单击"开始"选项卡"数字"组中的"减少小数位数"按钮 →.0 3 次，使结果保留小数点后两位，如图 4-50 所示。

图 4-50　设置小数位数

3. 格式化成绩表

格式化"成绩表"

合并标题并居中，设置标题文字格式为"幼圆，加粗，18 磅，黑色"，设置表头文字格式为"中宋，14 磅，蓝色，水平居中"，设置数据区数据格式为"楷体，12 磅，水平垂直居中"，操作步骤如下：

（1）选择 A1:F1 单元格区域，在"开始"选项卡的"对齐方式"组中单击"合并后居中"按钮，选中的单元格区域被合并为一个单元格，其中的内容居中显示。

（2）单击"开始"选项卡，在"字体"组中设置字体为"幼圆"，字号为 18，单击"加粗"按钮 B 加粗字体。

（3）选择 A2:F2 单元格区域，在"开始"选项卡的"字体"组中，设置字体为"中宋"，字号为 14，单击"字体颜色"按钮 A，设置字体颜色为"蓝色"；在"对齐方式"组中，单击"水平居中"按钮 居中表头。

（4）选择 A3:F46 单元格区域，在"开始"选项卡的"字体"组中，设置字体为"楷体"，字号为 12；在"对齐方式"组中，依次单击"水平居中"按钮 和"垂直居中"按钮 ，将数据在单元格中水平和垂直方向同时居中，效果如图 4-51 所示。

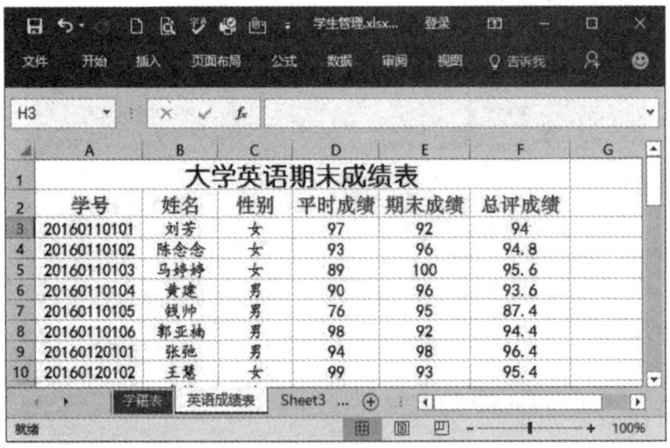

图 4-51　格式化效果

将成绩表的外边框设置为“双细线，黑色”，内边框设置为“单细线，蓝色”，操作步骤如下：

（1）选择 A2:F46 单元格区域，在“开始”选项卡“字体”组的右下角单击“对话框启动器”按钮，弹出“设置单元格格式”对话框；单击“边框”选项卡，在“线条”选项组的“样式”列表框中选择双细线，设置颜色为黑色，在“预置”选项组中单击“外边框”按钮为表格添加外边框，如图 4-52 所示。

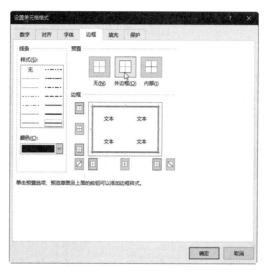

图 4-52　“设置单元格格式”对话框

（2）在“线条”选项组的“样式”列表框中选择单细线，设置颜色为蓝色，在“预置”选项组中单击“内部”按钮为表格添加内边框，单击“确定”按钮，效果如图 4-53 所示。

学号	姓名	性别	平时成绩	期末成绩	总评成绩
20160110101	刘芳	女	97	92	94
20160110102	陈念念	女	93	96	94.8
20160110103	马婷婷	女	89	100	95.6
20160110104	黄建	男	90	96	93.6
20160110105	钱帅	男	76	95	87.4
20160110106	郭亚楠	男	98	92	94.4
20160120101	张弛	男	94	98	96.4
20160120102	王慧	女	99	93	95.4
20160120103	李桦	女	99	87	91.8

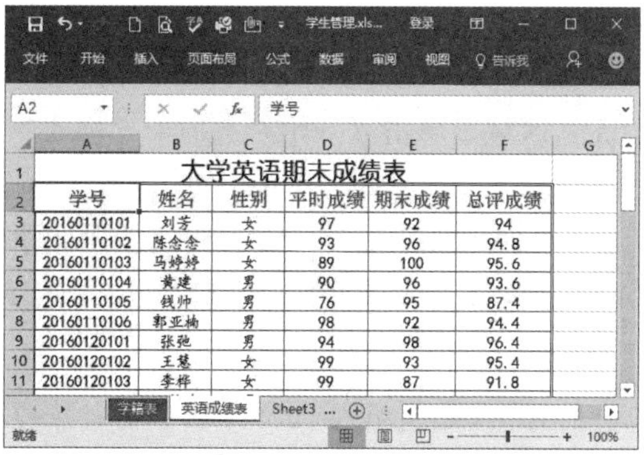

图 4-53　设置边框效果

将成绩表的表头区域套用单元格样式，将其“行高”设置为 30，操作步骤如下：

（1）选择 A2:F2 单元格区域，在“开始”选项卡的“样式”组中单击“单元格样式”按钮，在弹出的下拉列表中选择“主题单元格样式”选项组中的“浅黄，60%- 着色 4”选项，如图 4-54 所示。

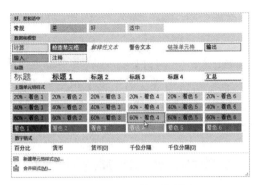

图 4-54　套用单元格样式

（2）在"开始"选项卡的"单元格"组中单击"格式"按钮，在弹出的下拉列表中选择"单元格大小"→"行高"命令，弹出"行高"对话框，输入行高为 30，单击"确定"按钮，效果如图 4-55 所示。

图 4-55　套用样式调整行高效果

利用条件格式和 MOD 函数、ROW 函数将成绩表的奇数行填充为浅绿色，操作步骤如下：

（1）选择 A3:F47 单元格区域，单击"开始"选项卡"样式"组中的"条件格式"按钮，在弹出的下拉列表中选择"新建规则"选项，弹出"新建格式规则"对话框，在"选择规则类型"列表框中选择"使用公式确定要设置格式的单元格"选项，在"为符合此公式的值设置格式"文本框中输入"=MOD(ROW(),2)"，如图 4-56 所示。

专家点睛

ROW() 函数为返回当前行，MOD(ROW(),2) 为取当前行除以 2 的余数，余数为 0 则为偶数行，余数为 1 则为奇数行，条件为真，填充颜色。

（2）单击"格式"按钮弹出"设置单元格格式"对话框，单击"填充"选项卡，在色板中单击"其他颜色"按钮弹出"颜色"对话框，在"标准"选项卡中选择"浅绿色"色块，单击"确定"按钮返回"设置单元格格式"对话框，单击"确定"按钮返回"新建格式规则"对话框。

（3）单击"确定"按钮，成绩表奇数行被填充了浅绿色，如图 4-57 所示。

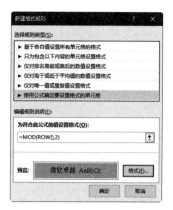

图 4-56　"新建格式规则"对话框

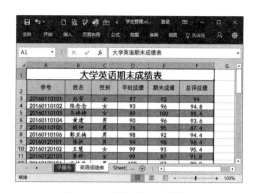

图 4-57　奇数行填充浅绿色

将成绩表表头中的"平时成绩""期末成绩""总评成绩"在单元格中分两行显示，并将所有列的列宽调整为最适合的宽度，操作步骤如下：

（1）双击 D2 单元格调出闪动光标，将插入点定位在"平时"之后（即需要换行的位置），按 Alt+Enter 组合键后单元格的文本被分为两行。

（2）用同样的方法将 E2、F2 单元格内容分为两行显示。

（3）拖动鼠标选择所有列，单击"开始"选项卡"单元格"组中的"格式"按钮，在弹出的下拉列表中选择"单元格大小"→"自动调整列宽"选项，将被选中的列调整到最适合的列宽，效果如图 4-58 所示。

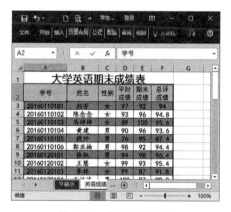

图 4-58　自动调整列宽

项目 3　使用函数统计成绩总表

项目描述

教务处要将各科成绩表进行汇总生成成绩总表，然后利用公式和函数计算每位同学

的总成绩、平均成绩并排名，以及计算每门课程的最高分、最低分、平均分，最后对成绩总表进行筛选和排序。

 项目分析

打开给定"各科成绩表"工作簿，利用工作表复制操作将其余三科成绩表复制到"学生管理"工作簿中，完成各科成绩表的创建。根据各单科成绩表复制得到成绩总表，利用公式和函数计算总成绩、平均成绩并排名，对成绩总表进行排序，查找满足条件的记录，然后格式化成绩总表。

 **相关知识**

1. 工作表的移动

移动操作可以调整当前的工作表排放次序。

（1）在同一个工作簿中移动工作表。在工作表选项卡上单击选中工作表标签，在选中的工作表标签上按住鼠标左键并拖动至所需的位置，松开鼠标左键即可将工作表移动到新的位置。

或者，在选中的工作表标签上右击，在弹出的快捷菜单中选择"移动或复制"选项，弹出如图 4-59 所示的"移动或复制工作表"对话框，在"工作簿"下拉列表框中选择当前工作簿，在"下列选定工作表之前"列表框中选择工作表移动后的位置，单击"确定"按钮。

图 4-59　在同一工作簿中移动工作表

🔊 **专家点睛**

移动后的工作表将插在所选择的工作表之前。在移动过程中，屏幕上会出现一个黑色的小三角形来指示工作表要被插入的位置。

（2）在不同工作簿中移动工作表。在工作表选项卡上选中要移动的工作表标签，单击"开始"选项卡"单元格"组中的"格式"按钮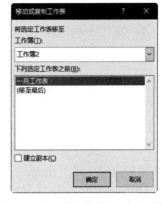，在弹出的下拉列表中选择"移动或复制工作表"选项，弹出如图 4-60 所示的"移动或复制工作表"对话框。在"工作簿"下拉列表框中选择要移至的目标工作簿，在"下列选定工作表之前"列表框中选择工作表移动后的位置，然后单击"确定"按钮。

🔊**专家点睛**

如果在目标工作簿中含有与被移对象同名的工作表，则移动过去的工作表的名字会自动改变。

图 4-60　在不同工作簿中移动工作表

2．工作表的复制

复制操作可以将一张工作表中的内容复制到另一张工作表中，避免了对相同内容的重复输入，从而提高了工作效率。

（1）在同一工作簿中复制工作表。单击选中要复制的工作表的标签，按住 Ctrl 键的同时利用鼠标将选中的工作表沿着标签行拖动至所需的位置，然后松开鼠标左键。

或者，在选中的工作表标签上右击，在弹出的快捷菜单中选择"移动或复制"选项，弹出如图 4-61 所示的"移动或复制工作表"对话框。

在"工作簿"下拉列表框中选择当前工作簿，在"下列选定工作表之前"列表框中选择工作表复制到的位置，勾选"建立副本"复选框，然后单击"确定"按钮。

图 4-61　在同一工作簿中复制工作表

🔊**专家点睛**

使用该方法相当于插入一张含有数据的新表，该张工作表的名字以"源工作表的名字 +（2）"命名。

（2）将工作表复制到其他工作簿中。单击选中要复制的工作表的标签，再单击"开始"选项卡"单元格"组中的"格式"按钮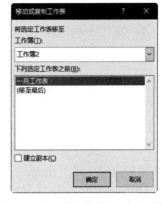，在弹出的下拉列表中选择"移动或复制工作表"选项，弹出"移动或复制工作表"对话框。

在"工作簿"下拉列表框中选择要复制到的目标工作簿，在"下列选定工作表之前"列表框中选择工作表复制到的位置，勾选"建立副本"复选框，如图4-62所示，单击"确定"按钮。

图4-62　在不同工作簿中复制工作表

3. 插入工作表

Excel的所有操作都是在工作表中进行的。在实际工作中往往需要建立多张工作表。

首先选择一张工作表，然后单击"开始"选项卡"单元格"组中的"插入"按钮，在弹出的下拉列表中选择"插入工作表"选项即可在当前工作表之前插入一张新的工作表，新工作表默认名称为Sheet4。

或者，在工作表标签上右击，在弹出的快捷菜单中选择"插入"选项，在弹出的"插入"对话框中选择"工作表"，单击"确定"按钮即可在当前工作表之前插入一张新的工作表。

专家点睛

以上两种方法一次操作只能插入一张工作表，因此只适用于规范工作表数量较少的情况，如果在一个工作簿中需要建立十张以上的工作表，那么使用上述两种方法就比较麻烦了，此时可以采用更改默认工作表数来实现。

4. 删除工作表

（1）删除单张工作表。单击选中要删除的工作表标签，然后单击"开始"选项卡"单元格"组中的"删除"按钮，在弹出的下拉列表中选择"删除工作表"选项。

或者，在要被删除的工作表标签上右击，在弹出的快捷菜单中选择"删除"选项。

专家点睛

在完成以上的删除操作后，被删除的工作表后面的工作表将成为当前工作表。

（2）同时删除多张工作表。选中其中要被删除的一张工作表标签，在按住Ctrl键的同时单击选择其他需要删除的工作表标签，然后按照上述方法进行删除。

专家点睛

一旦工作表被删除便属于永久性删除，无法再找回。

5. 保护工作表

为了防止他人对工作表进行编辑，最好的办法就是设置工作表密码。

打开需要进行保护设置的工作表，单击"审阅"选项卡"更改"组中的"保护工作表"按钮，弹出"保护工作表"对话框，如图4-63所示。

在"取消工作表保护时使用的密码"文本框中输入设置的密码，在"允许此工作表的所有用户进行"列表框中通过勾选不同的选项设置用户对工作表的操作，单击"确定"按钮，弹出"确认密码"对话框，如图4-64所示。在"重新输入密码"文本框中输入刚才设置的密码，单击"确定"按钮即可完成工作表的保护。

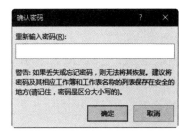

图 4-63　"保护工作表"对话框　　　　图 4-64　"确认密码"对话框

6. 常用函数

（1）MAX 函数。

格式：MAX(单元格区域)

功能：求指定单元格区域内所有数值的最大值。

示例：输入"=MAX(B3:H6)"，结果为从左上角 B3 到右下角 H6 的矩形区域内所有数值的最大值。

　　　　输入"=MAX(3,5,12,33)"，结果为 33。

（2）MIN 函数。

格式：MIN(单元格区域)

功能：求指定单元格区域内所有数值的最小值。

示例：输入"=MIN(B3:H6)"，结果为从左上角 B3 到右下角 H6 的矩形区域内所有数值的最小值。

　　　　输入"=MIN(3,5,12,33)"，结果为 3。

（3）RANK.EQ 函数。

格式：RANK.EQ(数字, 数字列表)

功能：返回一个数字在数字列表中的排位。其大小与列表中的其他值相关，若多个值具有相同的排位，则返回该组数值的最高排位。

（4）COUNT 函数。

格式：COUNT(单元格区域)

功能：计算指定单元格区域内数值型参数的数目。

示例：输入"=COUNT(B3:H3)"，结果为 B3 到 H3 区域内数值型参数的数目。

专家点睛

在数据汇总统计分析中，COUNT 函数和 COUNTIF 函数是非常有用的函数。

（5）COUNTA 函数。

格式：COUNTA(单元格区域)

功能：计算指定单元格区域内非空值参数的数目。

示例：输入"=COUNTA(B3:H3)"，结果为 B3 到 H3 区域内数据项的数目。

（6）IF 函数。

格式：IF(条件表达式 , 表达式 1, 表达式 2)

功能：计算条件表达式的值，如果为 TRUE，则函数的结果为表达式 1 的值，否则函数的结果为表达式 2 的值。

示例：若 B3 单元格的值为 100，则输入"=IF(B3>=90," 优秀 "," 优良 ")"，结果为"优秀"；输入"=IF(AND(B3>=90,B3<=95)," 优良 "," 不确定 ")"，结果为"不确定"。

专家点睛

IF 函数只包含 3 个参数，它们是需要判断的条件、当条件成立时的返回值和当条件不成立时的返回值。当需要判断的条件多于一个时，可以进行 IF 函数的嵌套，但最多只能嵌套 7 层。

利用 value_if_true（条件为 true 时的返回值）和 value_if_false（条件为 false 时的返回值）参数可以构造复杂的检测条件。例如，公式 =IF(B3:B9<60," 差 ", IF(B3:B9<75, " 中 ", IF(B3:B9<85, " 良 "," 好 ")))。

7. 数据排序

排序是将数据列表中的记录按照某个字段名的数据值或条件从小到大或从大到小地进行排列。用来排序的字段名或条件称为排序关键字。

（1）单个关键字排序。当数据列表中的数据需要按照某一个关键字进行升序或降序排列时，只需首先单击该关键字所在列的任意一个单元格，然后单击"数据"选项卡"排序和筛选"组中的"升序"按钮 或者"降序"按钮 。

（2）多个关键字排序。当数据列表中的数据需要按照一个以上的关键字进行升序或降序排列时，可以通过"排序"对话框进行。

首先选定需要排序的单元格区域,单击"数据"选项卡"排序和筛选"组中的"排序"按钮 ，弹出"排序"对话框。在"主要关键字"下拉列表框中选择第一关键字，选择排序依据及次序，然后单击"添加条件"按钮，弹出"次要关键字"行，在"次要关键字"下拉列表框中选择第二关键字，选择排序依据及次序，依此类推。最后勾选"数据包含标题"复选框，表示第一行作为标题行不参与排序,如图 4-65 所示,单击"确定"按钮结束排序。

图 4-65 "排序"对话框

专家点睛

由于数据之间的相关性，有关系的数据都应被选定在排序区域内，否则就不能进行排序操作。例如，如果在数据列表中有 6 列，但在对数据进行排序之前只选定了它们中的 3 列，则剩下的列将不会被排序，从而使排序结果张冠李戴。如果已经产生了这种错误，则单击快速工具栏中的"撤消"按钮 ⤶ 即可还原。

单击"排序"对话框中的"选项"按钮，弹出"排序选项"对话框，如图 4-66 所示，在此可自定义排序次序。可以选择按英文字母排序时是否区分大小写，在排序方向上也可以根据需要"按列排序"或"按行排序"，在排序方法上可以选择按"字母排序"或按"笔画排序"。

图 4-66　"排序选项"对话框

8. 数据筛选

筛选是查找和处理单元格区域中数据子集的快捷方法。筛选与排序不同，它并不重排区域，只会显示出包含某一值或符合一组条件的行而隐藏其他的行。Excel 提供的自动筛选、自定义自动筛选和高级筛选可以满足大部分需要。

（1）自动筛选。自动筛选是指一次只能对工作表中的一个单元格区域进行筛选，包括按选定内容筛选，它适用于简单条件下的筛选。当使用"筛选"命令时，筛选箭头将自动显示在筛选区域中列标签的右侧。

筛选时，首先选择要进行筛选的数据区域，单击"数据"选项卡"排序和筛选"组中的"筛选"按钮 ▼，此时列标题（字段名）的右侧即出现 ▾ 按钮，然后根据筛选条件单击其列标题右侧的 ▾ 按钮进行选择，所需的记录将被筛选出来，其余记录被隐藏。

（2）自定义筛选。在进行数据筛选时，往往会用到一些特殊的条件，用户可以通过自定义筛选器进行筛选。自定义筛选可以显示含有一个值或另一个值的行，也可以显示某个列满足多个条件的行。

首先进行自动筛选操作，然后单击列标题右侧的 ▾ 按钮，在弹出的"列筛选器"中选择"文本筛选"→"自定义筛选"选项，弹出"自定义自动筛选方式"对话框，如图 4-67 所示。

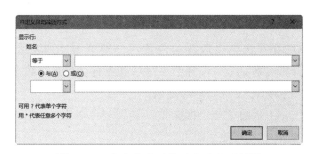

图 4-67　"自定义自动筛选方式"对话框

在下拉列表框中对该字段进行条件设定，然后单击"确定"按钮即可得到筛选出的记录。

📢 专家点睛

如果再次单击"筛选"按钮 ▼ 将取消自动筛选，列标题右侧的 ▾ 按钮将同时消失，数据将全部还原；或者单击"数据"选项卡"排序和筛选"组中的"清除"按钮 🍢，将清除数据范围内的筛选和排序状态。

（3）高级筛选。与以上两种筛选方法相比，高级筛选可以选用更多的筛选条件，并且可以不使用逻辑运算符而将多个筛选条件加以逻辑运算。高级筛选还可以将筛选结果从数据列表中抽取出来并复制到当前工作表的指定位置。

1）条件区域的构成。使用高级筛选时，需要建立一个"条件区域"。条件区域用来指定筛选的数据所必须满足的条件。条件区域的构成如下：

● 在条件区域的首行输入数据列表的被查询的"字段名"，如"基本工资""适当补贴"等，字段名的拼写必须正确并且要与数据列表中的字段名完全一致。

● 条件区域内不一定包含数据列表中的全部字段名，可以使用"复制"和"粘贴"的方法输入需要的字段名，并且不一定按字段名在数据列表中的顺序排列。

● 在条件区域的第二行及其以下各行开始输入筛选的具体条件，可以在条件区域的同一行输入多重条件。在同一行输入的多重条件，其间的逻辑关系是"与"；在不同行输入的多重条件，其间的逻辑关系是"或"。

2）高级筛选的操作。首先在数据列表的空白区域建立条件区域，然后单击"数据"选项卡"排序和筛选"组中的"高级"按钮 🍢，弹出"高级筛选"对话框，如图4-68所示。

图4-68 "高级筛选"对话框

在"方式"栏中选择筛选结果放置的位置，分别单击"列表区域"和"条件区域"右侧的折叠按钮 🔼 打开折叠对话框，选择数据区域和条件区域，勾选"选择不重复的记录"复选框，单击"确定"按钮即可得到筛选结果。

（4）快速筛选。Excel新增了一个搜索框，利用它可以在大型工作表中快速筛选出所需记录。直接在搜索框中输入关键字即可。

项目实现

（1）利用已有的"高等数学""基础会计""计算机基础"等单科成绩表通过工作表复制生成如图4-69所示的成绩总表。

（2）利用函数计算每位同学的总分和平均分，并对每位同学的总分进行排名，以及

计算各门课程的平均分、最高分和最低分。

（3）根据奖学金比例和名次评定奖学金等级。

（4）利用套用表格格式美化成绩总表。

（5）对单科成绩表排序并汇总。

（6）对成绩总表进行筛选，查找满足条件的学生。

	A	B	C	D	E	F	G	H	I	J	K	L
1	2016级学生成绩一览表											
2	学号	姓名	性别	高等数学	大学英语	基础会计	计算机基础	总分	平均分	名次	奖学金	
3	20160110101	刘芳	女	91.2	94	96.2	95.6	377	94.25	2	一等奖	
4	20160110102	陈念念	女	92	94.8	94.8	94.2	375.8	93.95	4	二等奖	
5	20160110103	马婷婷	女	91.6	95.6	94.8	87	369	92.25	15		
6	20160110104	黄媛	男	86.4	93.6	94.4	95.6	370	92.5	12	三等奖	
7	20160110105	钱帅	男	85	87.4	93	88	353.4	88.35	37		
8	20160110106	郭亚楠	男	83.4	94.4	94.6	89.6	362	90.5	27		
9	20160120101	张弛	男	94.2	96.4	92.4	92	375	93.75	5	二等奖	
10	20160120103	王慧	女	96.4	95.4	94.4	95.6	381.8	95.45	1	一等奖	
11	20160120104	李桦	女	92.6	91.8	89.4	93	366.8	91.7	19		
12	20160120104	王林峰	男	83.4	98.2	88	95	364.6	91.15	24		
13	20160120105	吴晓天	男	88.8	93.6	85.6	94.8	362.8	90.7	25		
14	20160120106	徐金凤	女	89.4	93.4	87.2	88	358	89.5	31		

图 4-69 成绩总表

1. 由多工作表生成成绩总表

利用工作表移动和复制操作分别将给定的"高等数学""基础会计""计算机基础"三门单科成绩表复制到"学生管理"工作簿中，操作步骤如下：

（1）打开"各科成绩表"工作簿，右击"高等数学"工作表标签，在弹出的快捷菜单中选择"移动或复制"选项，弹出"移动或复制工作表"对话框，如图 4-70 所示。

（2）在"工作簿"下拉列表框中选择"学生管理 .xlsx"，在"下列选定工作表之前"列表框中选择 Sheet3，勾选"建立副本"复选框，如图 4-71 所示。

图 4-70 "移动或复制工作表"对话框

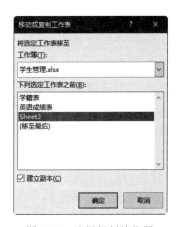

图 4-71 选择复制的位置

（3）单击"确定"按钮，"高等数学"工作表被复制到"学生管理 .xlsx"工作簿中，双击"高等数学"工作表标签，将名称改为"数学成绩表"，执行"文件"→"保存"命令保存工作簿。

（4）用同样的方法，分别将"基础会计"工作表和"计算机基础"工作表复制到"学生管理"工作簿中。

利用复制操作将给定的"英语成绩表""数学成绩表""会计成绩表""计算机成绩表"4个单科成绩表生成成绩总表，操作步骤如下：

（1）打开"学生管理.xlsx"工作簿，双击 sheet3 工作表标签，重新命名为"成绩总表"。

（2）在 A1 单元格中输入标题"2016 级学生成绩一览表"。

（3）单击"英语成绩表"工作表标签，选择 A2:C46 单元格区域，单击"开始"选项卡"剪贴板"组中的"复制"按钮复制所选区域内容到剪贴板，单击"成绩总表"工作表标签打开成绩总表，选择 A2 单元格，单击"开始"选项卡"剪贴板"组中的"粘贴"按钮将所选区域内容复制到指定位置。

（4）单击"开始"选项卡"编辑"组中的"清除"按钮，在弹出的下拉列表中选择"清除格式"选项，清除复制的格式。

（5）选择 D2:G2 单元格区域，依次输入"大学英语""高等数学""基础会计""计算机基础"。

（6）在"英语成绩表"工作表中选择 F3:F46 单元格区域，按 Ctrl+C 组合键复制所选区域内容到剪贴板中，右击"成绩总表"的 D3 单元格，在弹出的快捷菜单中选择"选择性粘贴"→"粘贴数值"选项，复制英语总评成绩。

（7）单击"数学成绩表"工作表标签，选择 F3:F46 单元格区域，按 Ctrl+C 组合键复制所选区域内容到剪贴板中，右击"成绩总表"的 E3 单元格，在弹出的快捷菜单中选择"选择性粘贴"→"粘贴数值"选项，复制高等数学总评成绩。

（8）用同样的方法复制基础会计总评成绩和计算机基础总评成绩到"成绩总表"中。执行"文件"→"保存"命令保存工作簿。

在"学生管理"工作簿中，将"数学成绩表"工作表移至"英语成绩表"工作表之前，在"成绩总表"工作表中将"高等数学"列移至"大学英语"列之前，操作步骤如下：

（1）打开"学生管理.xlsx"工作簿，单击"数学成绩表"工作表标签，按住鼠标左键不放，此时工作表标签左上角出现一个黑色的三角形。

（2）按住鼠标左键向左移动，当黑色三角形移至"英语成绩表"工作表标签左上方时释放鼠标，此时"数学成绩表"工作表就移至"英语成绩表"工作表之前了。

（3）单击"成绩总表"工作表标签打开"成绩总表"工作表，将鼠标指针移至工作表最上方 E 列的列标上单击选择 E 列。

（4）在"开始"选项卡的"剪贴板"组中单击"剪切"按钮，选择 D1 单元格。

（5）在"开始"选项卡的"单元格"组中单击"插入"按钮，此时"高等数学"列就被移至"大学英语"列之前。

2. 成绩总表的统计计算

在"成绩总表"中增加"总分"列和"平均分"列，计算每位同学的总分和平均分，操作步骤如下：

成绩总表的统计计算

（1）打开"成绩总表"工作表，单击 H2 单元格输入"总分"，单击 I2 单元格输入"平均分"。

（2）单击 H3 单元格，在"开始"选项卡的"编辑"组中单击"自动求和"按钮 **Σ**，此时单元格中显示求和函数 SUM，Excel 自动选择了计算范围 D3:G3，在函数下方显示函数的输入格式提示，如图 4-72 所示。

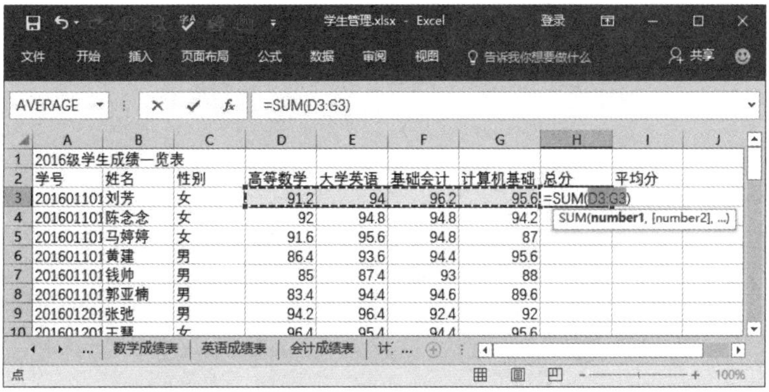

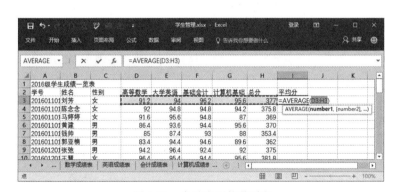

图 4-72　自动求和过程

（3）单击编辑栏中的"输入"按钮 ✔，H3 单元格显示计算结果。

（4）将鼠标指向 H3 单元格右下角的填充柄，当鼠标指针变为 ✚ 时双击填充柄，得到每位同学的总分。

（5）选择 I3 单元格，单击"公式"选项卡"函数库"组中的"自动求和"按钮 **Σ**，在弹出的下拉列表中选择"平均值"，此时单元格中显示平均值函数 AVERAGE，Excel 自动选择了计算范围 D3:H3，在函数下方显示函数的输入格式提示，如图 4-73 所示。

图 4-73　自动求平均值过程

（6）拖动鼠标选择 D3:G3 区域重新设定计算范围，按 Enter 键 I3 单元格显示计算结果。

（7）将鼠标指向 I3 单元格右下角的填充柄，当鼠标指针变为 ✚ 时双击填充柄，得到每位同学的平均分。

在"成绩总表"中增加"名次"列，计算每位同学的总分排名并修改其总分排名，操作步骤如下：

（1）打开"成绩总表"工作表，单击 J2 单元格并输入"名次"。

（2）选择 J3 单元格，单击编辑栏左边的"插入函数"按钮 f_x，弹出"插入函数"对话框，在"或选择类型"下拉列表框中选择"统计"选项，在"选择函数"列表框中选择 RANK.EQ 函数，如图 4-74 所示。

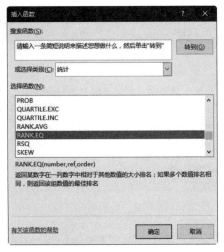

图 4-74 "插入函数"对话框

（3）单击"确定"按钮，弹出"函数参数"对话框，将插入点定位在第一个参数 Number 处，从当前工作表中选择 H3 单元格，再将插入点定位在第二个参数 Ref 处，从当前工作表中选择 H3:H46 单元格区域，如图 4-75 所示。

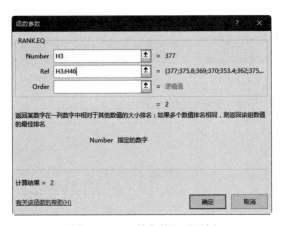

图 4-75 "函数参数"对话框

（4）单击"确定"按钮，在 J3 单元格中返回计算结果 2，单击 J3 单元格，将鼠标指针指向填充柄，双击填充柄复制公式，得到总分排名，如图 4-76 所示。

（5）仔细检查"名次"列，会发现存在多个第 1 名，另外其他名次也有多个重复的，如图 4-77 所示，显然结果不正确，原因在于当公式被复制时，数据范围 H3:H46 应是绝对地址，而实际上是相对地址。

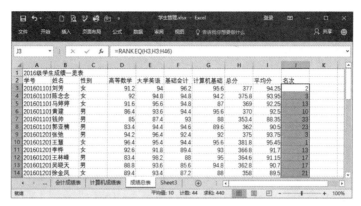

图 4-76　总分排名结果

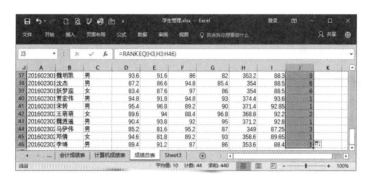

图 4-77　重复的总分排名

（6）选择 J3 单元格，激活编辑栏显示使用的函数，在函数输入格式中单击 Ref 参数，选择对应区域 H3:H46，按 F4 键将选定的区域由相对引用转换为绝对引用 $H$3:$H$46，单击编辑栏中的"输入"按钮✔确认，双击填充柄，仔细观察排名结果，完全正确，如图 4-78 所示。

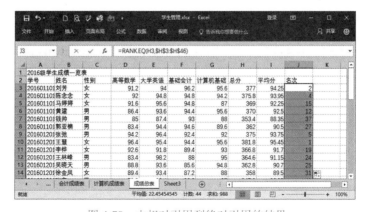

图 4-78　由相对引用到绝对引用的结果

在"成绩总表"中计算各门课程的平均分，结果四舍五入保留两位小数，操作步骤如下：

（1）打开"成绩总表"工作表，单击 A47 单元格并输入"平均分"。

（2）选择 D47 单元格，单击"公式"选项卡"函数库"组中的"自动求和"按钮$\sum$，在弹出的下拉列表中选择"平均值"选项，单元格中显示求平均值函数 AVERAGE，Excel 自动选择了计算范围 D3:D46，按 Enter 键得到计算结果。

（3）将鼠标指针指向 D47 单元格右下角的填充柄，当鼠标指针变为 ╋ 时向右拖动至 G46 单元格，这样其他三门课程的平均分就计算出来了。

（4）选择 D47 单元格，此时编辑栏中显示 =AVERAGE(D3:D46)，选中 AVERAGE(D3:D46)，单击"开始"选项卡"剪贴板"组中的"剪切"按钮 将选定内容剪切到剪贴板中。

（5）单击"公式"选项卡"函数库"组中的"插入函数"按钮 ，弹出"插入函数"对话框，在"搜索函数"文本框中输入"四舍五入"，单击"转到"按钮，Excel 自动搜索相关函数，找到后将近似函数在"选择函数"列表框中列出，选择 ROUND 函数，如图 4-79 所示。

（6）单击"确定"按钮，弹出"函数参数"对话框，将插入点定位在第一个参数处，按 Ctrl+V 组合键将剪贴板中的内容粘贴到该处，在第二个参数处输入 2，如图 4-80 所示。

图 4-79 "插入函数"对话框　　　　　　图 4-80 "函数参数"对话框

（7）单击"确定"按钮，D47 单元格中显示结果 89.59，编辑栏中的公式为 =ROUND(AVERAGE(D3:D46),2)。

（8）将鼠标指针指向 D47 单元格右下角的填充柄，向右拖动至 G47 单元格。

（9）在"开始"选项卡的"数字"组中单击"常规"下拉列表框，在其中选择"数字"选项，可以看到所有平均分都保留两位小数。

在"成绩总表"中计算各门课程的最高分和最低分，操作步骤如下：

（1）打开"成绩总表"工作表，单击 A48 单元格并输入"最高分"，单击 A49 单元格并输入"最低分"。

（2）选择 D48 单元格，单击"公式"选项卡"函数库"组中的"插入函数"按钮 ，弹出"插入函数"对话框，在"或选择类别"下拉列表框中选择"统计"，在"选择函数"

列表框中选择 MAX 函数。

（3）单击"确定"按钮，弹出"插入函数"对话框，在第一参数处显示计算范围 D3:D47，显然不正确，将范围改为 D3:D46，单击"确定"按钮得到计算结果，将鼠标指针指向 D48 单元格右下角的填充柄，向右拖动至 G48 单元格，得到每门课程的最高分。

（4）用同样的方法，选择 D49 单元格，在"插入函数"对话框的"或选择类别"下拉列表框中选择"统计"，在"选择函数"列表框中选择 MIN 函数，计算范围为 D3:D46，单击"确定"按钮得到单门课程的最低分，将鼠标指针指向 D49 单元格右下角的填充柄，向右拖动至 G49 单元格，得到每门课程的最低分，最高分和最低分计算结果如图 4-81 所示。

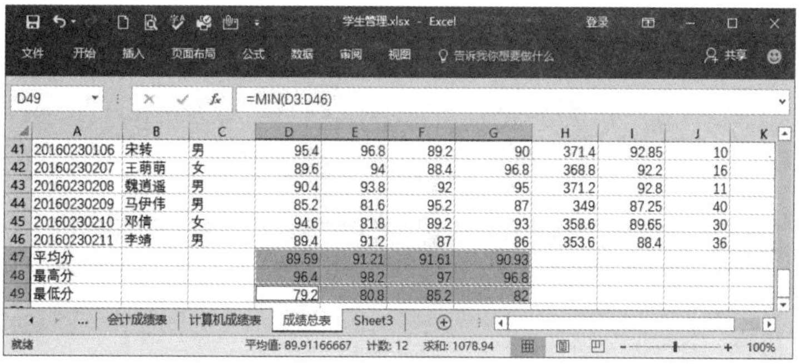

图 4-81　平均分、最高分、最低分计算结果

3. 评定奖学金等级

评定奖学金等级

在"成绩总表"中，根据名次评出上学期的奖学金等级。评选比例：一等奖 5%，二等奖 10%，三等奖 15%，操作步骤如下：

（1）打开"成绩总表"工作表，单击 K2 单元格并输入"奖学金"。

（2）获得奖学金等级人数。选择 M5 单元格，依次输入"等级""人数"和"一等奖""二等奖""三等奖"，如图 4-82 所示。

图 4-82　构建等级人数区域

（3）单击 N6 单元格，输入公式 =ROUND(COUNTA(A3:A46)*5%,0)，如图 4-83 所示，单击编辑栏中的"确认"按钮✔得到一等奖的分配人数。

（4）单击 N6 单元格，拖动其填充柄至 N8 单元格复制公式；单击 N7 单元格，将 5% 修改为 10%，单击编辑栏中的"确认"按钮✓得到二等奖分配人数；单击 N8 单元格，将 5% 修改为 15%，单击编辑栏中的"确认"按钮✓得到三等奖分配人数，如图 4-84 所示。

图 4-83　输入公式

图 4-84　奖学金分配人数

（5）单击 K3 单元格，输入公式 =IF(J3<=$N$6," 一等奖 ",IF(J3<=$N$6+$N$7," 二等奖 ",IF(J3<=$N$6+$N$7+$N$8," 三等奖 ","")))，如图 4-85 所示。

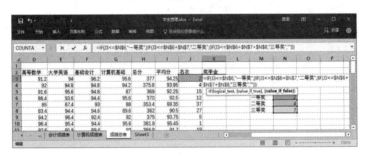

图 4-85　输入公式计算奖学金等级

（6）单击编辑栏中的"确认"按钮✓得到奖学金等级，拖动 K3 单元格填充柄到 K46 单元格得到每个学生的奖学金等级，如图 4-86 所示。

图 4-86　获得奖学金等级

4．美化成绩总表

套用表格格式美化"成绩总表"工作表，操作步骤如下：

美化成绩总表

（1）打开"成绩总表"工作表，选择 A1:K1 单元格区域，单击"开始"选项卡"对齐方式"组中的"合并后居中"按钮 将标题合并单元格后居中对齐，设置标题格式为"幼圆，16 磅"。

（2）在"开始"选项卡的"样式"组中单击"套用表格格式"按钮 ，在下拉列表中选择"浅色"→"浅蓝，表样式浅色 16"选项，如图 4-87 所示。

（3）弹出"创建表"对话框，设置"表数据的来源"为 \$A\$2:\$K\$49，勾选"表包含标题"复选框，如图 4-88 所示。

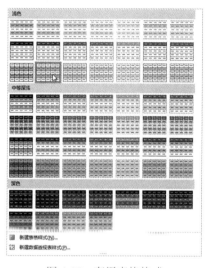

图 4-87　套用表格格式

图 4-88　"创建表"对话框

（4）单击"确定"按钮套用表格格式，从套用效果可以看到，除了应用选择的表格样式外，在每列的列标题右侧还添加了"筛选"按钮，单击"筛选"按钮可以对表格中的数据进行筛选查看。

（5）单击表格区域中的任意单元格，单击"表格工具 / 设计"选项卡"工具"组中的"转换为区域"按钮 ，弹出"是否将表转换为普通区域"对话框，单击"是"按钮，套用表格样式后的效果如图 4-89 所示。

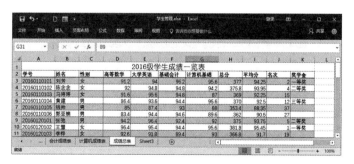

图 4-89　套用表格格式效果

5. 排序单科成绩表

排序单科成绩表

在“英语成绩表”工作表中，按“总评成绩”的降序排列，操作步骤如下：

（1）单击“英语成绩表”工作表标签打开“英语成绩表”工作表，单击“总评成绩”列中的任一单元格。

（2）在“数据”选项卡的“排序和筛选”组中单击“降序”按钮，工作表以记录为单位按照“总评成绩”列值由高到低的降序方式进行排序，如图 4-90 所示。

大学英语期末成绩表

学号	姓名	性别	平时成绩	期末成绩	总评成绩
20160120104	王林峰	男	100	97	98.2
20160210106	赵碧漪	女	94	100	97.6
20160230106	宋铃	男	98	96	96.8
20160120101	张弛	男	94	98	96.4
20160110103	马婷婷	女	89	100	95.6
20160120102	王慧	女	99	93	95.4
20160210105	薛文景	男	98	93	95
20160110102	陈念念	女	93	96	94.8
20160220101	李美华	女	93	96	94.8
20160220105	徐帆	男	97	93	94.6
20160110106	郭亚楠	男	98	92	94.4
20160120111	单红	女	98	92	94.4
20160110101	刘芳	女	97	92	94
20160230207	王萌萌	女	97	92	94
20160230208	魏逍遥	男	95	93	93.8
20160110104	黄建	男	90	96	93.6
20160120105	吴晓天	男	96	92	93.6
20160220106	孙志超	男	99	90	93.6
20160120106	徐金凤	女	88	97	93.4
20160210104	邱静华	男	97	91	93.4

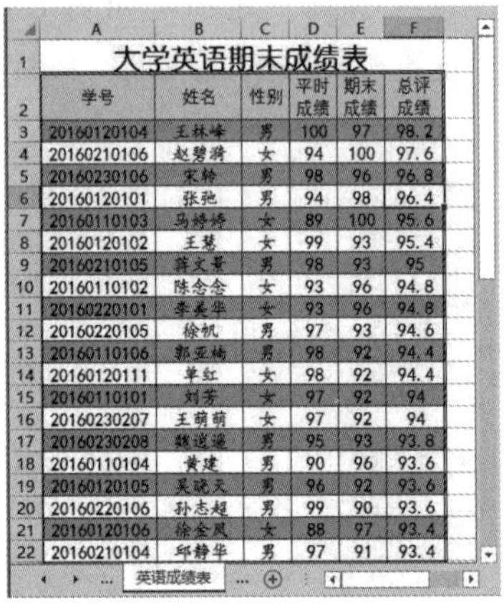

图 4-90　降序排序结果

在“数学成绩表”工作表中，以“性别”为主要关键字升序排列，以“总评成绩”为第二关键字降序排列，以姓名为第三关键字升序排列，并套用表格样式美化该工作表，操作步骤如下：

（1）单击“数学成绩表”工作表标签打开“数学成绩表”工作表，单击工作表中的任一单元格。

（2）在“数据”选项卡的“排序和筛选”组中单击“排序”按钮，弹出“排序”对话框，在“列”区域的“主要关键字”下拉列表框中选择“性别”，在“排序依据”下拉列表框中选择默认值“数值”，在“次序”下拉列表框中选择“升序”。

（3）单击“添加条件”按钮，出现“次要关键字”条件，在“次要关键字”下拉列表框中选择“总评成绩”，在“排序依据”下拉列表框中选择“数值”，在“次序”下拉列表框中选择“降序”。

（4）重复步骤（3），分别选择“姓名”“数值”“升序”，如图 4-91 所示。

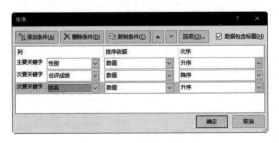

图 4-91　“排序”对话框

（5）单击“确定”按钮，“数学成绩表”工作表的排序结果如图 4-92 所示。

	A	B	C	D	E	F
1	高等数学期末成绩表					
2	学号	姓名	性别	平时成绩	期末成绩	总评成绩
3	20160130101	李阳	男	98	94	95.6
4	20160210104	邱静华	男	95	96	95.6
5	20160230106	宋转	男	93	97	95.4
6	20160220105	徐帆	男	97	94	95.2
7	20160230105	贾宏伟	男	93	96	94.8
8	20160120101	张弛	男	96	93	94.2
9	20160230102	魏明凯	男	90	96	93.6
10	20160210103	黄豆	男	96	91	93
11	20160120109	刘畅	男	90	94	92.4
12	20160120108	刘梦迪	男	86	95	91.4
13	20160210101	赵亮	男	85	95	91
14	20160130102	王辉	男	96	87	90.6
15	20160230208	魏逍遥	男	97	86	90.4

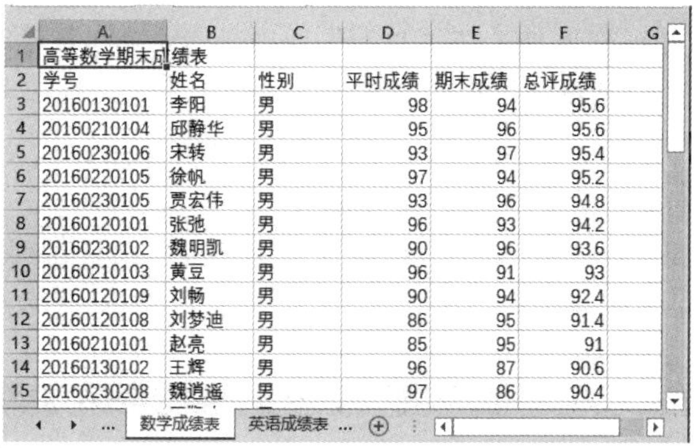

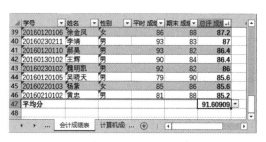

图 4-92　多关键字排序结果

（6）在“数学成绩表”工作表中单击任一单元格，套用“白色，表样式浅色 18”，将表格转换为普通区域。

在“会计成绩表”工作表中，以“总评成绩”为关键字降序排列，并利用套用表格的汇总行计算“基础会计”的平均分，操作步骤如下：

（1）单击“会计成绩表”工作表标签打开“会计成绩表”工作表，单击工作表中的任一单元格，套用表格格式“蓝色，表样式中等深浅 2”。

（2）单击“总评成绩”列标题右侧的下拉按钮▾，在弹出的下拉列表中选择“降序”选项，该列下拉按钮变为↓，表示该列已按降序排列。

（3）单击工作表中的任一单元格，在“表格工具 / 设计”选项卡的“表格样式选项”组中勾选“汇总行”和“最后一列”复选框。

（4）将 A47 单元格文字“汇总”改为“平均分”，选择 D47 单元格，单击其右侧的下拉按钮▾，在弹出的下拉列表中选择“平均值”选项，结果如图 4-93 所示。

	学号	姓名	性别	平时成绩	期末成绩	总评成绩
39	20160120106	徐金凤	女	86	88	87.2
40	20160230211	李靖	男	93	83	87
41	20160120110	郝昊	男	93	82	86.4
42	20160130102	王辉	男	90	84	86.4
43	20160230102	魏明凯	男	92	82	86
44	20160120105	吴晓天	男	79	90	85.6
45	20160220103	杨紫	女	85	86	85.6
46	20160210102	黄忠	男	81	88	85.2
47	平均分					91.60909
48						

图 4-93　排序汇总结果

6. 筛选成绩总表

将“成绩总表”工作表复制一份并将复制的工作表改名为“自动筛选”。在“自动筛选”工作表中筛选满足以下条件的数据记录：姓“刘”或姓名中最后一个字为“华”，其“计算机基础”的成绩在 90（含 90）分以上，“名次”在前 5 的“女”同学，操作步骤如下：

筛选成绩总表

（1）选择"成绩总表"工作表标签，按住 Ctrl 键的同时将"成绩总表"工作表拖动到目标位置后释放，将"成绩总表（2）"工作表重命名为"自动筛选"。

（2）选择 A2:J46 单元格区域，在"数据"选项卡的"排序和筛选"组中单击"筛选"按钮，在所有列标题右侧自动添加筛选按钮。

（3）单击"姓名"列的筛选按钮，在弹出的下拉列表中选择"文本筛选"→"自定义筛选"选项，弹出"自定义自动筛选方式"对话框。

（4）设置第一个条件为"开头是""刘"，单击"或"单选按钮，设置第二个条件为"结尾是""华"，如图 4-94 所示。

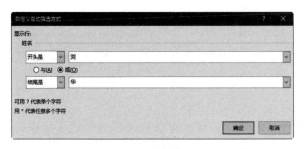

图 4-94 "自定义自动筛选方式"对话框

（5）单击"确定"按钮，此时工作表中，"姓名"字段的筛选按钮变成，满足条件的记录行号变成蓝色，当鼠标指向按钮时，筛选条件将显示出来，如图 4-95 所示。

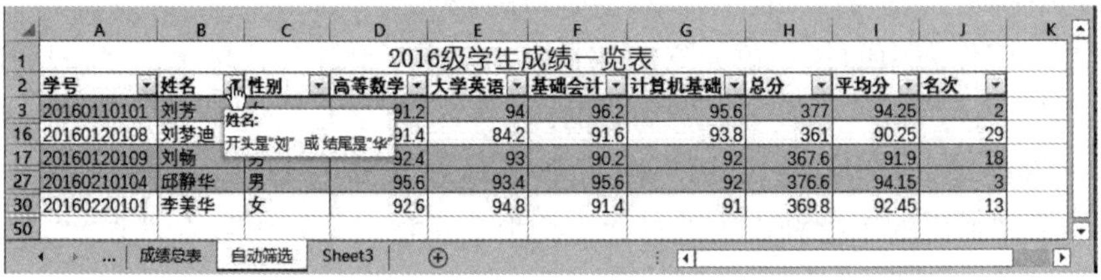

图 4-95 姓名筛选结果

专家点睛

在"自定义自动筛选方式"对话框中，单选按钮"与"表示两个以上条件同时满足，"或"表示两个以上条件满足一个即可。

（6）单击"计算机基础"列的筛选按钮，在弹出的下拉列表中选择"数字筛选"→"大于等于"选项，弹出"自定义自动筛选方式"对话框，输入 90，单击"确定"按钮。

（7）单击"名次"列的筛选按钮，在弹出的下拉列表中选择"数字筛选"→"前 10 项"选项，弹出"自动筛选前 10 个"对话框，设置筛选条件为"最小""5""项"，如图 4-96 所示。

（8）单击"确定"按钮，排名前 5 的显示在表中，单击"性别"列的筛选按钮，在弹出的下拉列表中取消"全选"，勾选"女"复选框，如图 4-97 所示。

（9）单击"确定"按钮，满足筛选条件的记录显示在工作表中，如图 4-98 所示。

图 4-96　"自动筛选前 10 个"对话框　　　　图 4-97　筛选性别为"女"

图 4-98　自动筛选筛选结果

将"成绩总表"工作表复制一份并将复制的工作表改名为"高级筛选",在"高级筛选"工作表中筛选总分小于 350 分的男生或总分大于等于 375 分的女生,操作步骤如下:

(1) 选择"成绩总表"工作表标签,按住 Ctrl 键的同时将"成绩总表"工作表拖动到目标位置后释放,将"成绩总表(2)"工作表重命名为"高级筛选"。

(2) 构造筛选条件,即指定一个条件区域。条件区域与数据区域之间至少应间隔一行或一列,为遵循这个原则,在"高级筛选"工作表中单击 C2 单元格,按住 Ctrl 键单击 H2 单元格,按 Ctrl+C 组合键复制所选单元格内容,单击 L6 单元格,按 Ctrl+V 组合键将复制内容粘贴到 L6:M6 单元格中,设置如图 4-99 所示的条件。

(3) 单击"高级筛选"工作表中的任意单元格,在"数据"选项卡的"排序和筛选"组中单击"高级"按钮，弹出"高级筛选"对话框,同时数据区域被自动选定,选择"将筛选结果复制到其他位置"单选按钮,单击"条件区域"编辑框,拖动鼠标选定 L6:M8 单元格区域,单击"复制到"编辑框,再击 A52 单元格选定存放筛选结果的起始单元格,如图 4-100 所示。

图 4-99　条件区域　　　　　　　图 4-100　"高级筛选"对话框

（4）单击"确定"按钮，满足筛选条件的记录显示在 A52 开始的单元格区域中，如图 4-101 所示。

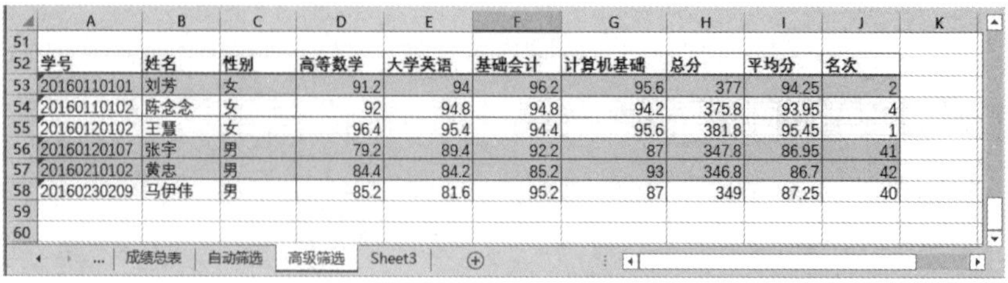

	A	B	C	D	E	F	G	H	I	J	K
51											
52	学号	姓名	性别	高等数学	大学英语	基础会计	计算机基础	总分	平均分	名次	
53	20160110101	刘芳	女	91.2		96.2	95.6	377	94.25	2	
54	20160110102	陈念念	女	92	94.8	94.8	94.2	375.8	93.95	4	
55	20160120102	王慧	女	96.4	95.4	94.4	95.6	381.8	95.45	1	
56	20160120107	张宇	男	79.2	89.4	92.2	87	347.8	86.95	41	
57	20160210102	黄忠	男	84.4	84.2	85.2	93	346.8	86.7	42	
58	20160230209	马伊伟	男	85.2	81.6	95.2	87	349	87.25	40	
59											
60											

成绩总表　自动筛选　高级筛选　Sheet3

图 4-101　高级筛选筛选结果

将"学生管理"工作簿复制一份并将复制的工作簿改名为"学生管理（主题）"，将"学生管理（主题）"工作簿中的所有工作表使用"主题"来统一风格，操作步骤如下：

（1）打开"学生管理 .xlsx"文件，选择"文件"→"另存为"命令将文件另存为"学生管理（主题）.xlsx"。

（2）在"学生管理（主题）.xlsx"工作簿中选择任意一个工作表，在"页面布局"选项卡的"主题"组中单击"主题"按钮，在弹出的下拉列表中选择 Office 选项组中的"包裹"选项，如图 4-102 所示。

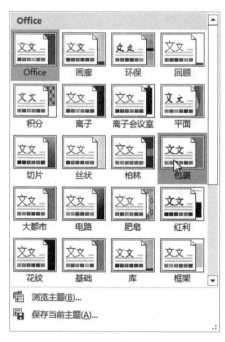

图 4-102　"主题"下拉列表

（3）保存文件，分别切换到不同的工作表中，可以看到凡是设置过单元格格式或套用了表格样式的工作表中的字体、底纹、边框的颜色都已经统一成"包裹"风格，但没有设置单元格格式的工作表只有字体发生了变化。

项目 4　使用图表分析成绩统计表

项目描述

创建成绩统计表，统计总分的平均分、最高分和最低分；统计不同分数段的学生人数；统计参加考试情况，计算优秀率和及格率，并按学校规定的比例确定奖学金获得者名单。

项目分析

新建工作表并重命名为"成绩统计表"，将"成绩总表"的学号、姓名、总分、名次项复制到"成绩统计表"工作表中，利用 AVERAGE 函数统计平均分，利用 MAX 和 MIN 函数计算最高成绩和最低成绩，利用 COUNTA 函数统计奖学金人数，利用 IF 函数获得奖学金名单，利用 COUNTA、COUNTIF、COUNTIFS 函数统计不同分数段的学生人数及考试情况，利用 IF 函数生成成绩等级表，利用条件格式设置成绩总表的显示格式，利用图表进行数据分析。

相关知识

1. 统计函数

（1）COUNTIF 函数。

格式：COUNTIF(单元格区域,条件)

功能：计算给定单元格区域内满足给定条件的单元格的数目。

示例：输入"=COUNTIF(C3:C9,211)"，结果是单元格区域 C3:C9 中值为 211 的单元格的个数。

（2）COUNTIFS 函数。

格式：COUNTIFS(单元格区域,条件)

功能：统计一组给定条件所指定的单元格的数目。

示例：输入"=COUNTIF(C3:C9, ">=0", C3:C9, "<=10")"，结果是单元格区域 C3:C9 中值在大于等于 0 且小于等于 10 范围内的单元格个数。

2. 插入与编辑图表

（1）图表。Excel 工作表中的数据可以用图形的方式来表示。图表具有较好的视觉效果，可方便用户查看数据的差异和预测趋势。例如，用户不必分析工作表中的多个数据列就可以立即看到数据的升降，或者方便地对不同数据项进行比较。

（2）图表的种类。Excel 中可以建立两种图表：嵌入式图表和独立式图表。嵌入式图表与建立工作表的数据共存于同一工作表中，独立式图表则单独存在于另一个工作表中。

（3）图表的类型。Excel 2016 提供了 17 种类型的图表，如下：

1）柱形图：柱形图用于显示一段时间内的数据变化或说明项目之间的比较结果。

2）折线图：折线图显示了相同间隔内数据的预测趋势。

3）饼图：饼图显示构成数据系列的项目相对于项目总和的比例大小。饼图中只显示一个数据系列；当希望强调某个重要元素时，饼图很有用。

4）条形图：条形图显示了各个项目之间的比较情况。纵轴表示分类，横轴表示值。

5）面积图：面积图强调了随时间的变化幅度。由于也显示了绘制值的总和，因此面积图也可显示部分相对于整体的关系。

6）XY 散点图：XY 散点图既可以显示多个数据系列的数值间的关系，也可以将两组数字绘制成一系列的 XY 坐标。

7）地图：地图是微软基于 Bing 地图开发的一款数据可视化工具 PowerMap 针对地理和时间数据跨地理区域绘制来生动形象地展示数据的动态发展趋势。在绘制时需要提供国家 / 地区、州 / 省 / 自治区、县或邮政编码等地理数据信息。地图图表能以更加直观的方式反映与地理位置相关的数据信息。

8）股价图：盘高→盘低→收盘图常用来说明股票价格。

9）曲面图：当希望在两组数据间查找最优组合时，曲面图将会很有用。

10）雷达图：在雷达图中，每个分类都有它自己的数值轴，每个数值轴都从中心向外辐射，而线条则以相同的顺序连接所有的值。

11）树状图：树状图能够凸显在商业中哪些业务、产品或者趋势能产生最大的收益，或者在收入中占据最大的比例。

12）旭日图：旭日图也称太阳图，其层次结构中每个级别的比例通过一个圆环表示，离原点越近代表圆环级别越高，最内层的圆表示层次结构的顶级，然后一层一层去看数据的占比情况。另外，当数据不存在分层时，旭日图也就是圆环图。

13）直方图：直方图能够显示出业务目标趋势以及客户统计，帮助企业更好地了解有需求客户的分布。

14）箱形图：箱形图用于一次性获取一批数据的四分值、平均值、离散值，即最高值、3/4 四分值、平均值、1/2 四分值、1/4 四分值和最低值。

15）瀑布图：瀑布图主要用于展示各个数值之间的累计关系。该图表能够高效地反映出哪些特定信息或趋势能够影响到业务底线，展示出收支平衡、亏损和盈利信息。

16）漏斗图：漏斗图能帮助企业跟踪销售情况。

17）组合图：当需要在图表中体现多个数据维度，譬如需要柱形图、折线图等在同一个图表中呈现时，就需要使用组合图。

每种类型的图表还有若干子类型，如柱形图中有簇状柱形图、堆积柱形图、百分比柱形图、三维簇状柱形图、三维堆积柱形图、三维百分比柱形图和三维柱形图共 7 个子图表类型。

（4）使用一步创建法来创建图表。在工作表上选定要创建图表的数据区域，按 F11 键可插入一张新的独立式图表，该方法只能建立独立式图表。

（5）创建图表。在 Excel 中有两种创建图表的方法：单击“插入”选项卡“图表”组中的图表类型按钮（如“柱形图”按钮），在弹出的下拉列表中选择该类型的具体图表；或者单击“对话框启动器”按钮，通过弹出的“插入图表”对话框创建。

（6）为图表添加标签。为使图表更易于理解，可以为图表添加标签。图表标签主要用于说明图表上的数据信息，它包括图表标题、坐标轴标题、数据标签等。

专家点睛

默认情况下，数据标签所显示的值与工作表中的值是相连的，在对这些值进行更改时数据标签会自动更新。

（7）为图表添加趋势线。趋势线是以图形的方式表示数据系列的变化趋势并预测以后的数据。若在实际工作中需要利用图表进行回归分析，则可以在图表中添加趋势线。

（8）为图表添加误差线。在 Excel 中误差线的添加方法与趋势线相同。

制作成绩统计表

项目实现

本项目将利用 Excel 制作如图 4-103 所示的成绩统计表。

（1）利用已有的“成绩总表”工作表通过单元格引用创建成绩统计表。

（2）利用单元格引用获得年级平均分、最高分和最低分。

（3）利用函数获得不同考试情况的人数。

（4）利用函数计算各分数段的人数。

（5）利用公式计算优秀率和及格率。

2016级学生成绩统计表				
课程	高等数学	大学英语	基础会计	计算机基础
年级平均分	89.59	91.21	91.61	90.93
年级最高分	96.4	98.2	97	96.8
年级最低分	79.2	80.8	85.2	82
应考人数	44	44	44	44
参考人数	44	44	44	44
[illegible]	0	0	0	0
90-100（人）	24	30	27	27
75-90（人）	20	14	17	17
60-75（人）	0	0	0	0
低于60（人）	0	0	0	0
优秀率	54.55%	68.18%	61.36%	61.36%
及格率	100.00%	100.00%	100.00%	100.00%

成绩统计表

图 4-103　成绩统计表

（6）利用 IF 函数生成如图 4-104 所示的课程等级表。

学号	姓名	性别	高等数学	大学英语	基础会计	计算机基础
201601101	刘芳	女	A	A	A	A
201601101	陈念念	女	A	A	A	A
201601101	马婷婷	女	A	A	A	B
201601101	黄建	男	B	A	A	A
201601101	钱帅	男	B	B	A	B
201601101	郭亚楠	男	B	A	A	B
201601201	张弛	男	A	A	A	A
201601201	王慧	女	A	A	A	A
201601201	李桦	女	A	A	B	A
201601201	王林峰	男	B	A	B	A
201601201	吴晓天	男	B	A	B	A
201601201	徐金凤	女	B	A	B	B

成绩总表　成绩统计表　课程等级表

图 4-104　课程等级表

（7）利用条件格式对成绩总表设置显示格式。

（8）利用图表统计分析成绩统计表。

1．创建成绩统计表

创建成绩统计表

打开成绩总表，利用工作表引用操作生成成绩统计表，操作步骤如下：

（1）打开"学籍管理"工作簿，单击工作表标签栏中的"新工作表"按钮⊕新建一张空白工作表，双击工作表标签工作表名反白显示，输入新工作表名"成绩统计表"。

（2）单击 A1 单元格，输入"2016 级学生成绩统计表"，单击 A2 单元格，输入"课程"，单击 B2 单元格，输入"="，单击"成绩总表"标签切换到"成绩总表"，再单击 D2 单元格，此时编辑栏显示"= 显示成绩总表 !D2"，单击"输入"按钮✔，此时切换到"成绩统计表"，在 B2 单元格中显示"高等数学"。

（3）同样原理，依次引用"成绩总表"的 E2、F2、G2 单元格内容，如图 4-105 所示。

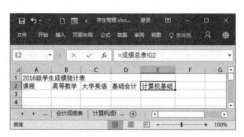

图 4-105　引用单元格结果

（4）单击 A3 单元格，向下依次输入"年级平均分""年级最高分""年级最低分""应考人数""参考人数""缺考人数""90-100（人）""75-90（人）""60-75（人）""低于 60（人）""优秀率""及格率"。

（5）选择 A1:E1 单元格区域，在"开始"选项卡的"对齐方式"组中单击"合并后居中"按钮⊟合并选定单元格，内容居中。

（6）选择 A2:E2 单元格区域，按住 Ctrl 键，再选择 A3:A14 单元格区域，在"开始"选项卡的"样式"组中单击"单元格样式"按钮⊡，在弹出的下拉列表中选择主题单元格样式中的"60%- 着色 4"，效果如图 4-106 所示。

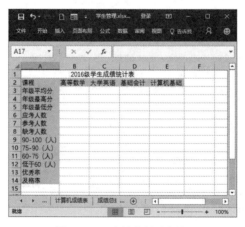

图 4-106　成绩统计表框架

2．统计年级最高分和最低分

打开成绩总表，利用单元格引用将 4 门课程的年级平均分、最高分和最低分引用到"成绩统计表"中，操作步骤如下：

统计年级最高分和最低分

（1）在"成绩统计表"中，单击 B3 单元格，输入"="；单击"成绩总表"工作表标签，在"成绩总表"中单击该课程对应的平均分单元格 D47，如图 4-107 所示。

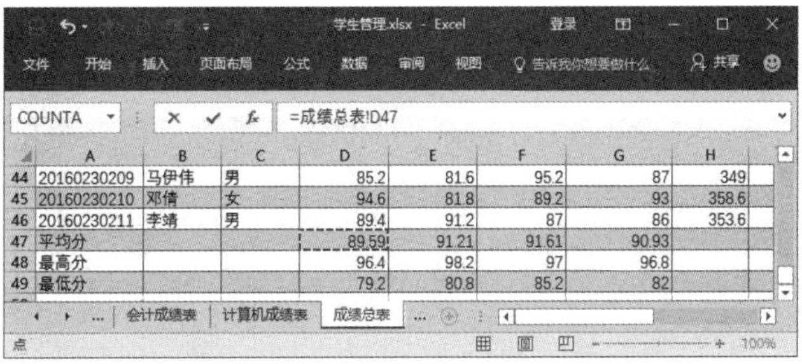

图 4-107　引用"成绩总表"中的数据

（2）按 Enter 键确认，此时在"成绩统计表"中 B3 单元格显示成绩，同时在编辑栏中显示公式"=成绩总表!D47"，如图 4-108 所示。

图 4-108　引用数据的结果

（3）拖动 B3 单元格填充柄向右至 E3 单元格，得到 4 门课程的年级平均分。

（4）选择 B3:E3 单元格区域，将鼠标指针指向填充柄，向下拖动至 E5 单元格，分别得到 4 门课程的年级最高分和最低分，如图 4-109 所示。

图 4-109　引用数据的全部结果

3. 统计不同情况的考试人数

统计不同情况的考试人数

打开成绩统计表，利用 COUNT、COUNTA 函数统计不同情况的考试人数，操作步骤如下：

（1）在"成绩统计表"中，单击 B6 单元格，在"公式"选项卡的"函数库"组中单击"其他函数"按钮▦，在弹出的下拉列表中选择"统计"→ COUNTA 选项，弹出"函数参数"对话框。

（2）单击 Value1 处，删除默认参数，单击"成绩总表"工作表标签，在"成绩总表"中用鼠标重新选择参数范围 B3:B46，如图 4-110 所示。

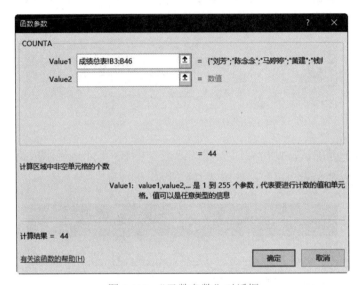

图 4-110 "函数参数"对话框

（3）单击"确定"按钮，应考人数显示在 B6 单元格中，拖动 B6 单元格填充柄到 E6 单元格，得到 4 门课程的应考人数。

（4）单击 B7 单元格，在"开始"选项卡的"编辑"组中单击"自动求和"按钮Σ右侧的下拉按钮，在弹出的下拉列表中选择"计数"选项，单击"成绩总表"工作表标签，在"成绩总表"中用鼠标重新选择参数范围 D3:D46，此时编辑栏中的函数为"=COUNT(成绩总表 !D3:D46)"，单击"输入"按钮✔，此时 B7 单元格显示参考人数。

（5）拖动 B7 单元格填充柄到 E7 单元格，得到 4 门课程的参考人数。

🐘 专家点睛

COUNT 函数与 COUNTA 函数都是返回指定范围内单元格的数目，但 COUNT 返回的是包含数字的单元格的个数，而 COUNTA 返回的是非空值单元格的个数，因此选取范围的数据类型很重要。

（6）由于缺考人数是应考人数与参考人数的差，因此，单击 B8 单元格，输入"="，单击 B6 单元格，输入"-"，再单击 B7 单元格，按 Enter 键得到缺考人数。

（7）拖动 B8 单元格填充柄到 E8 单元格，得到 4 门课程的缺考人数。

4. 统计不同分数段人数

打开成绩统计表，利用 COUNTIF、COUNTIFS 函数统计 4 门课程
的不同分数段人数，操作步骤如下：

（1）在"成绩统计表"中，单击 B9 单元格，单击编辑栏中的"插
入函数"按钮 *fx*，弹出"插入函数"对话框，在"或选择类别"中选择"统计"，在"选
择函数"列表框中选择 COUNTIF，单击"确
定"按钮，弹出"函数参数"对话框。

（2）单击 Range 参数处，选择统计范
围，单击"成绩总表"工作表标签，选择
D3:D46 单元格区域，将光标定位在 Criteria
参数处，设置统计条件，输入">=90"，如
图 4-111 所示。

（3）单击"确定"按钮，90 分以上人
数显示在 B9 单元格中，拖动 B9 单元格填
充柄到 E9 单元格，得到 4 门课程 90 分以上
的人数。

图 4-111　"函数参数"对话框

（4）用同样的方法求低于 60 分人数。单击 B12 单元格，再单击编辑栏中的"插入函
数"按钮 *fx*，弹出"插入函数"对话框，在"或选择类别"中选择"统计"，在"选择函数"
列表框中选择 COUNTIF，单击"确定"按钮，弹出"函数参数"对话框。

（5）单击 Range 参数处，再单击"成绩总表"工作表标签，选择 D3:D46 单元格区域，
将光标定位在 Criteria 参数处，输入"<60"，单击"确定"按钮，60 分以下人数显示在
B12 单元格中，拖动 B12 单元格填充柄到 E12 单元格，得到 4 门课程低于 60 分的人数。

（6）单击 B10 单元格，再单击编辑栏中的"插入函数"按钮 *fx*，弹出"插入函数"
对话框，在"或选择类别"中选择"统计"，在"选择函数"列表框中选择 COUNTIFS，
单击"确定"按钮，弹出"函数参数"对话框。

（7）单击 Criteria_range1 参数处，再单击"成绩总表"工作表标签，选择 D3:D46 单
元格区域，将光标定位在 Criteria1 参数处，
输 入 ">=75"， 单 击 Criteria_range2 参 数
处，再单击"成绩总表"工作表标签，选择
D3:D46 单元格区域，将光标定位在 Criteria2
参数处，输入"<90"，如图 4-112 所示。

（8）单击"确定"按钮，75 ～ 90 分数
段的人数显示在 B10 单元格中，拖动 B10
单元格填充柄到 E10 单元格，得到 4 门课程
75 ～ 90 分数段的人数。

（9）用同样的方法得到 4 门课程 60 ～
75 分数段人数，如图 4-113 所示。

图 4-112　"函数参数"对话框

图 4-113　分数段统计结果

5. 统计优秀率和及格率

统计优秀率和及格率

打开"成绩统计表"，计算 4 门课程的优秀率和及格率，操作步骤如下：

（1）在"成绩统计表"中，单击 B13 单元格，输入"="，单击 B9 单元格，引用优秀人数，输入"/"，单击 B7 单元格，引用参考人数，按 Enter 键得到优秀率。

（2）拖动 B13 单元格填充柄到 E13 单元格，得到 4 门课程的优秀率。

（3）单击 B14 单元格，输入"=1-"，单击 B12 单元格，引用不及格人数，输入"/"，单击 B7 单元格，引用参考人数，按 Enter 键得到及格率。

（4）拖动 B14 单元格填充柄到 E14 单元格，得到 4 门课程的及格率。

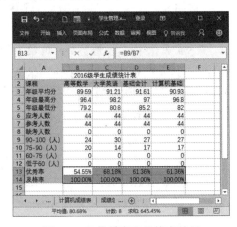

图 4-114　优秀率和及格率结果

（5）选择 B13:E14 单元格区域，在"开始"选项卡的"数字"组中单击"数字格式"下拉按钮，在弹出的下拉列表中选择"百分比"选项，得到按百分比显示的优秀率和及格率，如图 4-114 所示。

6. 制作课程等级表

制作课程等级表

打开"成绩总表"，利用单元格复制操作创建等级表结构并删除单元格数据，利用 IF 函数的嵌套并依据成绩总表数据所在范围转换为等级值，要求 90 分以上为 A 等，75 ～ 90 分为 B 级，60 ～ 75 分为 C 级，60 分以下为 D 级，操作步骤如下：

（1）打开"学生管理"工作簿，新建空白工作表并将其改名为"课程等级表"。

（2）在"成绩总表"工作表中，选择 A2:G46 单元格区域，在"开始"选项卡的"剪贴板"组中单击"复制"按钮复制选定区域内容，在"课程等级表"中单击 A1 单元格，在"开始"选项卡的"剪贴板"组中单击"粘贴"下拉按钮，在弹出的下拉列表中选择"粘贴数值"选项。

（3）在"课程等级表"中，选择 D2:G45 单元格区域，按 Delete 键删除选定区域内容。

（4）选择 D2 单元格，在"公式"选项卡的"函数库"组中单击"逻辑"按钮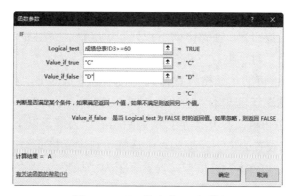，在弹出的下拉列表中选择 IF 命令，弹出"函数参数"对话框。

（5）将光标定位在 Logical_test 参数处，单击"成绩总表"工作表标签，选择 D3 单元格，输入 >=90，将光标定位在 Value_if_true 参数处，输入 A。

（6）将光标定位在 Value_if_false 参数处，单击"名称框"中的 IF，又弹出一个"函数参数"对话框，将光标定位在 Logical_test 参数处，单击"成绩总表"中的 D3 单元格，输入 >=75，将光标定位在 Value_if_true 参数处，输入 B。

（7）将光标定位在 Value_if_false 参数处，单击"名称框"中的 IF，再弹出一个"函数参数"对话框，将光标定位在 Logical_test 参数处，单击"成绩总表"中的 D3 单元格，输入 >=60，将光标定位在 Value_if_true 参数处，输入 C，将光标定位在 Value_if_false 参数处，输入 D，如图 4-115 所示。

图 4-115　"函数参数"对话框

（8）单击"确定"按钮，所选单元格的等级显示出来，此时编辑框显示 IF 函数的嵌套引用，如图 4-116 所示。

图 4-116　IF 函数嵌套引用公式和结果

（9）向右拖动 D2 单元格的填充柄至 G2 单元格，然后双击填充柄，在"课程等级表"工作表中得到 4 门课程的等级成绩，如图 4-117 所示。

（10）在"开始"选项卡的"样式"组中单击"套用表格格式"按钮，在弹出的下拉列表中选择"表样式浅色9"并将表格转换为普通区域。

图4-117 4门课程的等级

在课程等级表中，利用条件格式将4门课程中所有B等的单元格设置为"浅红填充色深红色文本"，将所有A等的单元格设置为"黄色底纹绿色加粗字体"，操作步骤如下：

1）在"课程等级表"工作表中，选择D2:G45单元格区域，在"开始"选项卡的"样式"组中单击"条件格式"按钮，在弹出的下拉列表中选择"突出显示单元格规则"→"等于"选项，弹出"等于"对话框。

2）在"为等于以下值的单元格设置格式"文本框中输入B，在"设置为"下拉列表框中选择"浅红填充色深红色文本"选项，如图4-118所示。

3）单击"确定"按钮再次打开"等于"对话框，在"为等于以下值的单元格设置格式"文本框中输入A，在"设置为"下拉框列表中选择"自定义格式"选项，弹出"设置单元格格式"对话框，单击"字体"选项卡，设置字形为"加粗"，颜色为"绿色"，单击"填充"选项卡，设置填充色为"黄色"，如图4-119所示。

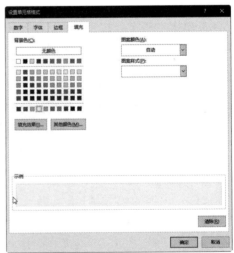

图4-118 "等于"对话框   图4-119 "设置单元格格式"对话框

4）单击"确定"按钮返回"等于"对话框，如图4-120所示。

5）单击"确定"按钮，结果如图 4-121 所示。

图 4-120　"等于"对话框

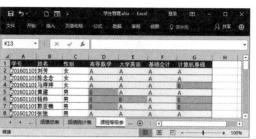

图 4-121　A 等 B 等条件格式结果

7. 利用条件格式设置成绩总表格式

利用条件格式设置
成绩总表格式

打开"成绩总表"，复制工作表并重命名为"成绩表"，利用条件格式将获得一等奖的女生以浅红色背景显示，操作步骤如下：

（1）打开"成绩总表"工作表，将鼠标指针指向工作表标签并右击，在弹出的快捷菜单中选择"移动或复制"选项，弹出"移动或复制工作表"对话框，在"下列选定工作表之前"列表框中选择"成绩统计表"，勾选"建立副本"复选框，如图 4-122 所示。

（2）单击"确定"按钮，复制"成绩总表"工作表并将其重命名为"成绩表"。

（3）在成绩表中，选定 A3:K46 单元格区域，在"开始"选项卡的"样式"组中单击"条件格式"按钮，在弹出的下拉列表中选择"突出显示单元格规则"→"其他规则"选项，弹出"新建格式规则"对话框。

（4）在"选择规则类型"列表框中选择"使用公式确定要设置格式的单元格"，在"为符合此公式的值设置格式"文本框中输入"=AND($C3=" 女 ", $K3=" 一等奖 ")"。

（5）单击"格式"按钮，弹出"设置单元格格式"对话框，在"填充"选项卡中单击"其他颜色"按钮，弹出"颜色"对话框，选择"浅红色"，连续单击两次"确定"按钮返回"新建格式规则"对话框，如图 4-123 所示。

图 4-122　"移动或复制工作表"对话框

图 4-123　"新建格式规则"对话框

（6）单击"确定"按钮，结果如图 4-124 所示。

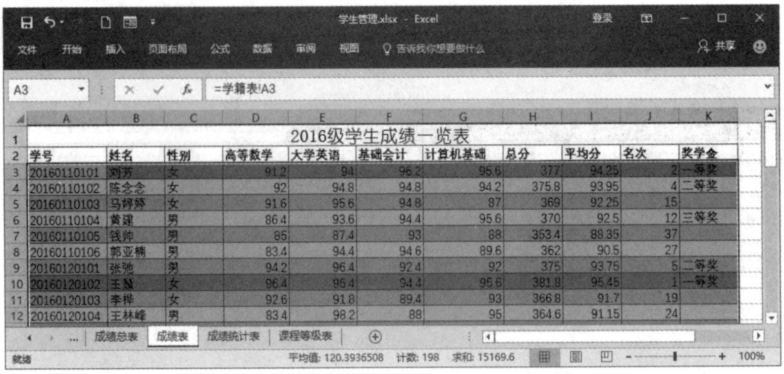

图 4-124 "一等奖女生"结果

在"成绩表"工作表中,利用条件格式的图标集将前 10 名用✅表示,后 10 名用❌表示,其余名次用❗表示，操作步骤如下：

（1）打开"成绩表"工作表，选择 J3:J46 单元格区域，在"开始"选项卡的"样式"组中单击"条件格式"按钮，在弹出的下拉列表中选择"图标集"→"标记"选项组的第 1 组。

（2）再次单击"条件格式"按钮,在弹出的下拉列表中选择"管理规则"选项,弹出"条件格式规则管理器"对话框，单击"编辑规则"按钮，弹出"编辑格式规则"对话框。

（3）在"根据以下规则显示各个图标"区域中，首先在"类型"下拉列表框中选择"数字"选项，在"图标"下拉列表框中依次选择❌、❗、✅，在"值"区域中依次输入 36、10，如图 4-125 所示。

图 4-125 "编辑格式规则"对话框

（4）单击"确定"按钮返回"条件格式规则管理器"对话框，单击"确定"按钮，结果如图 4-126 所示。

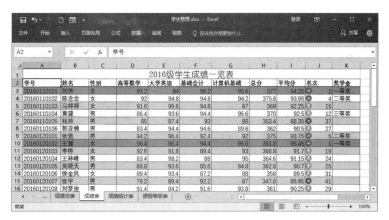

利用图表分析
成绩统计表数据

图 4-126　图标集结果

8. 利用图表分析成绩统计表数据

在"成绩统计表"中，根据年级平均分、最高分和最低分制作图表，要求图表类型为"簇状柱形图"，图表布局为"布局9"，图表样式为"样式14"，操作步骤如下：

（1）打开"成绩统计表"工作表，选择 A2:E5 单元格区域，在"插入"选项卡的"图表"组中单击"推荐的图表"按钮，弹出"插入图表"对话框，选择"簇状柱形图"，单击"确定"按钮，得到的图表如图 4-127 所示。

（2）在"图表工具 / 设计"选项卡的"图表布局"组中单击"快速布局"按钮展开图表布局列表，选择"布局9"选项。

（3）在"图表样式"组中单击列表框右侧的"其他"按钮展开"图表样式"列表，选择"样式14"，如图 128 所示。

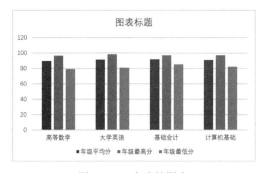

图 4-127　生成的图表

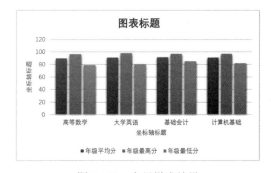

图 4-128　布局样式效果

（4）单击"图表标题"，输入"课程成绩分析"，分别单击横、竖坐标轴标题，依次输入"科目""成绩"，如图 4-129 所示。

在"成绩统计表"中，为图表添加"模拟运算表"并将图例的位置移至图表顶部，操作步骤如下：

（1）单击图表，在"图表工具 / 设计"选项卡的"图标布局"组中单击"添加图表元素"→"数据表"→"其他模拟运算表选项"命令在图表下方添加"模拟运算表"，如

图 4-130 所示。

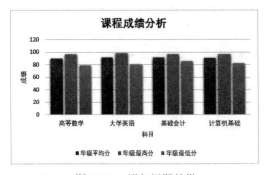

图 4-129　添加标题效果

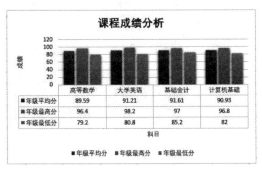

图 4-130　添加模拟运算表

（2）单击图表，在"图表工具/设计"选项卡的"图标布局"组中单击"添加图表元素"→"图例"→"顶部"命令将图例移至图表顶部。

在"成绩统计表"中，将图表类型改为"三维簇状柱形图"，将图表移至新工作表中，并将工作表命名为"成绩统计图"，操作步骤如下：

（1）单击图表，在"图表工具/设计"选项卡的"类型"组中单击"更改图表类型"按钮▇，在弹出的"更改图表类型"对话框中选择"三维簇状柱形图"，如图 4-131 所示。

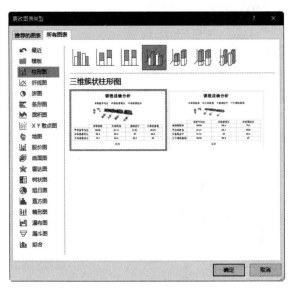

图 4-131　"更改图表类型"对话框

（2）单击"确定"按钮，将图表类型改为"三维簇状柱形图"，选择图表，在"开始"选项卡的"剪贴板"组中单击"剪切"按钮✂，在标签行单击"新工作表"按钮⊕新建工作表。

（3）在新工作表中，单击"开始"选项卡"剪贴板"组中的"粘贴"按钮📋将图表移至新工作表中，双击新工作表标签反白显示，输入工作表名为"成绩统计图"，如图 4-132 所示。

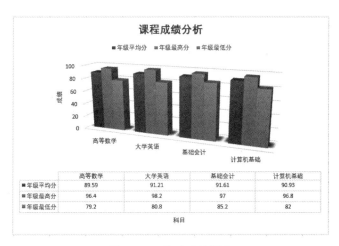

图 4-132 修改后的图表

在"成绩统计图"工作表中，调整图表三维视图的角度，修改图例颜色，将纵向坐标轴标题横向显示，操作步骤如下：

（1）选择图表并右击，在弹出的快捷菜单中选择"三维旋转"选项，打开"设置图表区格式"任务窗格，在"三维旋转"设置界面中勾选"直角坐标轴"复选框，如图 4-133 所示。

（2）选择图表，在"图表工具/设计"选项卡的"图表样式"组中单击"更改颜色"按钮，在弹出的下拉列表中选择"彩色调色板 3"。

（3）单击纵轴坐标轴标题"成绩"，在"图表工具/格式"选项卡的"当前所选内容"组中单击"设置所选内容格式"按钮，打开"设置坐标轴标题格式"任务窗格，设置文字方向为"横排"，如图 4-134 所示。

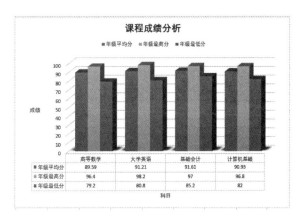

图 4-133 "设置图表区格式"任务窗格　　　图 4-134 图表视图角度及颜色、坐标轴标题效果

在"成绩统计图"工作表中，设置"图表区"和"背景墙"的填充效果，修饰图表标题，

操作步骤如下：

（1）选择图表，在"图表工具/格式"选项卡的"当前所选内容"组中设置"图表元素"为"图表区"，单击"设置所选内容格式"按钮 打开"设置图表区格式"任务窗格。

（2）在"填充"设置界面中选择"渐变填充"，在"预设渐变"中选择"顶部聚光灯 - 个性色 1"，"类型"为"射线"，"方向"为"从左下角"，在"边框"设置界面中选择"实线"，设置颜色为"蓝色"。

（3）再次设置"图表元素"为"背景墙"，单击"设置所选内容格式"按钮 打开"设置背景墙格式"任务窗格。

（4）在"填充"设置界面中选择"图片或纹理填充"，在"纹理"中选择"纸袋"，在"边框"设置界面中设置"黄色"的"实线"。

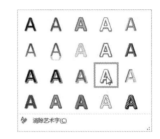

（5）选择图表标题"课程成绩分析"，在"开始"选项卡的"字体"组中设置字体为"隶书"，大小为"28 磅"。

（6）单击图表标题，在"图表工具/格式"选项卡的"艺术字样式"组中单击"其他"按钮 ，在展开的面板中选择"填充白色，边框橙色"，如图 4-135 所示。

图 4-135　"艺术字样式"面板

（7）依次单击坐标轴标题及模拟运算表，单击"文本填充"按钮 ，设置填充色为"黑色"，效果如图 4-136 所示。

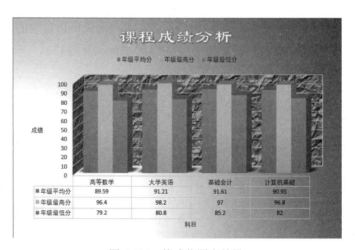

图 4-136　格式化图表效果

在"成绩统计图"工作表中为图表添加数据标签，操作步骤如下：

（1）选择图表，单击"图表工具/设计"选项卡"图表布局"组中的"添加图表元素"按钮 ，在弹出的下拉列表中选择"数据标签"→"其他数据标签选项"选项打开"设置数据标签格式"任务窗格。

（2）勾选"值"复选框，在"开始"选项卡的"字体"组中设置标签为"白色 11 磅"，此时数据标签将显示在图表的数据系列中，如图 4-137 所示。

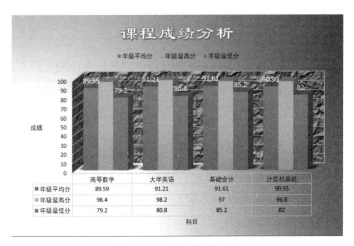

图 4-137　添加数据标签

项目 5　使用透视表管理成绩总表

 **项目描述**

教务处想对不同专业的学生成绩进行管理和分析，统计出不同专业人数及平均成绩，而学生处也想对不同辅导员管理的学生进行管理，统计出不同辅导员管理的学生人数和平均成绩，并由数据透视图或数据透视表来体现。

 **项目分析**

复制"成绩总表"并重命名为"各专业成绩表"，将"各专业成绩表"的名次和奖学金列删除，添加所学专业和辅导员列，并利用 VLOOKUP 函数获得该列的内容，利用 SUMIF 和 SUMIFS 函数计算不同专业各门课程的总分或不同专业不同辅导员各门课程的总分，利用数据透视表来统计出不同专业人数及平均成绩和不同辅导员管理的学生人数及平均成绩。

 **相关知识**

1. 常用函数

（1）VLOOKUP 函数。

格式：VLOOKUP（查找目标，查找区域，相对列数，TRUE 或 FALSE)

功能：在指定查找区域内查找指定的值并返回当前行中指定列处的数值。VLOOKUP

函数是常用的函数之一，它可以指定位置查找和引用数据；进行表和表的核对；利用模糊运算进行区间查询。

示例：输入"=VLOOKUP(B2,$D$2:$F$9,2,0)"，结果为在 D2:F9 范围内精确查找与 B2 值相同的在第 2 列的数值。

（2）SUMIF 函数。

格式：SUMIF(单元格区域 1, 条件, 单元格区域 2)

功能：对单元格区域 1 范围内的单元格进行条件判断，将满足条件的对应的单元格区域 2 中的单元格求和。

示例：输入"=SUMIF(C3:C9,211,F3:F9)"，结果是将 C3:C9 区域中值为 211 的对应在 F3:F9 区域中的同行单元格的值相加。

专家点睛

SUMIF 函数常用于分类汇总。

（3）SUMIFS 函数。

格式：SUMIFS(单元格区域 1, 条件 1, 单元格区域 2, …)

功能：对单元格区域 1 范围内的单元格进行条件判断，将满足条件 1 的对应的单元格区域 2 同时满足条件 2 的对应的单元格区域 4 和……中的单元格求和。

示例：输入"=SUMIF(C3:C9,985,F3:F9,211,K3:K9)"，结果是将 C3:C9 区域中值为 985 的对应在 F3:F9 区域中以及值为 211 的对应在 K3:K9 区域中的同行单元格的值相加。

专家点睛

SUMIFS 函数常用于多个条件的分类汇总。

2. 名称的定义

在工作表中，可以使用"列标"和"行号"来引用单元格，也可以用"名称"来表示单元格或单元格区域。使用名称可以使公式更容易理解和维护，使更新、审核和管理这些名称更方便。

3. 数据透视表及切片器

数据透视表是一种交互式工作表，用于对现有数据列表进行汇总和分析。创建数据透视表后，可以按不同的需要，依不同的关系来提取和组织数据。

（1）创建数据透视表。数据透视表的创建是以工作表中的数据为依据，在工作表中创建数据透视表的方法与前面创建图表的方法类似。

单击工作表中的任一单元格，再单击"插入"选项卡"表格"组中的"数据透视表"按钮 ，弹出"创建数据透视表"对话框，在"请选择要分析的数据"栏中选择"选择一个表或区域"，单击"表/区域"文本框右侧的"折叠"按钮 ，拖动鼠标选择表格中的数据区域，单击文本框右侧的"展开"按钮 返回"创建数据透视表"对话框，在"选择放置数据透视表的位置"栏中选择"现有工作表"，用相同的方法在"位置"文本框中设置区域，单击"确定"按钮即可完成数据透视表的创建。

（2）设置数据透视表字段。新创建的数据透视表是空白的，若要生成报表就需要在"数据透视表字段列表"窗格中根据需要将工作表中的数据添加到报表字段中。在 Excel 中除了可以向报表中添加字段外，还可以对所添加的字段进行移动、设置和删除操作。

（3）美化数据透视表。如果新建的数据透视表不够美观，可以对数据透视表的行、列或整体进行美化设计，这样不仅可使数据透视表美观而且增强了数据的可读性。一般是在"数据透视表工具 / 设计"选项卡中进行设置。

4. 数据透视图

数据透视图是以图表的形式来表示数据透视表中的数据。与数据透视表一样，在数据透视图中可以查看不同级别的明细数据，具有直观表现数据的优点。

（1）创建数据透视图。数据透视图的创建方法与图表的创建方法类似。

（2）设置数据透视图格式。设置数据透视图格式与美化图表的操作类似。首先选择需要进行设置的图表元素，如图表区、绘图区、图例、坐标轴等，然后在"数据透视图工具"的"设计""布局"和"格式"选项卡中进行设置。

 项目实现

本项目将利用 Excel 制作如图 4-138 所示的"各专业成绩表"。

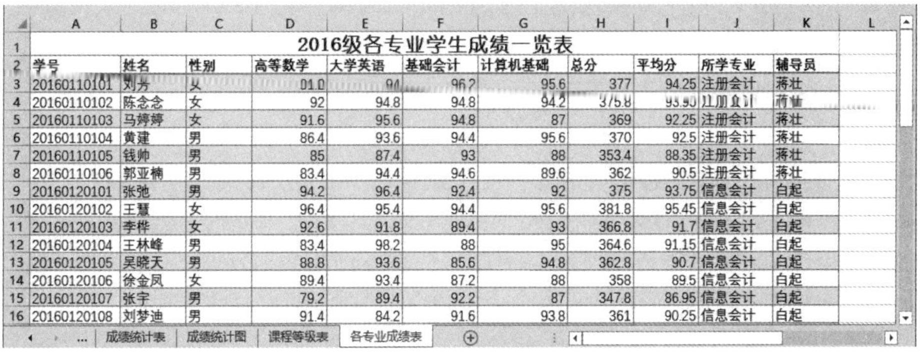

图 4-138　各专业成绩表

（1）利用已有的"学籍表"工作表和"成绩总表"工作表通过 VLOOKUP 函数创建"各专业成绩表"。

（2）利用 SUMIF 函数计算不同专业各门课程的总分。

（3）利用 SUMIFS 函数计算不同专业不同辅导员各门课程的总分。

（4）利用分类汇总方法统计每个辅导员管理的学生人数。

（5）用数据透视表比较同一位辅导员所带不同专业的平均成绩。

（6）利用数据透视表分别统计不同专业人数及平均成绩和不同辅导员管理的学生人数及平均成绩。

（7）利用数据透视图统计每个专业 4 门课程的平均分。

1. 创建各专业成绩表

创建各专业成绩表

打开"学籍管理"工作簿，利用"学籍表"和"成绩总表"，通过复制工作表和 VLOOKUP 函数生成"各专业成绩表"，操作步骤如下：

（1）打开"学籍管理"工作簿，选择"成绩总表"工作表标签并右击，在弹出的快捷菜单中选择"移动或复制"选项，弹出"移动或复制工作表"对话框，在"下列选定工作表之前"列表框中选择"(移至最后)"并勾选"建立副本"复选框，如图 4-139 所示。

图 4-139 "移动或复制工作表"对话框

（2）单击"确定"按钮复制选定工作表得到"成绩总表（2）"，将工作表改名为"各专业成绩表"。

（3）在"各专业成绩表"工作表中，修改标题为"2016 级各专业学生成绩一览表"，选中"名次"列和"奖学金"列，在"开始"选项卡的"编辑"组中单击"清除"按钮 ，在弹出的下拉列表中选择"清除内容"选项将其中的所有数据清除。

（4）选中 A47:J49 单元格区域，在"开始"选项卡的"单元格"组中单击"删除"按钮 ，在弹出的下拉列表中选择"删除工作表行"选项删除所选行。

（5）在 J2:K3 单元格区域依次输入"所学专业"和"辅导员"。

（6）在"学籍表"工作表中，选择 A3:I46 单元格区域，在名称框中输入 CHAX，按 Enter 键，创建名为 CHAX 的数据区域。

（7）在"各专业成绩表"工作表中，单击 J3 单元格，在"公式"选项卡的"函数库"组中单击"查找与引用"按钮 ，在弹出的下拉列表中选择 VLOOKUP 选项，弹出"函数参数"对话框。

（8）由于是根据学号查找所学专业，因此在第一个参数处单击 A3 单元格并输入 A3，第二个参数处是确定查找区域，在"公式"选项卡的"定义的名称"组中单击"用于公式"按钮 ，在弹出的下拉列表中选择 CHAX；在第三个参数处输入返回值"所学专业"在定义的查找区域 CHAX 中所在的列数，这里输入 5；由于要求是精确匹配查找，所以最后一个参数处必须输入 FALSE，如图 4-140 所示。

（9）单击"确定"按钮，可以看到 J3 单元格显示查找到的专业是"注册会计"。

（10）用相同的方法，在 K3 单元格引用 VLOOKUP 函数在 CHAX 区域中查找对应学号的辅导员，其"函数参数"对话框如图 4-141 所示。

图 4-140　"函数参数"对话框　　　　　图 4-141　"函数参数"对话框

（11）选择 J3:K3 单元格区域，双击填充柄复制公式，得到所有不同的专业和辅导员，如图 4-142 所示。

图 4-142　各专业成绩表

（12）选择 A2:K46 单元格区域，在"开始"选项卡的"编辑"组中单击"清除"按钮，在下拉列表中选择"清除格式"选项，在"开始"选项卡的"样式"组中单击"套用表格格式"按钮，选择"浅橙色"，重新进行美化。

2. 计算不同专业各门课程的总分

在"各专业成绩表"工作表中，利用 SUMIF 函数计算不同专业不同课程的总分，操作步骤如下：

计算不同专业
各门课程的总分

（1）打开"各专业成绩表"工作表，选择"所学专业"列的 J2:J46 单元格区域，按住 Ctrl 键再选择"高等数学"到"计算机基础"列的 D2:G46 单元格区域，在"公式"选项卡的"定义的名称"组中单击"根据所选内容创建"按钮，弹出"以选定区域创建名称"对话框。

（2）勾选"首行"复选框，单击"确定"按钮，分别将所学专业、高等数学、大学英语、基础会计、计算机基础作为相应区域的名称。

（3）在“各专业成绩表”工作表的右侧创建如图 4-143 所示的“按专业统计”表格。

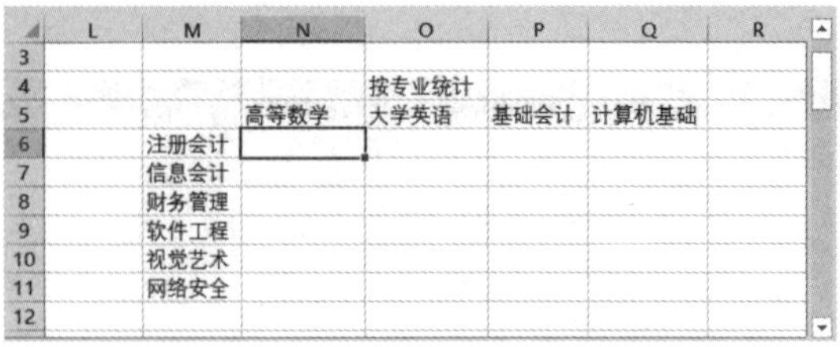

	L	M	N	O	P	Q	R
3							
4				按专业统计			
5			高等数学	大学英语	基础会计	计算机基础	
6		注册会计					
7		信息会计					
8		财务管理					
9		软件工程					
10		视觉艺术					
11		网络安全					
12							

图 4-143　“按专业统计”表格

（4）选择 N6 单元格，在“公式”选项卡的“函数库”组中单击“插入函数”按钮 fx，弹出“插入函数”对话框，在“或选择类别”下拉列表框中选择“数学与三角函数”，在“选择函数”列表框中选择 SUMIF，如图 4-144 所示。

（5）单击“确定”按钮，弹出“函数参数”对话框，在第一个参数处单击“公式”选项卡“定义名称”组中的“用于公式”按钮，在弹出的下拉列表中选择“所学专业”，在第二个参数处单击 J3 单元格，最后参数选择“高等数学”，如图 4-145 所示。

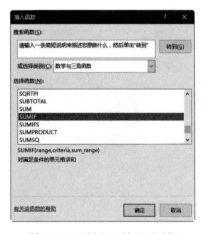

图 4-144　“插入函数”对话框

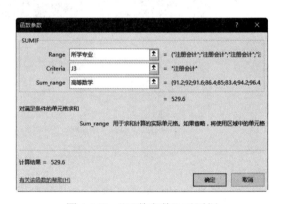

图 4-145　“函数参数”对话框

（6）单击“确定”按钮得到“注册会计”专业“高等数学”的总分。用同样的方法求得其他专业 4 门课程的总分，结果如图 4-146 所示。

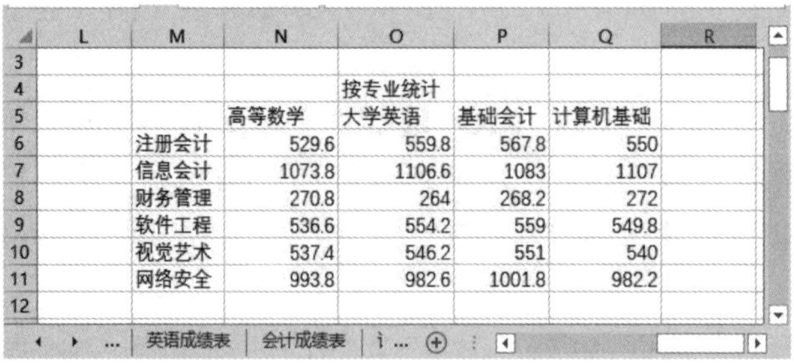

	L	M	N	O	P	Q	R
3							
4				按专业统计			
5			高等数学	大学英语	基础会计	计算机基础	
6		注册会计	529.6	559.8	567.8	550	
7		信息会计	1073.8	1106.6	1083	1107	
8		财务管理	270.8	264	268.2	272	
9		软件工程	536.6	554.2	559	549.8	
10		视觉艺术	537.4	546.2	551	540	
11		网络安全	993.8	982.6	1001.8	982.2	
12							

图 4-146　按专业统计各门课程的总分

3. 计算不同专业不同辅导员各门课程的总分

计算不同专业不同
辅导员各门课程的总分

在"各专业成绩表"工作表中，利用 SUMIFS 函数计算不同辅导员所带不同专业 4 门课程的总分，操作步骤如下：

（1）打开"各专业成绩表"工作表，选择"所学专业"列和"辅导员"列的 J2:K46 单元格区域，按住 Ctrl 键再选择"高等数学"到"计算机基础"列的 D2:G46 单元格区域，在"公式"选项卡的"定义的名称"组中单击"根据所选内容创建"按钮，弹出"以选定区域创建名称"对话框。

（2）勾选"首行"复选框，单击"确定"按钮，分别将所学专业、辅导员、高等数学、大学英语、基础会计、计算机基础作为相应区域的名称。

（3）在"各专业成绩表"工作表的右侧创建如图 4-147 所示的"按专业和辅导员统计"表格。

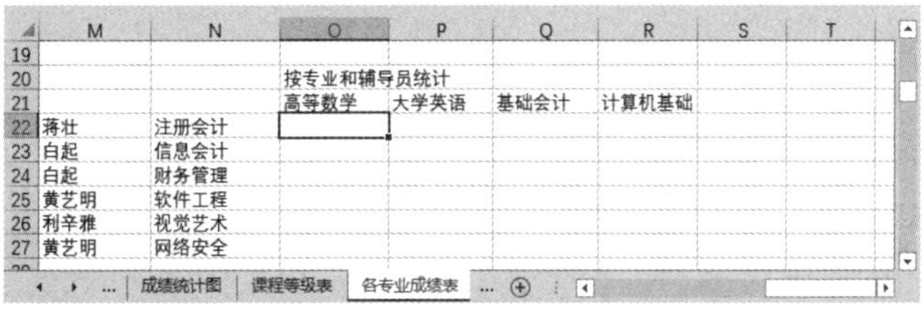

图 4-147　"按专业和辅导员统计"表格

（4）选择 O22 单元格，在"公式"选项卡的"函数库"组中单击"数学与三角函数"按钮，在弹出的下拉列表中选择 SUMIFS，弹出"函数参数"对话框。

（5）在第一个参数处单击"公式"选项卡"定义名称"组中的"用于公式"按钮，在弹出的下拉列表中选择"高等数学"，在第二个参数处选择"所学专业"，在第三个参数处单击 J3 单元格，在第四个参数处选择"辅导员"，在最后的参数处单击 K3 单元格，如图 4-148 所示。

图 4-148　"函数参数"对话框

专家点睛

SUMIFS 函数和 SUMIF 函数的参数顺序有所不同，具体来说，Sum_range 参数在 SUMIFS 中是第一个参数，而在 SUMIF 中则是第三个参数。

（6）单击“确定”按钮得到“蒋壮”老师管理的“注册会计”专业“高等数学”的总分。用同样的方法求得其他辅导员管理的其他专业四门课程的总分，结果如图 4-149 所示。

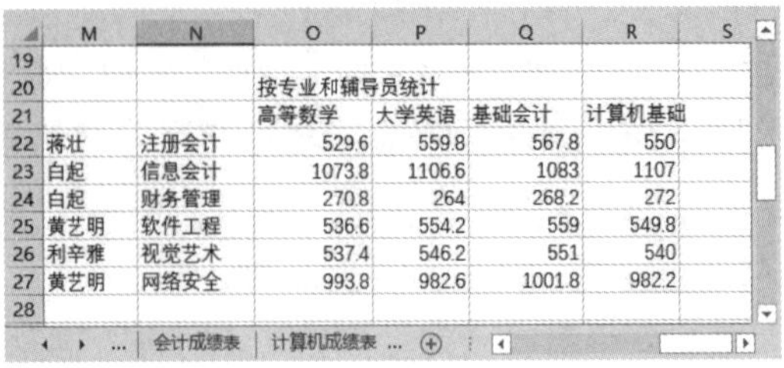

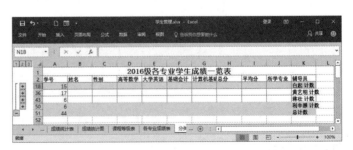

	M	N	O	P	Q	R	S
19							
20			按专业和辅导员统计				
21			高等数学	大学英语	基础会计	计算机基础	
22	蒋壮	注册会计	529.6	559.8	567.8	550	
23	白起	信息会计	1073.8	1106.6	1083	1107	
24	白起	财务管理	270.8	264	268.2	272	
25	黄艺明	软件工程	536.6	554.2	559	549.8	
26	利辛雅	视觉艺术	537.4	546.2	551	540	
27	黄艺明	网络安全	993.8	982.6	1001.8	982.2	
28							

图 4-149　按专业和辅导员统计各门课程的总分

4. 用分类汇总方法统计每个辅导员管理的学生人数

用分类汇总方法统计每个辅导员管理的学生人数

在“各专业成绩表”工作表中，利用分类汇总统计每个辅导员所管理的学生人数，操作步骤如下：

（1）打开“各专业成绩表”工作表，选择 A1:K46 单元格区域，按 Ctrl+C 组合键复制区域内容，新建工作表，按 Ctrl+V 组合键粘贴所选内容，将工作表改名为“分类统计各辅导员”。

（2）单击“分类统计各辅导员”工作表“辅导员”列的任一单元格，在“数据”选项卡的“排序与筛选”组中单击“升序”按钮将工作表记录按辅导员升序排序。

（3）单击工作表的任一单元格，在“数据”选项卡的“分级显示”组中单击“分类汇总”按钮，弹出“分类汇总”对话框。

（4）“分类字段”选择“辅导员”，“汇总方式”为“计数”，在“选定汇总项”列表框中勾选“学号”，如图 4-150 所示。

（5）单击“确定”按钮得到每个辅导员所管理的学生人数，单击分级显示符号 2 隐藏分类汇总表中的明细数据行，如图 4-151 所示。

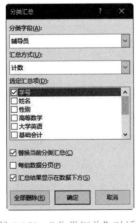

图 4-150　“分类汇总”对话框

图 4-151　分类汇总结果

在“分类统计各辅导员”工作表中，用嵌套分类汇总统计每个专业的辅导员所管理的学生人数，操作步骤如下：

（1）单击分级显示符号 ③ 展开数据区，单击"分类统计各辅导员"工作表数据区中的任一单元格。

（2）在"数据"选项卡的"排序与筛选"组中单击"排序"按钮，弹出"排序"对话框。

（3）在"主要关键字"下拉列表框中选择"辅导员"选项，单击"添加条件"按钮，在"次要关键字"下拉列表框中选择"所学专业"选项，如图 4-152 所示。

（4）单击"确定"按钮，在"数据"选项卡的"分级显示"组中单击"分类汇总"按钮 ，弹出"分类汇总"对话框。

（5）"分类字段"选择"所学专业"，"汇总方式"为"计数"，在"选定汇总项"列表框中依次勾选"学号""所学专业"和"辅导员"，如图 4-153 所示。

图 4-152 "排序"对话框

图 4-153 "分类汇总"对话框

（6）单击"确定"按钮得到每个专业每个辅导员所管理的学生人数，如图 4-154 所示。

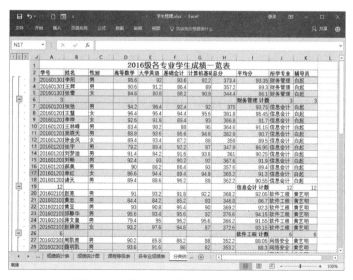

图 4-154 按专业、辅导员分类汇总结果

在"分类统计各辅导员"工作表中，用嵌套分类汇总统计每个辅导员所负责专业的总平均分，操作步骤如下：

（1）单击"分类统计各辅导员"工作表数据区中的任一单元格。

（2）在"数据"选项卡的"排序与筛选"组中单击"排序"按钮，弹出"排序"对话框。

（3）在"主要关键字"下拉列表框中选择"辅导员"选项，单击"添加条件"按钮，在"次要关键字"下拉列表框中选择"所学专业"选项。

（4）单击"确定"按钮，在"数据"选项卡的"分级显示"组中单击"分类汇总"按钮，弹出"分类汇总"对话框。

（5）"分类字段"选择"所学专业"，"汇总方式"为"平均值"，在"选定汇总项"列表框中依次勾选"总分""所学专业"和"辅导员"。

（6）单击"确定"按钮得到每个辅导员所负责专业的总平均分，如图 4-155 所示。

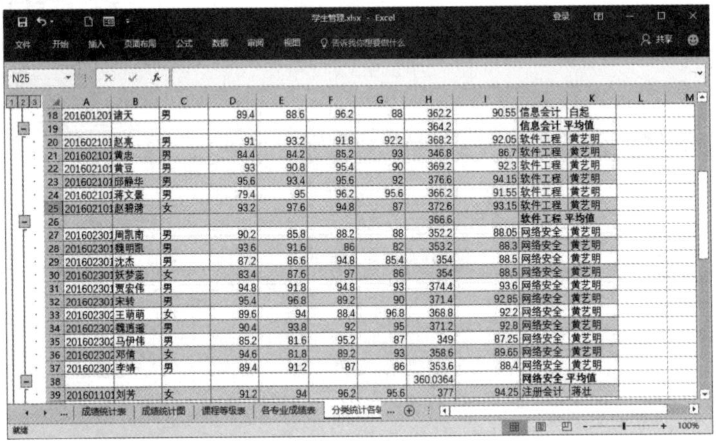

图 4-155　按专业、辅导员分类汇总总分平均值

5. 用数据透视表比较一位辅导员所带不同专业的平均成绩

用数据透视表比较一位辅导员所带不同专业的平均成绩

在"分类统计各辅导员"工作表中选择黄艺明老师所负责两个专业的平均成绩制作簇状柱形图，操作步骤如下：

（1）选择"各专业成绩表"工作表的 H2 单元格，按 Ctrl 键依次选择 J2、H26、J26、H38、J38 单元格，复制其中的数据至空白单元格中，如图 4-156 所示。

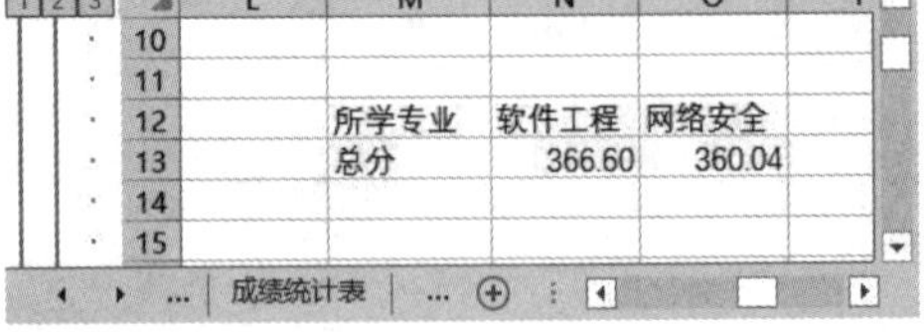

	所学专业	软件工程	网络安全
	总分	366.60	360.04

图 4-156　复制数据至空白单元格

（2）在"插入"选项卡的"图表"组中单击"插入柱形图或条形图"按钮，在弹

出的下拉列表中选择"簇状柱形图"，插入如图 4-157 所示的图表。

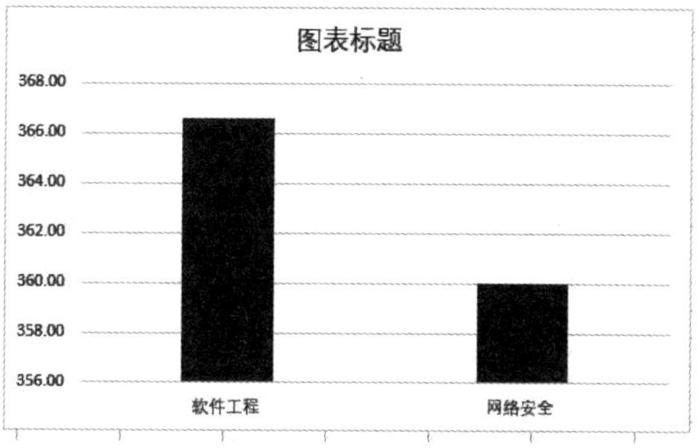

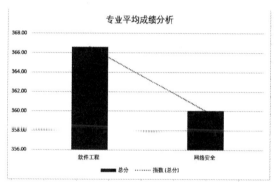

图 4-157　插入图表

（3）单击图表，在"图表工具 / 设计"选项卡的"图表布局"组中单击"添加图表元素"按钮 添加图表标题及图例，在"图表工具 / 设计"选项卡的"图表布局"组中单击"添加图表元素"按钮 ，在下拉列表中选择添加"趋势线"→"指数"选项，如图 4-158 所示。

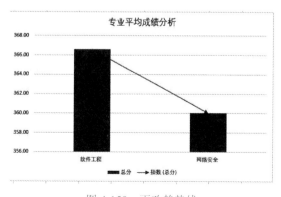

图 4-158　添加趋势线

（4）更改趋势线的颜色和线型。单击添加的指数趋势线，再单击"图表工具 / 格式"选项卡"形状样式"组中的"形状轮廓"按钮 ，在弹出的下拉列表中选择"红色""粗细 1 磅""实线""箭头样式 5"等选项，效果如图 4-159 所示。

图 4-159　更改趋势线

6. 用数据透视表统计不同专业的人数及平均成绩

用数据透视表统计不同
专业的人数及平均成绩

在"各专业成绩表"工作表中用数据透视表统计不同专业的人数和平均成绩，操作步骤如下：

（1）在"各专业成绩表"工作表中单击数据区的任一单元格。

（2）在"插入"选项卡的"表格"组中单击"数据透视表"按钮，弹出"创建数据透视表"对话框。

（3）系统会自动选择数据区，在"选择放置数据透视表的位置"选项组中选择"新工作表"单选按钮，如图 4-160 所示。

图 4-160 "创建数据透视表"对话框

（4）单击"确定"按钮创建数据透视表 Sheet1。

（5）添加字段。在"数据透视表字段"任务窗格中的"选择要添加到报表的字段"列表框中勾选对应字段的复选框，即可在左侧的数据透视表区域中显示出相应的数据信息，而且这些字段被存放在任务窗格的相应区域。这里勾选"总分""平均分""所学专业"3 个字段，如图 4-161 所示。

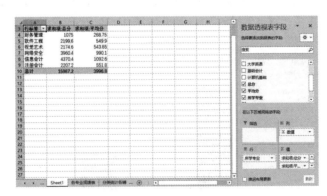

图 4-161 添加字段

（6）单击"值"区域中"总分"字段的 ▼ 按钮，在弹出的下拉列表中选择"值字段设置"选项,弹出"值字段设置"对话框,在"计算类型"列表框中选择"平均值",如图 4-162 所示。

(7)单击"确定"按钮计算同专业"总分"的"平均分",用同样的方法计算同专业"平均分"的"计数",如图 4-163 所示。

图 4-162　"值字段设置"对话框　　　　　图 4-163　计算结果

(8)选择数据透视表中的 B2:B10 单元格区域,在"开始"选项卡的"数字"组中连续单击"减少小数位数"按钮 让数据保留小数点后两位。

(9)单击任一单元格,在"数据透视表工具 / 设计"选项卡的"数据透视表样式选项"组中勾选"镶边行"复选框。

(10)单击"数据透视表工具 / 设计"选项卡"数据透视表样式"组中的"其他"按钮,在弹出的下拉列表中选择"深色"栏中的"数据透视表样式深色 3",效果如图 4-164 所示。

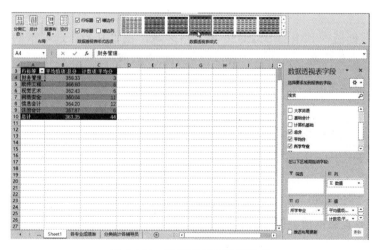

图 4-164　选择透视表应用样式

在"各专业成绩表"工作表中用数据透视表统计不同辅导员管理的学生人数和平均成绩,操作步骤如下:

(1)在"各专业成绩表"工作表中单击数据区中的任一单元格。

（2）在"插入"选项卡的"表格"组中单击"数据透视表"按钮，弹出"创建数据透视表"对话框。

（3）系统会自动选择数据区，在"选择放置数据透视表的位置"选项组中选择"现有工作表"单选按钮，在"位置"处单击 A49 单元格，单击"确定"按钮在原工作表底部创建数据透视表。

（4）在"数据透视表字段"任务窗格中的"选择要添加到报表的字段"列表框中拖动"辅导员""总分""平均分"字段至任务窗格的相应区域。

（5）单击"值"区域中"总分"字段的 ▼ 按钮，在弹出的下拉列表中选择"值字段设置"选项，弹出"值字段设置"对话框，在"计算类型"列表框中选择"计数"，用同样的方法设置"平均分"的计算类型为"平均值"，如图 4-165 所示。

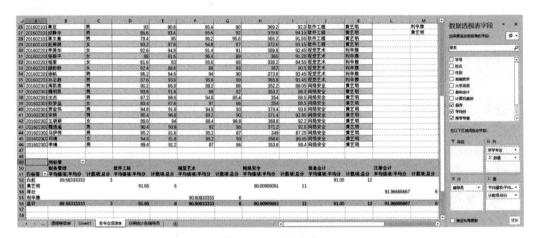

图 4-165　选择字段

（6）选择数据透视表中的 B52:O56 单元格区域，在"开始"选项卡的"数字"组中连续单击"减少小数位数"按钮让数据保留小数点后两位。

7. 利用数据透视图统计每个专业 4 门课程的平均分

用数据透视图统计每个专业 4 门课程的平均分

在"各专业成绩表"工作表中用数据透视图统计不同专业 4 门课程的平均分，操作步骤如下：

（1）在"各专业成绩表"工作表中单击数据区中的任一单元格。

（2）在"插入"选项卡的"图表"组中单击"数据透视图"按钮，弹出"创建数据透视图"对话框，选择要分析的数据区域 $A$2:$K$46 和放置数据透视图的位置 $A$60，如图 4-166 所示。

（3）单击"确定"按钮生成数据透视图，如图 4-167 所示。

（4）在"数据透视表字段"任务窗格的"选择要添加到报表的字段"列表框中勾选"辅导员""高等数学""大学英语""基础会计""计算机基础"5 个复选框，此时数据透视图表中将显示所选数据信息，如图 4-168 所示。

（5）在"值"区域中设置所有字段的"计算类型"为"平均值"。

图 4-166　"创建数据透视图"对话框

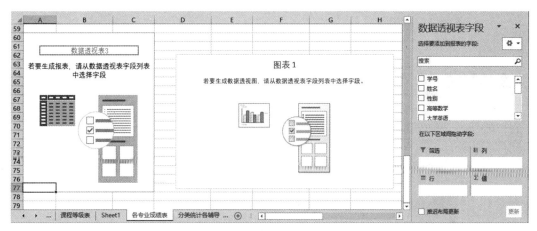

图 4-167　新建的数据透视图

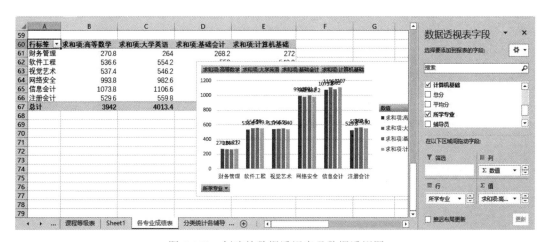

图 4-168　创建的数据透视表及数据透视图

（6）单击数据透视图，在"数据透视图工具/设计"选项卡的"图表布局"组中单击"添加图表元素"按钮，在下拉列表中选择"数据标签"→"无"选项，取消显示数据标签。

（7）在"数据透视图工具/格式"选项卡的"形状样式"组中单击"形状样式"按钮，在弹出的下拉列表中选择"强烈效果_灰色，强调颜色3"选项，效果如图4-169所示。

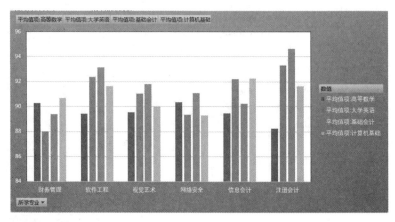

图4-169　设置图表区样式

（8）选择数据透视图中的图例，单击"数据透视图工具/格式"选项卡"艺术字样式"组中的"艺术字样式"按钮，在弹出的下拉列表中选择"填充：黑色，文本色1：阴影"选项。

（9）选择数据透视图中的绘图区，单击"数据透视图工具/格式"选项卡"形状样式"组中的"形状填充"按钮，在弹出的下拉列表中选择"纹理"选项，在面板中选择"绿色大理石"，效果如图4-170所示。

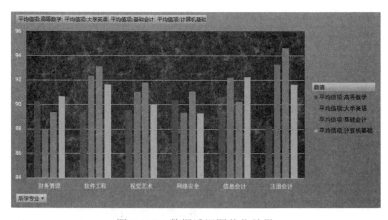

图4-170　数据透视图美化效果

单元小结

本单元共完成5个项目，学完后应该有以下收获：

● 掌握Excel 2016的启动和退出。

- 熟悉 Excel 2016 工作界面。
- 掌握工作簿的基本操作。
- 掌握工作表的基本操作。
- 掌握工作表的输出。
- 了解单元格中数据的输入。
- 掌握单元格的基本操作。
- 掌握单元格中数据的编辑。
- 掌握单元格格式的设置。
- 掌握公式的构成及使用。
- 掌握函数的分类及引用。
- 掌握常用函数的格式、功能及应用。
- 掌握数据的排序、筛选及分类汇总。
- 掌握使用图表、透视表、透视图进行数据分析。

课外自测

一、单选题

1. Excel 工作簿的默认名称是 _____。

　A．Sheet1　　　　B．Excel1　　　　C．Xlstart　　　　D．工作簿 1

2. 在 Excel 工作簿中，默认包含的工作表个数是 _____ 个。

　A．1　　　　B．2　　　　C．3　　　　D．4

3. 在单元格中输入 "2019 年 9 月 10 日"，然后选择该单元格，使用鼠标进行拖动填充数据，那么填充的第一个数据是 _____。

　A．2019 年 9 月 10 日　　　　　　　B．2019 年 9 月 11 日

　C．2019 年 8 月 10 日　　　　　　　D．2019 年 8 月 11 日

4. 在单元格中输入 "2/5" 并按 Enter 键，该单元格将显示 _____。

　A．2/5　　　　B．2 月 5 日　　　　C．0.4　　　　D．5 月 2 日

5. 如果需要输入邮政编码 "010105"，则可在单元格中输入 _____。

　A．010105　　　B．'010105　　　C．+010105　　　D．0 010105

6. Excel 中，在单元格中输入 19/3/10，则结果为 _____。

　A．2019/3/10　　　　　　　　B．3-10-2019

　C．19-3-10　　　　　　　　D．2019 年 3 月 10 日

7. 要向 A1 单元格中输入字符串，其长度超过 A1 单元格的显示长度，若 B1 单元格是空的，则字符串的超出部分将 _____。

　A．被删除　　　　　　　　B．作为另一个字符串被存入 B1 中

　C．显示 ####　　　　　　　D．连续超格显示

8. 在工作表的编辑过程中，"格式刷"按钮的功能是 _____。

    A．复制输入的文字　　　　　　　　B．复制输入单元格的格式

    C．重复打开文件　　　　　　　　　D．删除

9. 在 Excel 中录入数字时，若在数据前加单引号 "'"，则单元格中表示的数据类型是 _____。

    A．字符　　　　　B．数值　　　　　C．日期　　　　　D．时间

10. 在 Excel 工作表中，如果没有预先设定整个工作表的对齐方式，则系统默认数值的对齐方式为 _____。

    A．右对齐　　　　　　　　　　　　B．居中对齐

    C．左对齐　　　　　　　　　　　　D．视具体情况而定

11. 在 Excel 工作表中，如果对数值型数据预置小数位数为 2，那么键入 56789 时显示结果是 _____。

    A．0056789　　　B．567.89　　　C．56789.00　　　D．56789

12. 下面 _____ 不属于 Excel 的视图方式。

    A．分页预览　　　B．普通　　　　C．页面　　　　D．全屏显示

13. 在 Excel 中，下列引用地址为绝对引用地址的是 _____。

    A．$D5　　　　　B．E$6　　　　　C．F8　　　　　D．$G$9

14. 在单元格 D1 中有公式 "=A1+$C1"，将单元格 D1 中的公式复制到单元格 E4 中，则单元格 E4 中的公式为 _____。

    A．=A4+$C4　　　　　　　　　　　B．=B4+$D4

    C．=B4+$C4　　　　　　　　　　　D．=A4+C4

15. =SUM(D3,F5,C2:G2,E3) 表达式的数学意义是 _____。

    A．=D3+F5+C2+D2+E2+F2+G2+E3　　　B．=D3+F5+C2+G2+E3

    C．=D3+F5+C2+E3　　　　　　　　　D．=D3+F5+G2+E3

16. 在 Excel 窗口的不同位置，_____ 可以引出不同的快捷菜单。

    A．单击鼠标右键　　　　　　　　　B．单击鼠标左键

    C．双击鼠标右键　　　　　　　　　D．双击鼠标左键

17. 在选定单元格的操作中先选定 A2，按 Shift 键，然后单击 C5，这时选定的单元格区域是 _____。

    A．A2:C5　　　B．A1:C5　　　　C．B1:C5　　　　D．B2:C5

18. 执行一次排序时，最多能设置 _____ 个关键字段。

    A．1　　　　　　B．2　　　　　　C．3　　　　　　D．任意多

19. 在 Excel 工作表中，公式的定义必须以 _____ 符号开头。

    A．"　　　　　　B．=　　　　　　C．:　　　　　　D．*

20. 在工作表中创建图表需要使用 _____ 选项卡。

    A．开始　　　　　B．插入　　　　C．数据　　　　D．视图

二、实操题

1．根据不同类型数据的输入方法完成如图 4-171 所示的“五阳公司职工信息表”的创建。

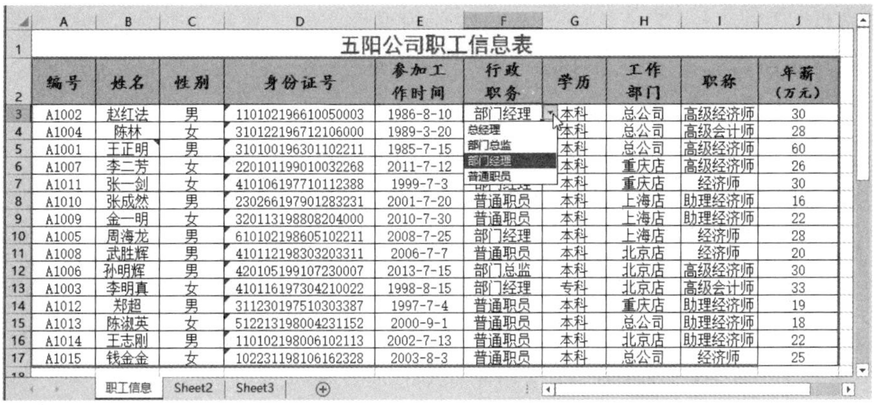

五阳公司职工信息表

编号	姓名	性别	身份证号	参加工作时间	行政职务	学历	工作部门	职称	年薪（万元）
A1002	赵红法	男	110102196610050003	1986-8-10	部门经理	本科	总公司	高级经济师	30
A1004	陈林	女	310122196712106000	1989-3-20	总经理	本科	总公司	高级会计师	28
A1001	王正明	男	310100196301102211	1985-7-15	部门总监	本科	总公司	高级经济师	60
A1007	李二芳	女	220101199010032268	2011-7-12	部门经理	本科	重庆店	高级经济师	26
A1011	张一剑	女	410106197710112388	1999-7-3	普通职员	本科	重庆店	经济师	30
A1010	张成然	男	230266197901283231	2001-7-20	普通职员	本科	上海店	助理经济师	16
A1009	金一明	女	320113198808204000	2010-7-30	普通职员	本科	上海店	助理经济师	22
A1005	周海龙	男	610102198605102211	2008-7-25	部门经理	本科	上海店	经济师	28
A1008	武胜辉	男	410112198303203311	2006-7-7	普通职员	本科	北京店	经济师	20
A1006	孙明辉	男	420105199107230007	2013-7-15	部门总监	本科	北京店	高级经济师	30
A1003	李明真	女	410116197304210022	1998-8-15	部门经理	专科	北京店	高级会计师	33
A1012	郑超	男	311230197510303387	1997-7-4	普通职员	本科	重庆店	助理经济师	19
A1013	陈淑英	女	512213198004231152	2000-9-1	普通职员	本科	总公司	助理经济师	18
A1014	王志刚	男	110102198006102113	2002-7-13	普通职员	本科	北京店	助理经济师	22
A1015	钱金金	女	102231198106162328	2003-8-3	普通职员	本科	总公司	经济师	25

图 4-171　五阳公司职工信息表

（1）要求标题为黑体、16 磅、红色，合并单元格居中，表头为楷体、11 磅、橙色填充、居中，表内数据为宋体、11 磅、居中。

（2）设置职工信息表外边框为绿色、实线、2 磅，内侧为黑色、实线、0.5 磅。

（3）给工作表插入背景图片。

（4）利用条件格式将年薪低于 20 万元的用绿色填充，而超过 30 万元的用红色填充。

（5）对职工信息表中的“年薪”项按由高到低进行排序。

（6）先按照“工作部门”的降序，再按照“行政职务”的降序，最后按照“职称”的升序进行排序，查看不同部门职工的职务及职称情况。

（7）在职工信息表中筛选出在“总公司”工作的职工。

（8）在职工信息表中筛选出年薪在 20 万～30 万元之间的所有职工。

（9）在职工信息表中筛选出年薪在 30 万元（含 30 万元）以上的部门经理和年薪在 20 万元以下的普通职员。

2．完成如图 4-172 所示的“五阳公司职工工资表”的制作，使用公式和函数进行运算。

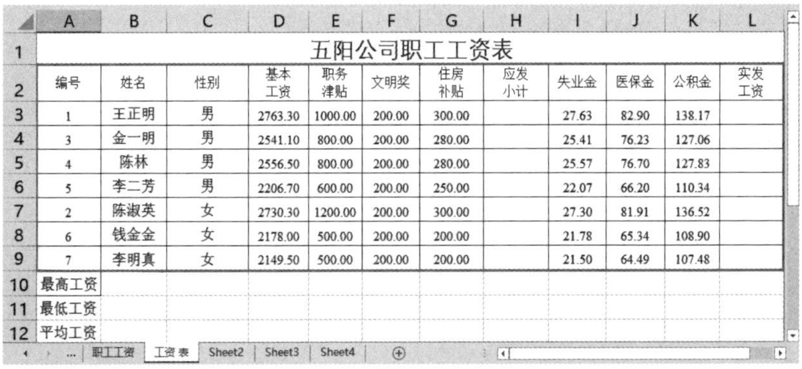

五阳公司职工工资表

编号	姓名	性别	基本工资	职务津贴	文明奖	住房补贴	应发小计	失业金	医保金	公积金	实发工资
1	王正明	男	2763.30	1000.00	200.00	300.00		27.63	82.90	138.17	
3	金一明	男	2541.10	800.00	200.00	280.00		25.41	76.23	127.06	
4	陈林	男	2556.50	800.00	200.00	280.00		25.57	76.70	127.83	
5	李二芳	男	2206.70	600.00	200.00	250.00		22.07	66.20	110.34	
2	陈淑英	女	2730.30	1200.00	200.00	300.00		27.30	81.91	136.52	
6	钱金金	女	2178.00	500.00	200.00	200.00		21.78	65.34	108.90	
7	李明真	女	2149.50	500.00	200.00	200.00		21.50	64.49	107.48	
最高工资											
最低工资											
平均工资											

图 4-172　五阳公司职工工资表

（1）标题为宋体、16磅、合并后居中，其他为宋体、9磅、居中，绿色外边框3磅实线，内线为细实线、0.5磅。

（2）利用公式和函数计算应发小计、实发工资、最高工资、最低工资和平均工资。

（3）按性别进行分类汇总，统计不同性别的平均实发工资和人数。

（4）筛选出所有实发工资在3500元以上的女职工。

3．利用职工信息表和职工工资表进行如下操作：

（1）使用VLOOKUP函数统计不同工作部门的实发工资总额和人数。

（2）使用COUNT或COUNTA函数统计公司总人数。

（3）使用COUNTIF或COUNTIFS函数统计各行政职务的人数和平均实发工资。

（4）使用COUNTIFS函数统计实发工资在4000元以上、3000～4000元、3000元以下的人数。

4．根据统计出的各工作部门人数绘制图表，要求如下：

（1）图表类型为"复合饼型"，图表样式为"样式8"。

（2）图表布局为"布局2"，图表标题为"各工作部门人数统计图"，字体为隶书、16磅。

（3）在图表顶部添加图例，将数据标签设置在"数据标签外"。

（4）将图表作为新工作表插入，新工作表名称为"统计图"。

扩展阅读

1．李忠．穿越计算机的迷雾．北京：电子工业出版社，2018.

2．文仲慧．密码学浅谈．北京：电子工业出版社，2019.

PowerPoint 2016 演示文稿制作

PowerPoint 作为一款交互式演示软件，可以为企事业单位、公司、个人等提供强大的展示界面，适合各种展示型、分享型、介绍型的工作场景。PowerPoint 具有生动形象、动感直观的视觉效果，能够帮助受众更好地理解讲授者的意图，其中可供展示的内容包括文字、图片、音频、视频，具体的操作有幻灯片文字排版、图片插入、SmartArt 使用、版式的应用、母版的应用、背景的设置、动画效果的设置、放映效果的设置等。本单元以"共享单车产品分析演讲稿"的制作为例来介绍 PowerPoint 2016 的基本功能和制作演示文稿的方法。

- 项目 1　使用大纲制作演示文稿
- 项目 2　使用多媒体对象丰富演示文稿
- 项目 3　使用主题美化演示文稿
- 项目 4　使用动画设置放映效果
- 项目 5　使用类型输出演示文稿

项目 1　使用大纲制作演示文稿

项目描述

刘明利毕业之后进入了一家互联网公司的市场部并很快成为公司的骨干。公司最近准备在共享单车项目上做一些实践，于是让刘明利分析一下目前共享单车的发展现状和利弊，给公司以后的发展提供战略支撑。刘明利深知责任重大，他决定先搜集资料，然后使用PowerPoint 做出一个形象直观的演示文稿，并准备在部门会议上给大家做分析演示。

项目分析

在完成资料搜集和整理后，首先根据搜集的资料拟定一份宣讲提纲，然后根据提纲创建一个 PowerPoint 演示文档，再根据搜集的资料来丰富演示文稿。

相关知识

1. PowerPoint 2016 启动和退出

（1）启动 PowerPoint 2016。

1）从"开始"菜单进入。单击"开始"菜单按钮，在弹出的"开始"菜单中选择 PowerPoint 2016 选项，如图 5-1 所示。

2）用快捷方式进入。双击 Windows 桌面上的 PowerPoint 2016 快捷方式图标，如图 5-2 所示。

3）通过双击 PowerPoint 2016 文件启动。在计算机上双击任意一个 PowerPoint 2016 文件图标，在打开该文件的同时启动 PowerPoint 2016，如图 5-3 所示。

图 5-1　从"开始"菜单启动　　图 5-2　快捷方式　　图 5-3　双击 PowerPoint 文件启动

（2）退出 PowerPoint 2016。

1）双击工作簿窗口左上角的"控制菜单"图标并选择"关闭"选项（如图 5-4 所示）或者按 Alt+F4 组合键。

图 5-4　控制菜单

2）直接单击 PowerPoint 2016 标题栏右侧的"关闭"按钮 。

2. PowerPoint 2016 工作界面

启动后的 PowerPoint 2016 工作界面如图 5-5 所示。

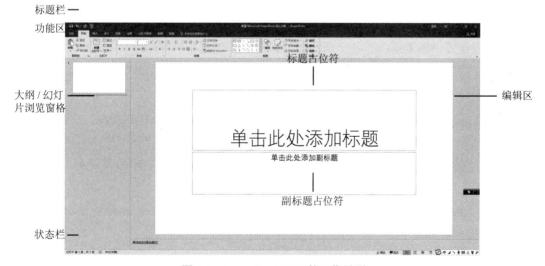

图 5-5　PowerPoint 2016 的工作界面

PowerPoint 2016 的工作窗口主要由标题栏、功能区、编辑区、大纲／幻灯片浏览窗格和状态栏等组成。

专家点睛

一个 PowerPoint 文件就是一个扩展名为 .pptx 的幻灯片文件，这样一个演示文稿文件又是由若干个单独的幻灯片页面构成。当新建 PowerPoint 文件时，可以不断添加新的幻灯片来增加展示的页面内容。

3. 大纲 / 幻灯片浏览窗格

大纲 / 幻灯片浏览窗格可以预览所有幻灯片的视图，也可以快速切换到该幻灯片进行修改。

4. 演示文稿

演示文稿是一个扩展名为 .pptx 的文件，是向观众展示的一系列材料的拼接，包括文字、表格、图表、图形、声音、视频等。

5. 幻灯片

幻灯片是演示文稿中的一个页面，一个演示文稿由多个有联系的幻灯片按顺序排列组成。

项目实现

本项目将利用宣讲大纲来制作产品分析演示文稿。

（1）根据 Word 大纲生成演示文稿大纲。

（2）根据搜集的资料丰富演示文稿。

1. 制作演讲稿大纲

制作演讲稿大纲

打开 PowerPoint，保存文件为"共享单车市场分析.pptx"，操作步骤如下：

（1）启动 PowerPoint 2016，创建空白演示文稿。

（2）单击"文件"选项卡中的"保存"命令，在右侧的"另存为"列表中双击"浏览"选项，在弹出的"另存为"对话框中单击左侧列表，选择文件保存的位置并输入文件名"共享单车市场分析.pptx"，然后单击"保存"按钮保存文件。

打开"共享单车分析大纲.docx"文件，设计制作"共享单车产品分析.pptx"演示文稿大纲，操作步骤如下：

（1）在幻灯片界面左侧单击"大纲"选项卡，再单击"开始"选项卡"幻灯片"组中的"新建幻灯片"按钮，在弹出的下拉列表中选择"幻灯片（从大纲）"选项，弹出"插入大纲"对话框，如图 5-6 所示。

（2）选择"共享单车分析大纲.docx"，单击"插入"按钮，在幻灯片"大纲"视图下显示如图 5-7 所示的演示文稿大纲。

图 5-6　"插入大纲"对话框　　　　　　　　图 5-7　"演示文稿"大纲

在大纲浏览窗格中为标题为"共享单车 APP 使用流程"的第 5 张幻灯片添加文本，操作步骤如下：

（1）将插入点置于标题"共享单车 APP 使用流程"的后面，按 Enter 键插入一个空行。

（2）按 Tab 键将列表提高一个级别，插入点向右缩进，输入"摩拜单车"，按 Enter 键，输入"OFO 单车"，单击空白处退出输入，效果如图 5-8 所示。

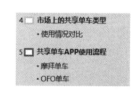

图 5-8　"使用流程"幻灯片添加的内容

（3）按 Ctrl+A 组合键全选大纲中的文字，单击"开始"选项卡的"字体"组，设置字体为微软雅黑，字号为 28 磅。

⚐专家点睛

在 PowerPoint 中，利用 Tab 键提高列表级别，光标向右缩进；利用 Shift+Tab 组合键降低列表级别，光标向左缩进，以实现不同级别文本的输入。

2. 丰富演示文稿内容

通过文本占位符为第一张幻灯片添加标题和副标题，操作步骤如下：

丰富演示文稿内容

（1）将插入点置于第一张幻灯片上，在"标题占位符"中输入宣讲稿标题"共享单车市场分析"，在"副标题占位符"中输入姓名、所在部门等内容。

（2）单击"标题占位符"的边框选中该占位符，在"开始"选项卡的"字体"组中设置字号为 80。

（3）单击"副标题占位符"的边框选中该占位符，在"开始"选项卡的"字体"组中设置字号为 36，在"段落"组中单击"文本右对齐"按钮将其中的文本右对齐，效果如图 5-9 所示。

大纲制作好之后为幻灯片添加一个目录，以便宣讲时清楚文档的结构，操作步骤如下：

（1）将插入点置于第一张幻灯片上，单击"插入"选项卡"幻灯片"组中的"插入新幻灯片"按钮，在弹出的下拉列表中选择"标题和文本"版式。

（2）一张新的空白幻灯片就插入在第二张幻灯片的位置，单击"主占位符"，输入"目录"，设置格式为"微软雅黑，44，居中"，在"副占位符"中输入文档的大纲一级标题，设置格式为"微软雅黑，28，1.5 倍距"，如图 5-10 所示。

目录

共享单车市场分析

市场部　刘明利

- 共享单车概念
- 市场上的共享单车类型
- 共享单车APP使用流程
- 共享单车使用情况分析
- 共享单车的乱象与困境
- 未来共享单车的发展趋势

图 5-9　第一张幻灯片 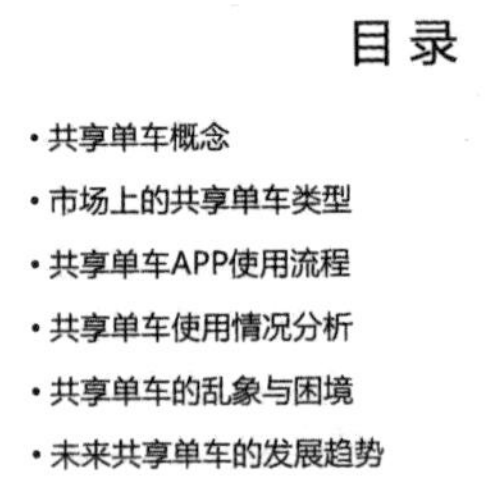　　　　　　　图 5-10　第二张幻灯片

将"共享单车分析大纲（部分）.pptx"演示文稿的幻灯片插入到当前演示文稿"共享单车市场分析.pptx"中，操作步骤如下：

（1）单击"浏览"按钮█将演示文稿切换到浏览视图下，将插入点置于第 8 张幻灯片后面。

（2）在"开始"选项卡的"幻灯片"组中单击"新建幻灯片"按钮█，在弹出的面板中选择"重用幻灯片"选项打开"重用幻灯片"任务窗格。

（3）单击"浏览"按钮，在弹出的下拉列表中选择"浏览文件"选项，弹出"浏览"对话框，选择"共享单车分析大纲（部分）.pptx"演示文稿，单击"打开"按钮，则"共享单车分析大纲（部分）.pptx"演示文稿的所有幻灯片被显示在"重用幻灯片"任务窗格中，如图 5-11 所示。

（4）在"重用幻灯片"任务窗格中单击"有关共享单车的新闻报道"幻灯片，该幻灯片被插入到第 8 张幻灯片的后面，保存演示文稿。

为了便于后期对不同部分的幻灯片建立不同的格式，要对当前幻灯片进行分节处理，现将演示文稿分成两节，题目和目录是一节，目录后的内容是一节，操作步骤如下：

（1）选中第 3 张"共享单车概念"幻灯片，在"开始"选项卡的"幻灯片"组中单击"节"按钮█，在弹出的下拉列表中选择"新增节"选项，弹出"重命名节"对话框，设置节名称为"正文"，如图 5-12 所示。

图 5-11　"重用幻灯片"任务窗格

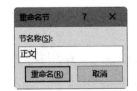

图 5-12　"重命名节"对话框

（2）单击"重命名"按钮演示文稿被分成两节，分节效果如图 5-13 所示。这样演示文稿的大纲就全部制作完成了。

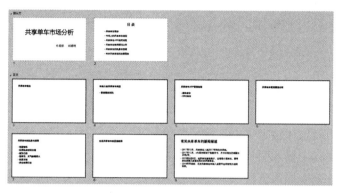

图 5-13　分为两节的演示文稿

项目 2　使用多媒体对象丰富演示文稿

 **项目描述**

演示文稿大纲制作好了，但是内容只有文字会显得太单调，刘明利想为演示文稿添加一些图片、表格、图表、SmartArt 图形，甚至是音乐、视频等多媒体对象来丰富演示文稿，使制作的演示文稿画面更精美。那么，如何在演示文稿中插入多媒体对象呢？

 项目分析

根据每张幻灯片的标题插入适合的多媒体对象，在演示文稿中依次插入文字、图片、文本框、表格、SmartArt 图形、图表、音乐和视频等多媒体对象，使演示文稿内容丰富多彩、生动直观、易于理解。

 **相关知识**

1. 幻灯片版式

版式用于确定幻灯片所包含的对象及各对象之间的位置关系，它由占位符组成，不同的占位符可以放置不同的对象。

2. 占位符

占位符就是一个虚框，是为当前幻灯片预留的对象输入区域。占位符分标题占位符（可以添加标题文字）、内容占位符（可以添加文字、表格、图片、剪贴画等）、数字占位符、日期占位符和页脚占位符。用户可在幻灯片中对占位符进行设置，还可以在母版中进行格式、显示和隐藏等设置。

使用占位符的优点是更换主题时占位符能跟着主题的变化而变化，并且可以统一各幻灯片的格式。

 **项目实现**

本项目将利用多媒体技术来丰富演示文稿。

（1）在演示文稿中插入图片和文本框。

（2）在演示文稿中插入表格。

（3）在演示文稿中插入 SmartArt 图形。

（4）在演示文稿中插入图表。

（5）在演示文稿中插入背景音乐。

1. 插入多媒体对象

插入多媒体对象

在演示文稿中插入文字和图片，操作步骤如下：

（1）将光标定位在正文第一张幻灯片"共享单车概念"，从"共享单车分析大纲.docx"文件中将"共享单车概念"下的文本复制并粘贴到"副标题占位符"中，删除文本前的项目符号。

（2）拖动文本框调整大小，将该段文本放在整张幻灯片的左侧，设置格式为"微软雅黑，24，1.5 倍距"；单击"插入"选项卡"图像"组中的"图片"按钮，在弹出的"插入图片"对话框中选择"单车.jpg"，如图 5-14 所示。

图 5-14 "插入图片"对话框

（3）单击"插入"按钮插入所选图片；单击图片，通过控制点调整图片大小，单击"图片格式"选项卡"图片样式"组中的"其他"按钮，在弹出的"样式"面板中选择"金属框架"样式，效果如图 5-15 所示。

共享单车概念

共享单车是指企业在校园、地铁站点、公交站点、居民区、商业区、公共服务区等提供自行车单车共享服务，是一种分时租赁模式，是一种新型绿色环保共享经济。对于ofo共享单车，它的理念是连接单车，但不生产单车，呼吁每个人把自己的自行车共享出来，提升闲置单车的使用效率。而对于摩拜单车，则是很多人共享一辆自己生产的车，就是共享的一种形式。

图 5-15　插入图片

在演示文稿中插入文本框和图片，操作步骤如下：

（1）将光标定位在标题为"市场上的共享单车类型"的第 4 张幻灯片上，单击"插入"选项卡"文本"组中的"文本框"按钮，在弹出的下拉列表中选择"绘制横排文本框"选项。

（2）在幻灯片"使用情况对比"下方的空白处绘制横排文本框，将"共享单车分析大纲.docx"文件中"市场上的共享单车类型"下的文本复制并粘贴到文本框中，设置格式为"微软雅黑，24，1.5 倍距，首行缩进 2 字符"。

（3）在文本框的右侧插入图片"共享单车软件.jpg"，设置图片样式为"映像棱台，黑色"，效果如图 5-16 所示。

市场上的共享单车类型

· 使用情况对比

随着雾霾影响，低碳出行概念的普及，共享单车逐渐在市场中火热起来，越来越多的国人选择了骑车出行，也有着越来越多的企业加入到了共享单车这一新兴行业之中。除了较早入局的摩拜单车、ofo外，随着市场的竞争，目前还活跃在市场上的品牌有：哈啰出行、摩拜单车mobike、青桔单车、永安行、OfO小黄车、小蓝Bluegogo、优拜单车U-bicycle、1步单车、快兔出行、DDbike。

图 5-16　插入文本框及图片

2. 插入表格

插入表格

为了能更加直观地说明几种单车品牌的属性，以表格的形式进行说明，需要在"市场上的共享单车类型"幻灯片上插入表格，操作步骤如下：

（1）将光标定位在标题为"市场上的共享单车类型"幻灯片上，单击"开始"选项卡"幻灯片"组中的"新建幻灯片"按钮，在弹出的面板中选择"标题和内容"版式，在当前幻灯片后插入一张新的空白幻灯片。

（2）单击"标题占位符"，输入文本"市场上的共享单车对比"，设置格式为"微软雅黑，44，居中"。

（3）单击"内容占位符"中的"插入表格"按钮，弹出"插入表格"对话框，设置"列数"为 5，"行数"为 6，如图 5-17 所示，单击"确定"按钮插入 6 行 5 列的表格。

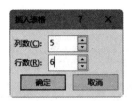

图 5-17　"插入表格"对话框

（4）打开"市场上的共享单车类型对比表.docx"文件，复制表格内容，然后粘贴到表格中。

（5）调整表格的位置和大小，单击"表设计"选项卡"表格样式"组中的"其他"按钮☑，在弹出的"表格样式"面板中选择"中度样式 1- 强调 6"样式，如图 5-18 所示。

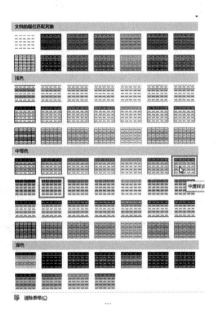

图 5-18　"表格样式"面板

（6）选择第 1 行文字，设置格式为"微软雅黑，18，居中"，选择第 2 行至第 6 行的文字，设置格式为"微软雅黑，16，居中"，效果如图 5-19 所示。

市场上的共享单车对比

	ofo	摩拜	酷骑	永安行
使用方式	输入车牌号 拨动密码盘	扫描二维码	扫描二维码	扫描二维码 拨动密码盘
定位	显示数量 不显示位置	显示位置 定位精准	显示位置 定位有出入	显示位置 定位有出入
费用	师生认证0.5元/小时 非师生1元/小时	mobike 1元/30分钟 mobike lite 0.5元/30分钟	0.3元/半小时	0.5元/半小时
押金	99元	299元	298元	99元 （芝麻信用满600可免交）
特点和优势	投放量大 押金便宜 学生优惠	定位准确 外观酷炫 品质较好	有简易车筐 费用便宜	信用体系完善 价格适中

图 5-19　表格效果

3. 插入 SmartArt 图形

利用 SmartArt 图形分别制作摩拜单车和 OFO 单车的 APP 使用流程，操作步骤如下：

插入 SmartArt 图形

（1）将光标定位在"共享单车 APP 使用流程"幻灯片上，调整文字"摩拜单车"和"OFO 单车"的位置，如图 5-20 所示。

共享单车APP使用流程

摩拜单车　　　　　　　　　　**OFO单车**

图 5-20　调整文字位置

（2）单击"插入"选项卡"插图"组中的 SmartArt 按钮，弹出"选择 SmartArt 图形"对话框，选择"流程"类别中的"基本流程"，如图 5-21 所示。

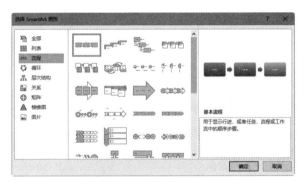

图 5-21　"选择 SmartArt 图形"对话框

（3）单击"确定"按钮插入图形。打开"共享单车使用流程.txt"文件，对照内容，在已有的流程图后面添加新的输入框，右击最后一个输入框，在弹出的快捷菜单中选择"添加形状"→"在后面添加形状"选项（如图 5-22 所示），在后面添加形状。重复执行这个命令 3 次连续添加 3 个形状。

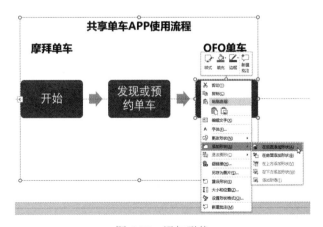

图 5-22　添加形状

（4）右击形状，在弹出的快捷菜单中选择"编辑文字"选项，输入内容并且调整流程图的大小。

（5）用同样的方法再次插入 SmartArt 图形，在"选择 SmartArt 图形"对话框中选择"流程"类别中的"重复蛇形流程"添加形状，按照"共享单车使用流程.txt"文件依次输入 OFO 单车的内容，调整流程图大小，制作好的流程图如图 5-23 所示。

图 5-23　制作好的流程图

（6）选择流程图，单击"SmartArt 设计"选项卡"SmartArt 样式"组中的"更改颜色"按钮 更改颜色样式，单击"其他"按钮 ，在弹出的面板中选择一种外观样式，将流程图文字格式设置为"微软雅黑，黑色"，效果如图 5-24 所示。

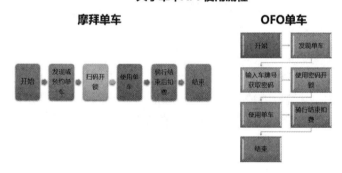

图 5-24　"共享单车 APP 使用流程"示意图

4. 插入图表

插入图表

对标题为"共享单车使用分析"的幻灯片利用图表对共享单车在不同城市分布所占比以及两个品牌的市场占有率进行标识，操作步骤如下：

（1）选择标题为"共享单车使用情况分析"的幻灯片页面，单击"插入"选项卡"插图"组中的"图表"按钮 ，弹出"插入图表"对话框，选择"饼图"，如图 5-25 所示。

（2）单击"确定"按钮插入饼图。打开素材中的"共享单车使用情况分析.xlsx"文件，复制"市场占有率"工作表中的数据，如图 5-26 所示，将其粘贴到幻灯片页面弹出的 Excel 表格中。

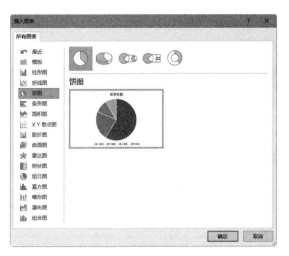

图 5-25 "插入图表"对话框

图 5-26 复制"市场占有率"数据

（3）单击"图表设计"选项卡"图表布局"组中的"快速布局"按钮，在弹出的"布局"面板中选择"布局 2"，如图 5-27 所示。

（4）调整"市场占有率"图表的位置。单击"插入"选项卡"插图"组中的"图表"按钮，在弹出的"插入图表"对话框中选择"柱形图"中的"簇状柱形图"，如图 5-28 所示。

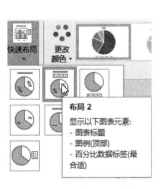

图 5-27 "布局"面板

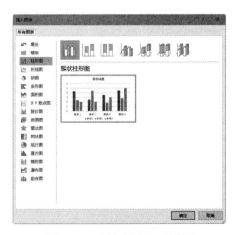

图 5-28 "插入图表"对话框

（5）用同样的方法复制"使用年龄区间"工作表中的数据，如图 5-29 所示，将其粘贴到幻灯片页面弹出的 Excel 表格中。

图 5-29　复制"使用年龄区间"数据

（6）单击"图表设计"选项卡"图表布局"组中的"快速布局"按钮，在弹出的"布局"面板中选择"布局 2"，效果如图 5-30 所示。

共享单车使用情况分析

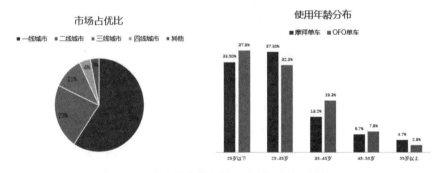

图 5-30　"共享单车使用情况分析"幻灯片效果

5. 插入页眉和页脚

插入页眉和页脚

为"正文"节所有的幻灯片添加页眉和页脚，添加日期时间和编号，操作步骤如下：

（1）切换幻灯片到浏览视图下，单击"正文"节标记，选择"正文"节所有的幻灯片。

（2）单击"插入"选项卡"文本"组中的"页眉页脚"按钮，弹出"页眉和页脚"对话框，勾选"日期和时间"复选框，选择"自动更新"单选项，勾选"幻灯片编号"复选框添加编号，勾选"页脚"复选框，输入"市场部 刘明利"在页脚处添加部门和姓名，如图 5-31 所示。

（3）单击"应用"按钮，此时除"封面"和"目录"幻灯片外，其他所有幻灯片的页眉和页脚处均添加了日期时间、编号及个人信息等内容。

图 5-31　"页眉和页脚"对话框

插入背景音乐

6. 插入背景音乐

为演示文稿插入背景音乐，操作步骤如下：

（1）选择第一张幻灯片，单击"插入"选项卡"媒体"组中的"插入音频"按钮 ，在弹出的下拉列表中选择"PC 上的音频"选项，弹出"插入音频"对话框，选择需要插入的音频文件 music.mp3，如图 5-32 所示。

图 5-32　"插入音频"对话框

（2）单击"插入"按钮，此时在第一张幻灯片上出现一个小喇叭图标，按 F5 键播放幻灯片，发现只有单击小喇叭图标音乐才会播放，同时当放映到第二张幻灯片时音乐会停止播放，需要对音频对象设置从头到尾自动播放。

（3）单击小喇叭选择音频对象，在"播放"选项卡"音频选项"组中的"开始"下拉列表框，在其中选择"自动"选项，勾选"跨幻灯片播放""放映时隐藏"和"播放完毕返回开头"复选框，如图 5-33 所示。

（4）由于是背景音乐，因此音量不能太大，单击"音量"按钮，设置音量为"低"，然后保存演示文稿。

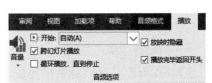

图 5-33　音频设置

专家点睛

在幻灯片中还可以插入视频文件，方法是单击"插入"选项卡"媒体"组中的"视频"按钮，同学们根据需要可以自行练习。

项目3 使用主题美化演示文稿

项目描述

演示文稿的内容丰富了，但是幻灯片的风格并不统一，外观普通单调，有什么方法可以美化演示文稿并使风格一致呢？

项目分析

主题即设计模板，是 PowerPoint 提供的由专家制作完成并内置于软件的文件，它包括幻灯片的背景、图案、色彩搭配、文字样式、文本编排等，是修饰演示文稿外观快捷有力的工具。而母版存储了演示文稿的主题、版式及格式，是统一演示文稿外观风格的最好工具。因此，利用母版统一演示文稿风格，利用主题美化演示文稿是最好的选择。

相关知识

1. 主题

主题为演示文稿提供设计完整的、专业的外观。主题是包含演示文稿样式的文件，包括项目符号、字体的类型和大小、占位符的大小和位置、背景设计和填充、配色方案、幻灯片母版和可选的标题母版。主题可以应用于所有的或选定的幻灯片，也可以在单个演示文稿中应用多种类型的主题。

2. 主题颜色

主题颜色是幻灯片主题中使用的若干种颜色，用于背景、文本、线条、阴影、标题文本、填充、强调和超链接等对象。通过这些颜色的设置可以使幻灯片的色彩更加鲜明，更易于观看。

3. 幻灯片母版

幻灯片母版是存储有关应用的设计模板信息的幻灯片。幻灯片母版主要有3种：幻灯片母版、标题母版、备注母版。其中，幻灯片母版是一张特殊的幻灯片，包括如下元素：

● 标题、正文和页脚文本的字体、字号。

- 文本和对象的占位符大小和位置。
- 项目符号样式。
- 背景和主题颜色。

利用幻灯片母版可以对演示文稿进行全局更改，将更改应用到基于母版的所有幻灯片上。

项目实现

本项目将利用母版统一格式，利用主题美化演示文稿。

（1）在演示文稿中利用主题统一外观。

（2）更改主题的颜色、字体、背景样式。

（3）在演示文稿中设置背景图片。

（4）在演示文稿中利用母版统一风格。

（5）利用母版添加 Logo 且统一标题格式。

美化演示文稿外观

1. 美化演示文稿外观

使用"视差"主题美化默认节的幻灯片，使用"丝状"主题美化正文节的幻灯片，操作步骤如下：

（1）切换幻灯片到浏览视图下，单击"默认节"节标记，选择"默认节"的所有幻灯片；单击"设计"选项卡"主题"组中的"其他"按钮，在弹出的下拉列表中选择 Office 选项组中的"视差"主题。

（2）单击"正文"节标记，选择"正文"节的所有幻灯片，在 Office 选项组中选择"丝状"主题，效果如图 5-34 所示。

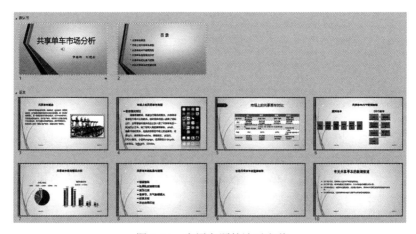

图 5-34　应用主题的演示文稿

专家点睛

如果对主题效果的全部或某一部分元素不满意，可以通过颜色、字体或效果进行修改。

修改"丝状"主题的颜色、字体和效果，操作步骤如下：

（1）单击"正文"节标记，选择"正文"节的所有幻灯片；单击"设计"选项卡"变体"组中的"其他"按钮，在弹出的下拉列表中选择"颜色"→"主题颜色"→Office 选项，如图 5-35 所示。

（2）单击"设计"选项卡"变体"组中的"其他"按钮，在弹出的下拉列表中选择"字体"→"主题字体"→Arial Black-Arial 选项，如图 5-36 所示。

（3）单击"设计"选项卡"变体"组中的"其他"按钮，在弹出的下拉列表中选择"效果"→"主题效果"选项，在弹出的面板中选择一种效果，如图 5-37 所示。

  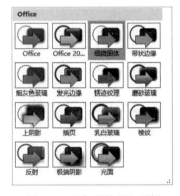

图 5-35 "主题颜色"列表　　图 5-36 "主题字体"列表　　图 5-37 "主题效果"面板

📢 专家点睛

如果要取消添加的主题效果，可以在 Office 选项组中选择 Office 主题；如果只对选定的幻灯片应用主题，可以在所选主题上右击，在弹出的快捷菜单中选择"应用于选定幻灯片"选项。

分别为"封面"和"目录"幻灯片设置背景图片，为"共享单车概念"和"未来共享单车的发展趋势"幻灯片更改背景样式，操作步骤如下：

（1）选择"封面"幻灯片，单击"设计"选项卡"主题"组中的"其他"按钮，在弹出的下拉列表中选择 Office 选项组中的 Office 主题，取消所设置的主题。

（2）单击"设计"选项卡"自定义"组中的"设置背景格式"按钮，弹出"设置背景格式"任务窗格，如图 5-38 所示。

（3）在"填充"栏中选择"图片或纹理填充"单选按钮，在"图片源"栏中单击"插入"按钮，弹出"插入图片"对话框，选择要插入的图片"背景 1.png"，单击"确定"按钮插入背景图片。

（4）选择图片，单击面板上方的"效果"按钮 ⬠，在"艺术效果"列表中选择"玻璃"效果，封面幻灯片效果如图 5-39 所示。

图 5-38　"设置背景格式"任务窗格

图 5-39　封面幻灯片效果

（5）用同样的方法为"目录"幻灯片填充背景图片，效果如图 5-40 所示。

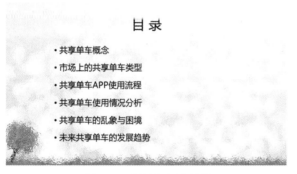

图 5-40　目录幻灯片效果

（6）按住 Ctrl 键，依次单击标题为"共享单车的概念"和"未来共享单车发展趋势"的幻灯片同时选中两张幻灯片。

（7）单击"设计"选项卡"变体"组中的"其他"按钮，在弹出的下拉列表中选择"背景样式"选项，弹出"背景样式"面板，如图 5-41 所示。

（8）将鼠标指针指向"样式 7"选项并右击，在弹出的快捷菜单中选择"应用于所选幻灯片"选项更改所

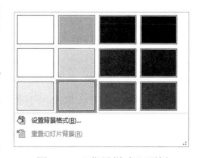

图 5-41　"背景样式"面板

选幻灯片的背景样式，效果如图 5-42 所示。

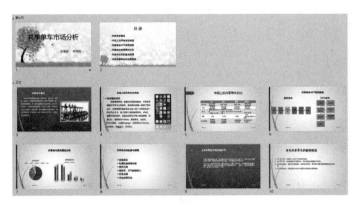

图 5-42　更改所选幻灯片的背景样式

2. 统一演示文稿风格

统一演示文稿风格

如果演示文稿中存在多张风格各异的幻灯片，为了统一格式，使用母版将"正文"节所有页面的背景设置成相同的样式，操作步骤如下：

（1）单击"正文"节标记，选择"正文"节的所有幻灯片；单击"设计"选项卡"主题"组中的"其他"按钮，在弹出的下拉列表中选择 Office 选项组中的"Office 主题"，取消所设置的主题。

（2）在"视图"选项卡的"母版视图"组中单击"幻灯片母版"按钮打开"幻灯片母版"视图界面，如图 5-43 所示。

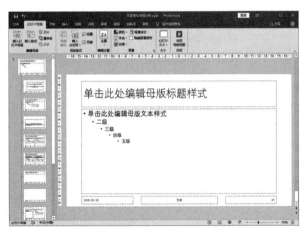

图 5-43　幻灯片母版视图

（3）第一张幻灯片是所有幻灯片的母版，先更换母版的背景，右击第一张幻灯片，在弹出的快捷菜单中选择"设置背景格式"选项，在窗口右侧弹出"设置背景格式"任务窗格。

（4）在"填充"栏中选中"图片或纹理填充"单选按钮，再单击"插入"按钮，弹出"插入图片"对话框，选择"背景 2.png"，单击"确定"按钮，此时第一张幻灯片之后的所有幻灯片统一了背景，如图 5-44 所示。

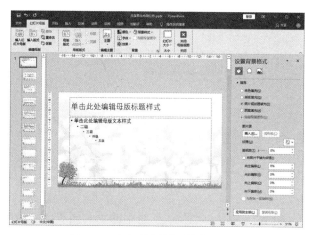

图 5-44　幻灯片母版更换背景图片

（5）单击"幻灯片母版"选项卡"关闭"组中的"关闭母版视图"按钮 ❎ 关闭幻灯片母版，此时演示文稿的所有幻灯片设置了统一的背景图片，效果如图 5-45 所示。

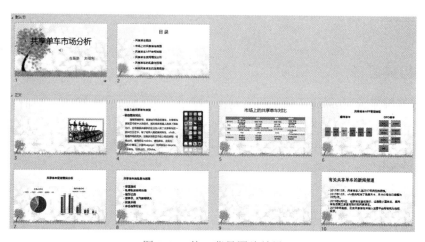

图 5-45　统一背景图片效果

在"正文"节中，利用母版为当前节所有幻灯片的右上角添加公司 Logo 并设置统一的标题样式，操作步骤如下：

（1）在"正文"节中任意选择一张幻灯片。单击"视图"选项卡"母版视图"组中的"幻灯片母版"按钮 📇 打开"幻灯片母版"视图界面。

（2）在左侧窗格中单击第一张比较大的幻灯片，单击"插入"选项卡"图像"组中的"图片"按钮 🖼，弹出"插入图片"对话框，选择 Logo.jpg 图片，单击"插入"按钮插入公司 Logo，将该图片移至幻灯片母版的右上角。

（3）在右侧的幻灯片任务窗格中选择"母版标题样式占位符"，设置母版标题样式的字体为"华文隶书"，字体颜色为"深绿色"，如图 5-46 所示。

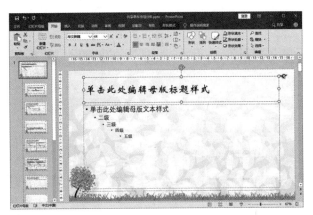

图 5-46　幻灯片母版标题样式

（4）单击"幻灯片母版"选项卡"关闭"组中的"关闭母版视图"按钮▣关闭幻灯片母版。切换到幻灯片浏览视图下，可以看到"正文"节的所有幻灯片中均出现了 Logo 图片，并且标题样式被统一修改了。

项目 4　　使用动画设置放映效果

项目描述

通过前面的制作，演示文稿的静态效果已经完成，可以直接放映了，但是要想真正体现 PowerPoint 的特点和优势，还需要演示文稿的动态效果。如何让幻灯片上的每个对象都动起来呢？

项目分析

首先对演示文稿设置放映效果，主要包括设置动画效果和幻灯片切换效果，其中动画效果主要针对文本框、自选图形、图片的进入、强调、退出效果进行设置，幻灯片切换效果主要是对不同幻灯片之间的变化做一个动态的设置；然后对幻灯片的输出方式进行设置，主要包括排练计时和自定义手动放映。

相关知识

1. 动画效果

PowerPoint 的动画效果可以分为两类：一类是针对幻灯片切换的动画效果；一类是针对幻灯片中各对象的动画效果。动画效果可以为演示文稿添加特殊的视觉或声音效果。

为演示文稿添加动画效果的目的是突出重点，控制信息流，增加演示文稿的趣味性。

2. 动画刷

PowerPoint 的动画刷可以将源对象的动画效果照搬到目标对象上。

3. 幻灯片切换效果

幻灯片切换效果是指在幻灯片的放映过程中，播放完的幻灯片如何消失，下一张幻灯片如何出现。

PowerPoint 可以在幻灯片之间设置切换效果，使幻灯片的放映更加生动有趣。

4. 超链接

在 PowerPoint 中，超链接可以链接到幻灯片、文件、网页和电子邮件地址。超链接本身可以是文本或幻灯片上的任何对象。如果链接指向另一张幻灯片，目标幻灯片将显示在 PowerPoint 演示文稿中，如果它指向某个网页、网络位置或不同类型的文件，则会在 Web 浏览器中显示目标页或在相应的应用程序中打开目标文件。

 **项目实现**

本项目将利用动画来设置演示文稿的放映效果。

（1）放映幻灯片及终止幻灯片。

（2）为幻灯片对象添加动画效果。

（3）为幻灯片放映设置切换效果。

（4）利用超链接实现演示文稿的交互。

1. 放映演示文稿

从下列放映方法中选择一种来放映演示文稿，观看放映效果：

放映演示文稿

（1）按 F5 键，或单击"幻灯片放映"选项卡"开始放映幻灯片"组中的"从头开始"按钮 ，从第一张幻灯片开始放映。

（2）在窗口下方的"视图按钮"区中单击"幻灯片放映"按钮 ，或按 Shift+F5 组合键，或单击"幻灯片放映"选项卡"开始放映幻灯片"组中的"从当前幻灯片开始"按钮 ，从当前幻灯片开始放映。

从下列方法中选择一种来结束放映过程：

（1）按 Esc 键。

（2）在幻灯片的任意位置右击，在弹出的快捷菜单中选择"结束放映"选项。

2. 为幻灯片对象设置动画效果

为标题为"共享单车概念"的幻灯片添加动画效果，操作步骤如下：

为幻灯片对象
设置动画效果

（1）选择标题为"共享单车概念"的幻灯片，单击标题"共享单车概念"，再单击"动画"选项卡"动画"组中的"其他"按钮 ，在弹出的面板中选择"进入"栏中的"飞入"选项，单击"效果选项"按钮 ，在弹出的下拉列表中选择"方向"组中的"自左上部"选项。

（2）在"动画"选项卡"计时"组中的"开始"下拉列表框中选择"上一动画之后"选项。

（3）选择左下方的文本，在"动画"选项卡"动画"组中的"其他"按钮，在弹出的面板中选择"进入"栏中的"翻转式由远及近"选项，单击"效果选项"按钮↑，在弹出的下拉列表中选择"序列"组中的"按段落"选项。

（4）在"动画"选项卡"计时"组中的"开始"下拉列表框中选择"单击时"选项。

（5）选择右侧的图片，在"动画"选项卡"动画"组的"其他"按钮，在弹出的面板中选择"更多进入效果"命令，弹出"更改进入效果"对话框，在"华丽"组中选择"玩具风车"选项，如图 5-47 所示，单击"确定"按钮。

（6）单击"动画"组右下角的"对话框启动器"按钮打开"玩具风车"对话框，在"效果"选项卡的"声音"下拉列表框中选择"风铃"选项，如图 5-48 所示。

图 5-47 "更改进入效果"对话框　　　　图 5-48 "玩具风车"对话框

（7）在"计时"选项卡的"开始"下拉列表框中选择"与上一动画同时"选项，在"期间"下拉列表框中选择"快速(1秒)"选项，如图 5-49 所示，单击"确定"按钮。

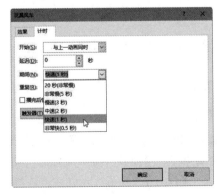

图 5-49 "计时"选项卡

（8）调整幻灯片动画的播放顺序为标题、图片、正文文本。选择图片，在"计时"组中单击"向前移动"按钮将图片的播放顺序调到正文文本之前。

（9）在"预览"组中单击"预览"按钮★预览幻灯片中设置的动画效果。

专家点睛

幻灯片动画的播放默认是按照对象的设置顺序进行的。另外，利用"动画窗格"也可以预览动画效果、调整动画顺序、设置动画效果的选项等。

将标题为"共享单车概念"的幻灯片中各对象的动画分别复制到标题为"市场上的共享单车类型"的幻灯片中的相应对象上，操作步骤如下：

（1）选择"共享单车概念"幻灯片中的图片，单击"动画"选项卡"高级动画"组中的"动画刷"按钮，此时鼠标指针变为 ▷♣ 形状。

（2）选择"市场上的共享单车类型"幻灯片，单击其中的图片，此时两张幻灯片中的图像具有相同的动画效果。

（3）使用同样的方法将"共享单车概念"幻灯片中的标题和正文文本的动画效果复制到"市场上的共享单车类型"幻灯片的标题和正文文本上。

（4）调整"市场上的共享单车类型"幻灯片中的动画播放顺序为标题、图片、正文文本。

专家点睛

动画刷不能复制动画顺序，只能复制动画效果。如果要取消动画刷，可以按 Esc 键。

将标题为"共享单车 APP 使用流程"的幻灯片中的组织结构图设置动画效果，操作步骤如下：

（1）选择标题为"共享单车 APP 使用流程"的幻灯片，单击左边的组织结构图，再单击"动画"选项卡"动画"组中的"其他"按钮，在弹出的面板中选择"强调"栏中的"对象颜色"选项。

（2）单击"动画"组右下角的"对话框启动器"按钮 打开"对象颜色"对话框，在"效果"选项卡的"颜色"下拉列表框中选择"橙色"选项，如图 5-50 所示。

（3）在"SmartArt 动画"选项卡的"组合图形"下拉列表框中选择"逐个"选项，如图 5-51 所示，在"计时"选项卡中设置"期间"为"中速（2秒）"，单击"确定"按钮。

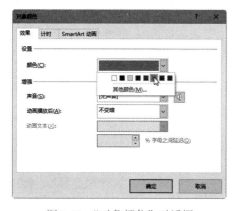

图 5-50　"对象颜色"对话框

图 5-51　选择"逐个"

（4）单击"动画"选项卡"高级动画"组中的"动画刷"按钮，然后单击右边的组织结构图，将左右两个组织结构图设置同样的动画效果。

为带有图表的幻灯片设置动画效果，操作步骤如下：

（1）选择带有图表的标题为"共享单车使用情况分析"的幻灯片，选择左边的图表，在"动画"选项卡的"动画"组中单击"其他"按钮，在弹出的面板中选择"进入"栏中的"擦除"选项。

（2）单击"效果选项"按钮↑，在弹出下拉列表的"方向"组中选择"自底部"选项，在"序列"组中选择"按类别"选项，如图5-52所示。

（3）单击"动画"组右下角的"对话框启动器"按钮▫打开"擦除"对话框，在"计时"选项卡的"期间"下拉列表框中选择"非常快（0.5秒）"选项，如图5-53所示，单击"确定"按钮。

图5-52 "效果选项"下拉列表

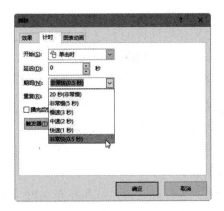

图5-53 "擦除"对话框

（4）单击"动画"选项卡"高级动画"组中的"动画刷"按钮，鼠标指针变为⯆形状。单击右边的图表，复制动画格式，使两个图表的动画效果相同。

为标题为"共享单车的乱象与困境"的幻灯片中的正文文本添加多种动画效果，操作步骤如下：

（1）单击标题为"共享单车的乱象与困境"的幻灯片中的文本占位符，选择正文文本。

（2）为正文文本添加第一个动画效果。单击"动画"选项卡"动画"组中的"其他"按钮，在弹出的动画效果面板中选择"更多进入效果"选项，弹出"更改进入效果"对话框，选择"华丽"栏中的"螺旋飞入"选项，如图5-54所示，单击"确定"按钮。

（3）单击"动画"组右下角的"对话框启动器"按钮▫打开"螺旋飞入"对话框，在"效果"选项卡的"声音"下拉列表框中选择"鼓掌"，在"计时"选项卡的"开始"下拉列表框中选择"与上一动画同时"选项，在"期

图5-54 "更改进入效果"对话框

间"下拉列表框中选择"中速 (2 秒)"选项，如图 5-55 所示，单击"确定"按钮。

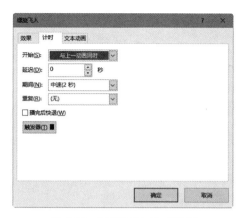

图 5-55 "螺旋飞入"对话框

（4）为正文文本添加第二个动画效果。选中正文文本，单击"动画"选项卡"高级动画"组中的"添加动画"按钮★，在弹出的"添加动画效果"下拉列表的"动作路径"组中选择"自定义路径"选项，此时鼠标指针变成＋形状，将鼠标指针移到绘制路径的起点，按住鼠标左键绘制动画的运动路径，如图 5-56 所示，双击鼠标结束绘制。

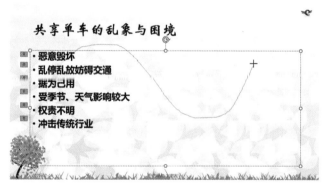

图 5-56 绘制运动路径

（5）在"动画"选项卡的"计时"组中将开始方式设置为"上一动画之后"，在"延迟"数值框中输入 02.00。用同样的方法为其他文本添加路径动画，完成后保存演示文稿。

专家点睛

选择"动画"组中的动画效果可以为对象设置一个动画效果，当再次使用时只能被视作修改该对象的动画效果。如果要在同一对象上添加多个动画效果，必须使用"高级动画"组中的"添加动画"按钮来添加第二个及以上的动画效果。

3. 为幻灯片切换设置动画效果

为"正文"节的所有幻灯片设置切换效果，操作步骤如下：

（1）单击"正文"节标记，选择"正文"节的所有幻灯片；单击"切换"

为幻灯片切换
设置动画效果

选项卡"切换到此幻灯片"组中的"其他"按钮，在弹出的下拉列表中选择"动态内容"选项组中的"传送带"，如图 5-57 所示。

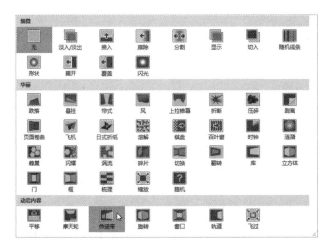

图 5-57　选择幻灯片切换效果

（2）单击"效果选项"按钮，在弹出的下拉列表中选择"自右侧"选项；在"计时"组的"声音"下拉列表框中选择"推动"选项，在"持续时间"数值框中输入 02.00，如图 5-58 所示。

图 5-58　"计时"组中的设置

（3）单击"预览"组中的"预览"按钮，预览设置的幻灯片切换效果。

📢专家点睛

一旦为幻灯片设置了自定义动画或幻灯片切换动画，在幻灯片普通视图或浏览视图下就可以看到幻灯片缩略图的左侧或下方比原来多了一个"播放动画"按钮★，单击该按钮可以观看当前幻灯片中设置的所有动画效果。

为演示文稿设置放映方式，操作步骤如下：

（1）打开"共享单车市场分析.pptx"演示文稿，单击"幻灯片放映"选项卡"设置"组中的"设置幻灯片放映"按钮，弹出"设置放映方式"对话框，设置"放映类型"为"演讲者放映（全屏幕）"，"放映选项"为"循环放映，按 ESC 键终止"，"放映幻灯片"为"全部"，"推进幻灯片"为"如果出现计时，则使用它"，如图 5-59 所示。

（2）单击"确定"按钮，按 F5 键观看放映效

图 5-59　"设置放映方式"对话框

果，按 Esc 键终止放映。

4．创建交互式演示文稿

为"目录"幻灯片中的文本创建超链接，分别链接到同名标题所在
的幻灯片上，操作步骤如下：

（1）打开"共享单车市场分析.pptx"演示文稿，选择标题为"目录"的幻灯片，选择"共
享单车概念"文本。

（2）单击"插入"选项卡"链接"组中的"超链接"按钮，弹出"插入超链接"对话框，
单击"链接到"选项组中的"本文档中的位置"按钮，在"请选择文档中的位置"列
表框中选择"幻灯片标题"下的"3.共享单车概念"，此时在对话框右侧的"幻灯片预览"
区域中就会显示所选择的幻灯片缩略图，如图 5-60 所示。

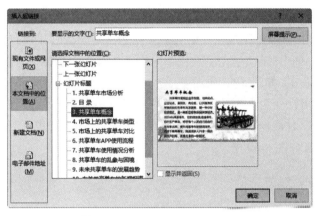

图 5-60　"插入超链接"对话框

（3）单击"确定"按钮，此时文本"共享单车概念"下方多了一条下划线，而且颜
色也被改变了，如图 5-61 所示，表明该文本是一个超链接。

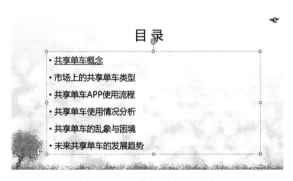

图 5-61　具有超链接的文本

（4）用同样的方法为目录中的其他文本创建超链接，效果如图 5-62 所示。

（5）按 F5 键观看放映效果。当鼠标在带下划线的文本上经过时光标立即变成形状，
单击该文本幻灯片马上切换到同标题的幻灯片上，完成了交互操作。

图 5-62　创建超链接的目录

为"正文"节的所有幻灯片底部添加一个自定义的"返回目录"按钮，操作步骤如下：

（1）选择标题为"共享单车概念"的幻灯片，单击"视图"选项卡"母版视图"组中的"幻灯片母版"按钮 进入"幻灯片母版"视图界面。

（2）第一张幻灯片是所有幻灯片的母版，选择第一张较大的幻灯片，单击"插入"选项卡"插图"组中的"形状"按钮 ，在弹出的下拉列表中选择"动作按钮"组中的"动作按钮：空白"按钮 ，如图 5-63 所示。

（3）此时鼠标指针变为＋形状，在幻灯片底部按住鼠标左键绘制一个按钮形状，随即弹出"操作设置"对话框，选择"超链接到"单选按钮，在其对应的下拉列表框中选择"幻灯片"选项，如图 5-64 所示。

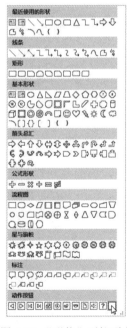

图 5-63　"形状"下拉列表

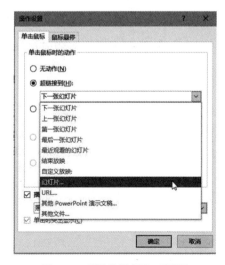

图 5-64　"操作设置"对话框

（4）在弹出的"超链接到幻灯片"对话框中选择"幻灯片标题"为"目录"的幻灯片，如图 5-65 所示。

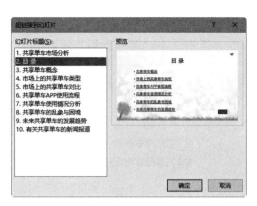

图 5-65　"超链接到幻灯片"对话框

（5）单击"确定"按钮返回"操作设置"对话框，单击"确定"按钮自定义按钮就添加到了母版幻灯片中。

（6）在按钮图形中输入"返回目录"字样，适当地设置文本的格式、大小和位置。

（7）单击"关闭母版视图"按钮 ✕ 返回普通视图，此时"正文"节的所有幻灯片和均出现了返回按钮。按 F5 键观看放映效果，单击"返回目录"按钮则演示文稿跳转到"目录"幻灯片，完成了放映交互，保存演示文稿。

 项目 5　**使用类型输出演示文稿**

 项目描述

演示文稿制作完成后如何输出以方便以后的使用呢？

项目分析

演示文稿制作完成后，既可以以电子形式输出，以方便放映；也可以打印成纸质文稿，以供书面阅览。

 项目实现

本项目将输出演示文稿。

（1）将演示文稿以放映方式输出。

（2）将演示文稿以讲义形式输出。

1．以放映方式输出演示文稿

以放映方式输出演示文稿

将演示文稿"共享单车市场分析 .pptx"另存为以放映方式打开的类型，操作步骤如下：

（1）打开"共享单车市场分析.pptx"演示文稿，选择"文件"选项卡中的"另存为"选项，弹出"另存为"对话框，在"保存类型"下拉列表框中选择"PowerPoint 放映（*.ppsx）"选项，单击"保存"按钮。

（2）退出 PointPoint 程序。可以在保存位置看到放映文件的图标与源文件图标不一样，如图 5-66 所示。

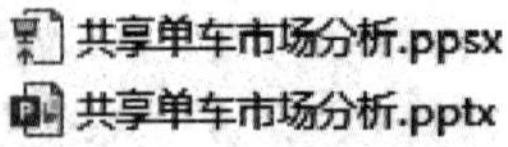

共享单车市场分析.ppsx
共享单车市场分析.pptx

图 5-66　.ppsx 类型与 .pptx 类型图标的区别

（3）双击"共享单车市场分析.ppsx"图标，可以不需要打开 PointPoint 程序而直接放映。

专家点睛

在 PowerPoint 中，扩展名为 .ppst 的文件与扩展名为 .pptx 的文件一样，也可以进行编辑修改。

2. 以讲义形式输出演示文稿

以讲义形式输出演示文稿

以讲义形式打印演示文稿"共享单车市场分析.pptx"，操作步骤如下：

（1）打开"共享单车市场分析.pptx"演示文稿，选择"文件"选项卡中的"打印"选项，在弹出的"打印"界面中设置如图 5-67 所示的打印选项。

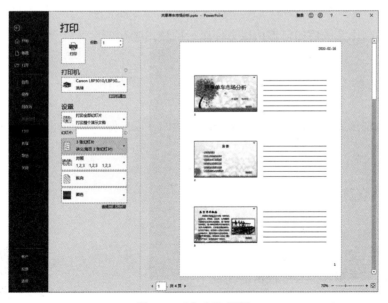

图 5-67　"打印"界面

（2）单击"打印"按钮开始打印讲义。

单元小结

本单元共完成 5 个项目，学完后应该有以下收获：

- 掌握 PowerPoint 2016 的启动和退出。
- 熟悉 PowerPoint 2016 工作界面。
- 掌握 PowerPoint 演示文稿的基本操作。
- 掌握幻灯片的设置技巧。
- 掌握宣讲大纲的制作。
- 掌握文字、图片等素材的添加方法。
- 掌握 SmartArt 图形、图表的使用。
- 掌握母版的设置。
- 掌握幻灯片动画的编辑和使用。
- 掌握幻灯片切换效果的设置。
- 掌握演示文稿的交互式放映。
- 掌握演示文稿的输出。

课外自测

一、单选题

1. 在 PowerPoint 2016 的窗口中，一般不包括 _____ 选项卡。
   A．文件　　　　　　　　　　　B．视图
   C．插入　　　　　　　　　　　D．格式

2. 能对幻灯片进行移动、删除、复制，但不能编辑幻灯片中具体内容的视图是 _____。
   A．幻灯片视图　　　　　　　　B．幻灯片浏览视图
   C．幻灯片放映视图　　　　　　D．大纲视图

3. PowerPoint 2016 演示文稿的文件扩展名是 _____。
   A．.pps　　　　　　　　　　　B．.xls
   C．.pot　　　　　　　　　　　D．.pptx

4. 在 _____ 方式下能实现一屏显示多张幻灯片。
   A．幻灯片视图　　　　　　　　B．大纲视图
   C．幻灯片浏览视图　　　　　　D．备注页视图

5. PowerPoint 2016 的母版有 _____ 种类型。
   A．3　　　　　　　　　　　　B．4
   C．5　　　　　　　　　　　　D．6

6. 在 PowerPoint 2016 中，用户可以通过按 Ctrl + _____ 组合键来新建一个 PowerPoint 演示文稿。

    A. S   B. M

    C. N   D. O

7. 在 PowerPoint 2016 中，用户可以通过按 Ctrl + _____ 组合键来添加新幻灯片。

    A. S   B. M

    C. N   D. O

8. 选择不连续的多张幻灯片可借助 _____ 键。

    A. Shift   B. Ctrl

    C. Tab   D. Alt

9. 在 PowerPoint 中，如果想在演示过程中终止幻灯片的演示，则可随时按 _____ 键实现。

    A. Delete   B. Ctrl+E 组合

    C. Shift+C 组合   D. Esc

10. 新建一个演示文稿时，第一张幻灯片的默认版式是 _____。

    A. 项目清单   B. 两栏文本

    C. 标题幻灯片   D. 空白

11. 下列有关幻灯片和演示文稿的说法中不正确的是 _____。

    A. 一个演示文稿文件可以不包含任何幻灯片

    B. 一个演示文稿文件可以包含一张或多张幻灯片

    C. 幻灯片可以单独以文件的形式存盘

    D. 幻灯片是 PowerPoint 中包含文字、图形、图表、声音等多媒体信息的图片

12. 想让作者的名字出现在所有的幻灯片中，应将其加入到 _____ 中。

    A. 幻灯片母版   B. 标题母版

    C. 备注模板   D. 讲义母版

13. PowerPoint 中，执行了插入新幻灯片的操作，被插入的幻灯片将出现在 _____。

    A. 当前幻灯片之前   B. 当前幻灯片之后

    C. 最前   D. 最后

14. 幻灯片"换片方式"在 _____ 选项卡中。

    A. 设计   B. 切换

    C. 动画   D. 幻灯片放映

15. 关于演示文稿，下列说法中错误的是 _____。

    A. 一个演示文稿是由多张幻灯片构成的

    B. 可以调整占位符的位置

    C. 所有视图下都可以编辑幻灯片的内容

    D. 每张幻灯片都可以有不同的版式

16. 如果有几张幻灯片暂时不想让观众看见，最好 _____ 。

　　A．删除这些幻灯片

　　B．隐藏这些幻灯片

　　C．新建一个不含这些幻灯片的演示文稿

　　D．自定义放映方式时取消放映这些幻灯片

17. 被隐藏的幻灯片在 _____ 中不可见。

　　A．普通视图　　　　　　　　　　B．幻灯片浏览视图

　　C．幻灯片放映视图　　　　　　　D．备注页视图

18. 最快捷且正确的关闭 PowerPoint 的方法是 _____ 。

　　A．选择"文件"→"退出"命令

　　B．按 Reset 键重新启动计算机

　　C．单击 PowerPoint 标题栏右侧的"关闭"按钮☒

　　D．单击大纲 / 幻灯片浏览窗格右侧的"关闭"按钮☒

19. PowerPoint 的主要功能是 _____ 。

　　A．创建演示文稿　　　　　　　　B．数据处理

　　C．图像处理　　　　　　　　　　D．文字编辑

20. 能激活超链接的视图方式是 _____ 。

　　A．普通视图　　　　　　　　　　B．大纲视图

　　C．幻灯片浏览视图　　　　　　　D．幻灯片放映视图

二、实操题

1. 模仿共享单车案例制作如图 5-68 所示的"猪猪侠童装"产品宣传片。

图 5-68　"猪猪侠童装"演示文稿效果

2．根据给定的素材和模板制作"宝宝相册"演示文稿，如图 5-69 所示。

图 5-69　"宝宝相册"演示文稿效果

扩展阅读

1．陈爱军．深入浅出：通信原理．北京：清华大学出版社，2018.

2．新光传媒．发现之旅：军事装备与计算机（现代技术篇）．北京：石油工业出版社，2019.